DONGWU BINGYUAN
WEISHENGWU SHIYANSHI SHENGWU ANQUAN

# 动物病原微生物实验室生物安全

中国动物疫病预防控制中心 编

中国农业出版社
农村读物出版社
北 京

图书在版编目（CIP）数据

动物病原微生物实验室生物安全/中国动物疫病预防控制中心编. —北京：中国农业出版社，2023.6
ISBN 978-7-109-30759-9

Ⅰ.①动… Ⅱ.①中… Ⅲ.①动物疾病-病原微生物-微生物学-实验室管理-安全管理 Ⅳ.①S852.6-33

中国国家版本馆 CIP 数据核字（2023）第 099048 号

中国农业出版社出版

地址：北京市朝阳区麦子店街 18 号楼
邮编：100125
责任编辑：冀　刚　　文字编辑：耿韶磊
版式设计：王　晨　　责任校对：张雯婷
印刷：北京中兴印刷有限公司
版次：2023 年 6 月第 1 版
印次：2023 年 6 月北京第 1 次印刷
发行：新华书店北京发行所
开本：700mm×1000mm　1/16
印张：21.5
字数：410 千字
定价：118.00 元

# 编　委　会

# 编 者 单 位

# 序

习近平总书记强调：生物安全关乎人民生命健康，关乎国家长治久安，关乎中华民族永续发展，是国家总体安全的重要组成部分，也是影响乃至重塑世界格局的重要力量。要深刻认识新形势下加强生物安全建设的重要性和紧迫性，贯彻总体国家安全观，贯彻落实《中华人民共和国生物安全法》，统筹发展和安全，按照以人为本、风险预防、分类管理、协同配合的原则，加强国家生物安全风险防控和治理体系建设，提高国家生物安全治理能力，切实筑牢国家生物安全屏障。

动物病原微生物实验室生物安全，是国家生物安全的重要组成部分，既关系到重大动物疫病和人兽共患病防控，也关系到实验室工作人员及广大人民群众身体健康和生命安全。2021年4月15日实施的《中华人民共和国生物安全法》中，对病原微生物实验室生物安全设了专章，提出了明确具体的法律规定。为此，中国动物疫病预防控制中心审时度势，组织行业专家编写了《动物病原微生物实验室生物安全》一书。本书编写及时、内容翔实，系统阐述了动物病原微生物实验室管理的全部要素，力求权威性、指导性和实用性。本书的发行必将为动物病原微生物实验室的使用与管理提供重要的参考借鉴，为进一步规范动物病原微生物实验室的管理、保障实验室生物安全发挥积极作用。

中国动物疫病预防控制中心　主任　陈伟生

2020 年 10 月 17 日，中华人民共和国第十三届全国人民代表大会常务委员会第二十二次会议审议通过《中华人民共和国生物安全法》，自 2021 年 4 月 15 日起施行。《中华人民共和国生物安全法》就病原微生物实验室生物安全设了专章，对病原微生物实验室生物安全提出了明确的法律要求，为进一步加强和规范病原微生物实验室生物安全管理提供了坚强的法律保障。

2021 年 9 月 29 日，习近平总书记在主持中共中央政治局第三十三次集体学习关于加强我国生物安全建设时强调："要加强对国内病原微生物实验室生物安全的管理，严格执行有关标准规范，严格管理实验样本、实验动物、实验活动废弃物。"为做好《中华人民共和国生物安全法》的宣传贯彻，中国动物疫病预防控制中心组织行业专家编写《动物病原微生物实验室生物安全》一书。内容涵盖动物病原微生物实验室基本知识、风险评估与控制、管理体系、标识管理、实验活动管理、实验室人员管理、个体防护、良好工作行为规范、实验动物管理、菌（毒）种/样本管理、实验室设备配置与运行维护、消毒灭菌、废弃物处置、实验室记录档案管理与信息化、安全保卫、应急处置、生物安全文化等内容。

本书的出版得到了广东省科技计划项目（2021B1212030015）的支持。本书可供动物疫病预防控制系统、大专院校、科研院所、出入境检验检疫以及第三方检测机构从事动物病原微生物研究、教学、检测、诊断等相关技术人员、实验室生物安全管理人员参考，也可作为兽医专业研究生教学用书。

由于参加编写的专家较多，编写风格不尽相同，加上编者的水平有限，编写时间仓促，书中难免有疏漏和不当之处，恳请同行和广大读者不吝赐教。

编　者

2022 年 12 月

# 目 录
C O N T E N T S

# 第一章

# 病原微生物实验室生物安全概述

## 第一节　我国生物安全面临的形势

生物安全（包括生物安保）已成为国际社会关注的非传统安全之一，不仅影响个体生命安全，而且关乎国家公共安全，关乎全人类安全。近年来，全球不断发生生物恐怖袭击、生物武器事件和生物意外事故，特别是严重急性呼吸综合征（SARS）、高致病性禽流感、新型冠状病毒感染等传染病给人类健康、生态环境、经济发展与社会安定带来了极其巨大的影响。以下几个方面是我国面临的主要涉及病原微生物领域的生物安全威胁。

### 一、重大新发突发传染病的威胁

重大新发突发传染病是指突然发生，或者可能造成重大人员伤亡、生态环境破坏和严重社会危害，危及公共卫生安全的新发突发传染病紧急事件，主要包括传染病疫情、动物疫情等。从 2003 年暴发的 SARS 以及后续暴发的高致病性禽流感、中东呼吸综合征、埃博拉病毒病、非洲猪瘟，到 2020 年初暴发的新冠疫情，严重威胁了人民群众健康和国家经济社会安全。截至 2022 年 2 月，全球新型冠状病毒感染人数累计超过 4 亿，死亡人数超过 580 万，我国感染人数超过 14 万，死亡 5 700 多人。新冠疫情对全球经济社会发展产生了极其重大的影响，不仅国际贸易严重萎缩，而且旅游业、制造业、交通运输业、教育培训业等更是受到致命打击。一次瘟疫即一次浩劫，人类社会疲于应对频频发生的传染病，对减少和消除传染病充满了期待。新发传染病所特有的突发性和不确定性以及缺乏相应的应对措施将会给社会稳定、经济发展和国家安全带来巨大破坏。此外，全球一体化进程使得传染病传播方式和扩散途径向着多样和快速发展，导致病毒的跨物种感染和跨地域传播加剧。因此，在全球化的今天，新发突发传染病疫情的复杂化，使防控难度增大。

## 二、生物两用技术和生物技术谬用的威胁

生物技术是一把"双刃剑",具有典型的两用性特征。当前,以基因编辑技术、合成生物学为代表的生物技术迅猛发展,正在引领世界新一轮科技革命和产业变革的发生。然而,当前频发的生物技术滥用、误用和谬用事件暴露了生物技术研究开发安全管理中存在的漏洞,给全球生物安全治理带来了巨大挑战。合成生物学的前沿进展进一步引起人们对业余生物学爱好者开展的"车库生物学"活动安全风险的忧虑,"车库生物学"就如"生物黑客"一样难以监控,一旦被生物恐怖主义利用,将带来严重危害。

生物技术谬用指的是有意利用或无意使用未经评估、未经允许的生物技术而带来的生物安全风险,如违规转基因生物、不符合伦理道德和法律法规的人体胚胎基因修饰。在国际安全形势和全球化正发生快速而深刻变化的今天,在生物技术迅猛发展的时代,重大传染病、生物恐怖主义给国际社会和人口健康带来的风险及挑战正在迅速增加。生物技术是把"双刃剑",它可造福人类,也可威胁人类健康和安全。因此,生物技术发展到今天,使人类面临前所未有的一个新课题,即生物技术的和平应用与生物安全、生物技术滥用和谬用、防止实验室生物安全事件、防止外太空生物入侵等一切与生物、与人类健康和生死存亡相关的方方面面。

随着生物科技不断进步,已经可以人工改造和合成病原微生物,生物威胁的主要表现形式发生明显变化,呈现多样化、隐蔽性、难防护等特点,迫切需要拓展生物安全防护新领域。2001 年,澳大利亚研究人员将白介素-4 基因插入鼠痘病毒(Ronald J Jackson,2001),使病毒致死率接近 100%;2012 年,荷兰和美国科学家定向基因修饰,培育出具有突破种间屏障传播能力的 H5N1 禽流感病毒(Sander Herfst,2012;Masaki Imai,2012)。2017 年,加拿大科学家成功合成了类似天花病毒的马痘病毒(Ryan S Noyce,2018),虽然这意味着人工合成病毒技术方面的新进展,但同时也带来了极大的生物安全风险,为恐怖组织或某些国家重新创造人类最可怕的微生物提供了技术手段(Diane DiEuliis,2017;Gregory D Koblentz,2017)。遗传工程技术的发展使得生物高技术门槛大大降低,这些人造病原微生物的出现,迫使人们研究解决新生物安全问题。

## 三、生物武器与生物恐怖威胁

生物武器是生物战剂及其释放装置的总称,起杀伤破坏作用,主要是生物战剂。生物战剂是用以杀伤人、畜和破坏农作物的致病微生物、毒素和其他生物活性物质的总称,如细菌、病毒、立克次氏体、衣原体、真菌等。生物武器

具有传染性、生物专一性、杀伤面积大、危害时间长、难以防护、便于进行突然袭击、生产容易、成本低廉等特点。

生物恐怖是恐怖分子利用传染病病原体或其产生的毒素的致病作用实施的反社会、反人类的活动，它不但可以达到使目标人群死亡或失能的目的，而且可以在心理上造成人群和社会的恐慌，从而实现其不可告人的丑恶目的。生物恐怖具有致病力强、传染性大、污染范围广、作用时间持久、传播途径多、隐蔽性强、难侦难防、不确定性、突发性、致恐性强以及制备容易、成本费用低等特点。1984 年 9 月，美国俄勒冈州达尔斯市发生一起鼠伤寒沙门菌食物中毒事件，至少引起 751 人感染，直到翌年一名恐怖分子才承认是其使用生物因子所为。2001 年 10 月，美国发生了炭疽袭击事件。2003 年，英国、法国、美国先后发现"蓖麻毒素信件"。上海 APEC 会议期间及此后，我国也发现了一些"粉末信件"。生物恐怖在我国已从潜在威胁转化为现实威胁。

## 第二节　实验室生物安全概述

生物安全较早出现在与农业相关的领域，联合国粮食及农业组织（FAO）认为生物安全是"管理危害牲畜、家禽和植物，及对人类健康构成恶性影响的入侵性外来生物品种、基因/遗传类型和病毒所需的预防措施"。环境领域也非常重视生物安全，《卡塔赫纳生物安全议定书》中明确提出了"生物安全"这个名词。而在我国，曾一度从某个专业或某一侧面去界定生物安全，提出有代表性的两种定义：第一，生物安全是指规范使用现代生物技术，使其在研究、开发、应用及产业化过程中造福世界的同时，避免对人类健康及生态环境产生不利影响；第二，生物安全特指致病性微生物的实验室安全防护与管理，其主要目的首先是防止意外泄露导致环境污染和社区人群被感染，其次是防止实验室工作人员被感染。2020 年 10 月 17 日，经中华人民共和国第十三届全国人民代表大会常务委员会第二十二次会议通过《中华人民共和国生物安全法》，自 2021 年 4 月 15 日起施行。《中华人民共和国生物安全法》中明确定义生物安全是指国家有效防范和应对危险生物因子及相关因素威胁，生物技术能够稳定健康发展，人民生命健康和生态系统相对处于没有危险和不受威胁的状态，生物领域具备维护国家安全和持续发展的能力。同时指出，防控重大新发突发传染病、动植物疫情，生物技术研究、开发与应用，病原微生物实验室生物安全管理，人类遗传资源与生物资源安全管理，防范外来物种入侵与保护生物多样性，应对微生物耐药，防范生物恐怖袭击与防御生物武器威胁，其他与生物安全相关的活动 8 个方面的活动均属于生物安全领域活动。

实验室生物安全的概念最早由美国在 20 世纪 50—60 年代提出并逐渐发展

为一个国际性问题，日益受到世界卫生组织（WHO）和各国重视。1983 年，WHO 和美国疾病控制与预防中心（CDC）联合出版了世界上第一部关于实验室生物安全的指导规范《实验室生物安全手册》，为各国实验室生物安全提供了安全指南。我国自 2004 年开始，先后出台颁布了《病原微生物实验室安全管理条例》《实验室　生物安全通用要求》（GB 19489—2004）和《医疗废物管理条例》等法规条例确保实验室生物安全。根据《实验室　生物安全通用要求》（GB 19489—2004），以处理的微生物危害程度和应采取的防护措施的不同将生物安全实验室分为四级，一级防护水平最低，四级防护水平最高，并确立了不同等级水平实验室的建立和评价标准。

由于实验室生物安全保障不到位导致的生物安全事故在国内外时有发生。2003 年以后，在新加坡、我国大陆和台湾的实验室先后出现了 SARS 病毒的感染事故，造成多人感染。2015 年 3 月，美国某灵长类研究实验室疑似泄漏类鼻疽伯克氏菌，导致中心内至少 4 只未曾接近实验室的猕猴染病，另有 1 名女联邦检查员巡视研究中心后不适，之后证实被感染。2021 年 8 月，乌克兰境内美军生物安全实验室也疑似出现生物安全泄漏事故，致使 4 名工作人员感染。2021 年底，我国台湾"中央研究院"基因组研究中心的 1 名研究助理在实验中感染了新冠病毒。

同样，我国目前实验室生物安全还存在一些问题。在国内高校以及研究单位中，一些生物安全实验室建筑年份较久，硬件设施薄弱，布局分区等达不到相应的标准，存在着安全隐患。此外，组织管理机构缺失，无法进行统一的科学管理；风险评估工作不到位，不能据此来制定相应的操作规程以及管理制度，出现危险补救措施不充分；日常管理不规范、实验废弃物不能正确科学处理、仪器不能按时进行保修和消毒灭菌效果不佳等，都对实验室生物安全造成了巨大的威胁。河南省一份实验室生物安全风险评估工作现状报告指出，参与研究的生物安全实验室中配备生物安全柜、实验室建筑布局与流程符合率较高，而风险评估体系、高压蒸汽灭菌器和生物安全柜的定期检测符合率等较低。

对比国内外防护设备的状况，不难看出国外高等级生物安全实验室已广泛采用了先进、密闭性优良的气密防护设备，在消毒灭菌与废弃物处理方面，所采用的设备和普及率同样优于国内。一些欧美发达国家处理动物组织的高温碱水解处理设备处于世界先进水平。反观国内生物安全实验室的安全防护设备尚未实现系列化、专业化、标准化。由于标准体系不够健全，目前国内相关生物安全设备，尤其是生物安全四级实验室的生物安全设备主要依赖于进口。生物安全四级实验室是对新发突发传染病病原体进行实验研究的主要场所。

2009 年全球甲型 H1N1 流感、2012 年中东呼吸综合征、2014 年西非埃博拉病毒病、2016 年全球寨卡病毒病、2017 年马达加斯加鼠疫、2018 年印度尼帕病毒病，分别于 2007 年、2018 年和 2019 年传入我国的小反刍兽疫、非洲猪瘟和牛结节性皮肤病等外来动物烈性传染病，2020 年新冠疫情的暴发和跨境传播，不仅严重危害全球人类健康，而且造成了巨大的经济损失。这对于病原体的研究和实验室生物安全方面提出了更高的要求。因此，实验室生物安全是生物安全的重要组成部分，也是一个重要的国际性安全问题，必须予以高度重视。

## 第三节　生物安全实验室发展历程

涉及生物安全的实验室主要是从事病原微生物相关活动的实验室，也包括可能接触到其他有害生物因子、未知生物学因子、合成生物因子的实验室，如生物医学实验室、动物传染病实验室、植物病害实验室、生物技术实验室等。广义的生物安全涵盖了一切生物安全。生物安全不仅与特定的工作人员有关，而且可能影响到普通大众、动物、植物、生态、环境等，有害生物还可用作生物恐怖、生物战争，威胁人类和动植物的安全。因此，生物安全及生物安保备受国际社会和各国政府关注。

2003 年暴发的 SARS 疫情，也触发了我国病原微生物实验室的法制化管理和规范化建设。2020 年初的新型冠状病毒导致新冠疫情全球大流行，使得生物安全实验室再次成为焦点，必将会导致对其未来发展的深度思考。

人与微生物有着密切的共生关系，利用微生物制作美食、药物，甚至生存，微生物导致的疫病肆虐，这旷日持久的博弈和共生关系也许没有终点。生物安全涉及国家安全、人类安全，危险生物因子的传播无国界，因此采取透明、共享、合作的态度和策略，才是共赢的策略。

回顾生物安全实验室的发展历程和建设成就，总结相关经验，将对我国在动物病原微生物实验室生物安全领域的运行管理提供重要参考资料，有助于提高我国相关实验室的安全管理能力，在防控重大动物传染病和人兽共患病研究方面发挥关键作用。

本节简要回顾病原微生物实验室的发展历程并探讨未来发展趋势。

### 一、形成阶段

世界上最早的以科学研究为目的的微生物实验室大约出现在 17 世纪，1665 年显微镜的发明，推动了微生物研究加速发展。天花疫苗的研制（Edward Jenner，1798）、麻风病与杆菌关系的发现（Armauer Hansen，1868）、分枝杆菌的系列研究（Koch，1882）、革兰氏染色方法的建立

（Gram，1884）、烟草花叶病毒的发现（Iwanowski，1892）等开启了现代微生物学研究。

在此期间，德国医生科赫（Robert Koch）做出了巨大贡献，包括显微摄影技术、分离和培养纯化技术、培养基技术、染色技术等沿用至今。科赫在牛脾中找到了引起炭疽病的细菌，发现了引起肺结核的分枝杆菌，在印度发现了霍乱弧菌，又发现虱子和舌蝇是鼠疫及昏睡病的媒介动物。

科赫根据自己的经验，提出了"科赫原则"。在这个原则的指导下，使得19世纪70年代到20世纪的20年代成为发现病原菌的黄金时代，包括发现白喉杆菌、伤寒杆菌、鼠疫耶尔森菌、痢疾杆菌等100多种病原微生物，涉及细菌、原生动物和放线菌等。

微生物学研究离不开实验室，19世纪末到20世纪中期，微生物学实验室快速发展，也开始有实验室源性感染事件的调研报告公开发表。

## 二、发展阶段

20世纪初开始的世界大战使微生物也参与了战争。第一次世界大战期间，德国军队使用了生物武器。1925年6月17日，45个国家在瑞士日内瓦签署了《禁止在战争中使用窒息性、毒性或其他气体和细菌作战方法的议定书》。然而，该议定书没有被有效执行。在第二次世界大战中，一些国家仍然没有停止使用生物武器，给人类带来了巨大灾难，我国是生物武器受害国之一。1971年12月16日，联合国大会通过《禁止生物武器公约》。

烈性传染病、生物恐怖、生物战等导致了高致病性微生物研究的需求。自然，相应的研究设施设备会相应而生。从现有生物安全实验室设施建设和标准的出现年代看，1950年前，高等级生物安全实验室设施和基本设备已经在欧美国家初步成型，包括缓冲间、淋浴间、传递窗、渡槽、负压柜、手套箱、生物安全柜（包括Ⅲ级生物安全柜）、消毒设备等。目前，这些典型的生物安全实验室特征在一些20世纪初期欧美国家建设的微生物研究设施、医院中仍然被保留着。

1960—1980年，生物医学研究迅速发展，相关的实验室数量不断增长，随着实验人员感染事件的公开和存在着对公众的重大威胁，如何保证实验室的生物安全和安保成为迫切需要讨论的问题。因为，此时研究活动导致的生物风险已经成为重要的风险。在这一背景下，原处于不公开状态的生物防护实验室的建设和管理经验逐渐开始公开交流研讨，并形成相对独立的学科。与此同时，用于航空航天的可靠性技术、风险管理、系统质量管理等管理领域的技术也被广泛应用于各领域。这种开放、讨论和实践，使得实验室生物安全防护的措施和管理要求在不同的应用领域形成基本共识，生物安全技术进一步发展，包括设施的防护分级、高效过滤器过滤单元、生物安全柜、正压防护服、气密门、消毒设备等。

这些实验室生物安全理论和技术的交流、讨论与应用，为 20 世纪 80 年代开始的实验室生物安全标准化工作奠定了基础。

## 三、标准化阶段

第二次世界大战后的军民两用科技和平利用与竞争、贸易全球化，使人员、货物往来频繁，现代化的交通工具和物流可以使病原微生物在数十小时内迅速传遍全球，一些局部地区的疫病很快会影响到人口密集的都市，加之病原微生物易于被恐怖分子利用，世界各国建立高等级生物安全防护实验室的需求开始涌现。

各国意识到，生物安全保障是全球性的问题，不存在各人自扫门前雪的"局部"安全，只能依靠全球共防共治。在这种大背景下，世界卫生组织（WHO）于 1983 年出版了第 1 版《实验室生物安全手册》（*Laboratory Biosafety Manual*，LBM），为世界各国的实验室生物安全保障技术提供指南，包括建设技术要求、运行管理要求和微生物良好操作规范。从内容上看，是美国疾病控制与预防中心（CDC）和美国国立卫生研究院（NIH）于 1984 年联合发布的第 1 版《微生物和生物医学实验室生物安全》（*Biosafety in Microbiological and Biomedical Laboratories*，BMBL）的通用版。此后，LBM 和 BMBL 成为可以查到的实验室生物安全建设的基础性文件，也广泛应用于此前没有生物安全实验室建设和运行经验的国家或地区。WHO 服务的对象是全球，必须考虑各经济体之间巨大的社会发展差异，WHO 的 LBM 是最基础的要求。实际上，各国建设的专用生物安全实验室特别是高防护等级实验室的技术规格普遍高于 LBM 的要求。LBM 的发布，为在非洲、东南亚等新发传染病高发地区建设实验室提供了依据，防疫关口前移有助于防止疫情扩散。

2008 年 2 月，欧洲标准化委员会（CEN）发布了 CWA（CEN Workshop Agreement）15793《实验室生物风险管理标准》，明确声明其目的只是作为各成员的标准化组织参考，而不是作为 CEN 的标准使用。欧洲的生物安全是在职业健康安全（OH&S）管理框架下，OH&S 在欧洲有严格的法规标准体系和认证认可体系，针对消毒、高压蒸汽灭菌器、高效过滤器、生物安全柜、个体防护装备（personal protective equipment，PPE）等有完善的欧洲（EN）标准体系，这可能是欧洲国家并没有专门针对实验室生物安全标准的原因。

2019 年，国际标准化组织（ISO）发布了一个新的标准 ISO 35001：2019 *Biorisk Management for Laboratories and Other Related Organisations*（《实验室和其他相关组织的生物风险管理》）；2020 年发布了 ISO 15190：2020 替代

ISO 15190：2003 *Medical Laboratories—Requirements for Safety*（《医学实验 安全要求》）。

2020 年是不平凡的一年，WHO 的 LBM（第 4 版）与美国的 BMBL（第 6 版）同时进行了修订。进行了大幅度修订的 LBM 第 4 版，更加强调基于风险评估的生物安全策略，而不再强调刚性的分级分类。这种理念旨在促进和指导在资源有限的环境下进行病原微生物实验室操作的可行性，为不同经济体、不同机构开展微生物相关的研究提供更多机会。在坚持可持续性发展的同时，必须确保生物安全。

在法规层面，欧洲议会和理事会（European Parliament and the Council）2000 年制定并颁布实施了《关于保护工作人员免受工作中生物因子暴露造成的危害的理事会指令 2000/54/EC》（*Directive 2000/54/EC on the protection of workers from risks related to exposure to biological agents at work*，替代 Directive 90/679/EEC），适用于欧盟。欧盟指令中的技术要求通常细致而明确，Directive 2000/54/EC 有 9 个附录，包括微生物分级名录、员工健康监护、生物安全二级至四级防护要求、工程要求等内容。由于国家的治理体系不同，实现要求的方法在欧洲国家更多是通过市场行为竞争和获得第三方认证（包括强制性认证）得到相关方的采信，欧盟涉及安全的认证标准通常高于大多数国家。这种模式既保证了产品的质量也激励了产品创新。

美国联邦政府、政府各部门、各州等均有立法和管理权，很难有统一的国家标准。美国 CDC 和 NIH 发布的 BMBL 虽有相当的权威性，但也只涉及 CDC 和 NIH 的管辖范围内。美国政府问责局（US GAO）调查了美国高级别生物安全实验室的建设和管理现状，发现美国 CDC 的生物安全四级防护实验室曾发生过电力中断而造成生物防护屏障失效，认为任何一个实验室都不存在零风险，随着实验室数量的增多，积累的风险可能会使国家的总体生物风险增加。因此，US GAO 分别于 2009 年、2013 年两次给政府相关部门提交报告，建议统一高等级生物安全实验室标准。

目前，有实验室生物安全国家标准的国家有中国、加拿大、澳大利亚和新西兰。这 4 个国家都是生物资源大国，生物安全受到特别重视，上升到国家安全战略层面管理。澳大利亚/新西兰的标准《实验室安全 第三部分 微生物的安全与防护》第 1 版发布于 1979 年，2010 年进行了更新。加拿大在 1996 年、2004 年和 2005 年分别发布了关于从事兽医、人类传染和朊病毒活动的生物安全实验室的 3 个指南文件，2013 年整合为《实验室生物安全标准和指南》，两年后改版分为《实验室生物安全标准》（2015 年）和《实验室生物安全手册》（2016 年）两册，更加凸显了标准的形式、地位和作用，是实验室生物安全要求标准化发展的重要体现。

我国的国家标准《实验室　生物安全通用要求》第 1 版发布于 2004 年，2008 年进行了较大力度的修订，最早融入了风险管理理念，创新了不同级别生物安全实验室类型的分类方法，并提出了系统的生物安全管理体系和实验室认可评价体系，成为国际先进标准。可以看到，在《实验室　生物安全通用要求》（GB 19489—2008）发布之后，美国、欧盟、加拿大、澳大利亚和新西兰都更新或发布了新文件，特点是增加了风险管理的内容和走标准化的道路。

我国的实验室生物安全同步发展于近现代生物医药、兽医和卫生机构的建设以及公共卫生事业的发展。新中国成立后，为解决疫苗等生物制品的研发问题，我国建设了一批生物制品研究所。在改革开放后，从 20 世纪 80 年代开始，我国卫生、农业等行业的实验室与欧美、日本等合作，建设了我国第一批高等级生物安全实验室；90 年代，我国开始自行设计和建设高等级生物安全实验室。

2003 年 SARS 暴发流行后，2004 年国务院颁布了《病原微生物实验室生物安全管理条例》，我国生物安全实验室的建设、运行和管理进入了法制化规范化时代。经过 10 年的快速发展，我国的实验室生物安全技术和标准在 2015 年走出国门，援助塞拉利昂和哈萨克斯坦等国建设了生物安全三级实验室，开启了生物安全建设领域的"一带一路"模式。

目前，我国各防护等级生物安全实验室的设计、建设、运行和管理能力均达到了国际先进水平，有力支撑了我国疾病防控、医药等生命科学相关的各专业领域的研发工作与创新发展，在新冠疫情、非洲猪瘟、高致病性禽流感等重大传染病/动物疫病防控工作方面发挥了关键作用。

2018 年我国暴发的非洲猪瘟和 2020 年初暴发新冠疫情，一方面，疫情检验了我国生物安全实验的能力，快速鉴定和分离病原、支持药物和疫苗研发、实施病毒核酸检测等工作令世界瞩目；另一方面，再次提醒人们，传染病无国界，生物安全是全球性的问题，应该建设共防共治的国际生物安全保障体系。

2021 年 4 月 15 日实施的《中华人民共和国生物安全法》（以下简称《生物安全法》），明确了生物安全的重要地位和原则，规定生物安全是国家安全的重要组成部分。《生物安全法》是我国生物安全领域的基础性、综合性、系统性、统领性法律，其颁布和实施必将产生积极而深远的影响。

## 四、发展趋势

历经近代百余年的研究与应用，人们对微生物有了深刻认识，按其对人类的危害程度和感染性，将已知的微生物进行了风险分级，提出了相应的实验室设施设备要求和管理要求。对风险等级为三级和四级的相关实验活动，各国均纳入政府管理范畴。由于存在不正当使用的可能性，相关重要的设施设备被一些国家列入进出口管制物品。

从世界范围看，实验室生物安全事故仍时有发生，这符合各类安全事件发生的规律，即很大程度上是人本身的不可靠性导致的。在高等级生物安全实验室工作，防护要求高、人员活动性和操作灵活性受限、心理压力大、工作时间长等，也在客观上增加了实验人员的失误风险。

基因操作技术的普及，使得可能出自实验室的新型有害生物的风险增加，使人类面临不可知的后果，监管者、科学工作者未来将面临更多新的挑战。对于非标准化的实验动物，存在体内有未查出、未知病原微生物的风险，可能造成非所操作的目标微生物的感染。

由于对新风和换气次数的需求，高等级生物安全实验室的能耗非常大，这是新一代实验室建设需要面对和解决的问题。同时，智慧实验室、无人实验室、智能机器人等不再是科幻影片里的场景，已经开始进入现实，导致实验活动、实验室建设、运行和管理可能出现颠覆性变化。在广义的生物安全概念下，也包括生物安保（biosecurity）、植物生物安全、有害生物（不限于微生物）、生物技术、生物资源等的考虑。因此，生物安全实验室概念的内涵和外延也在变化，亟待分析、评估、研究其生物安全和安保要求。

我国生物安全实验室建设、运行和管理的标准化发展历程，证明了标准化的引领作用和规范作用。标准化对我国在该领域实现高质量发展、跨越式发展有不可替代的作用，并实现了技术自给、创新和输出。

在未来10年、20年的发展中，国际交流与合作会进一步加强，一些颠覆性新技术、新装备将会用于实验室生物安全领域，现有的国家法规标准体系尚有很多内容亟须完善、更新和补充，以确保我国在该领域参与国际竞争的发展环境和空间，在顶层设计方面需有突破性思维和担当。

也要意识到，标准通常有滞后性、主观性、折中性，特别是在技术变革时期，在一定程度上会限制新技术的应用。在全面法制化管理的生物安全领域迎接新技术革命，抓住实验室智能化发展中的机遇和保持竞争能力，是未来10年的新挑战。

我国《生物安全法》的发布也将促进相关标准的修订、补充和完善，应建立基于风险思维和可持续发展理念的实验室生物安全标准体系，确保安全和创新发展。

在实验室管理方面，依据法规，结合机构改革，构建基于全国资源共享、职责联动，保证安全可靠、运行高效、分工合理、竞争有序、大幅度降低管理成本的新管理框架是首要任务，也是未来我国生物安全事业发展的环境保障。

在实验室生物安全科技研发领域，应加强和激发企业的内在创新及竞争动力，改变主要以引进吸收为主的模式，在材料、防护理念、工艺、方案等领域实现高水平创新发展。

实验室科技是多学科的综合及融合，亟待培养实验室科技服务和孵化机构，打通学科之间的屏障，构建完整的产业链，以满足实验室不断增长的安全需求和科研活动需求。实验室安全（包括环境健康安全）仅仅是需求的底线，科研活动对实验室各类复杂、极端、多因素耦合等的环境控制需求更为多样化、个性化，需要解决的关键技术问题更多、更复杂、更迫切，面临的挑战更大。

近年来，生产企业用于疫苗生产工艺放大研究的高等级防护水平实验室的建设需求开始出现，与从事病原微生物基础研究或检验检疫类实验室不同，该类实验室的一个主要功能是服务于疫苗生产。实验室内工艺设备很多，操作体量从几十升到上百升不等，具备疫苗生产小试甚至中试的潜在功能，带有非常明显的生产属性，是实验室生物安全管理面临的新挑战。

在世界上生物安全实验室和新技术越来越多的情况下，从政府监管的角度出发，标准化有其客观需求和作用。我国《生物安全法》已经发布，应站在一个新的高度上审视和规划未来，做好顶层设计，为国际生物安全领域提供中国经验和做出我们的贡献，推动构建人类命运共同体，实现人与自然的和谐共生。

# 主要参考文献

吕京，吴东来，等，2021. 生物安全实验室建设与发展报告［M］. 北京：科学出版社.

Diane Di Euliis, Kavita Berger, Gigi Gronvall, 2017. Biosecurity implications for the synthesis of horsepox, an orthopoxvirus［J］. Health Secur, 15（6）：629-637.

Gregory D Koblentz, 2017. The de novo synthesis of horsepox virus: implications for biosecurity and recommendations for preventing the reemergence of smallpox［J］. Health Secur, 15（6）：620-628.

Masaki Imai, Tokiko Watanabe, Masato Hatta, et al. , 2012. Experimental adaptation of an influenza H5 haemagglutinin（HA）confers respiratory droplet transmission to a reassortant H5 HA/ H1N1 virus in ferrets［J］. Nature（7403）：420-428.

Ronald J Jackson, Alistair J Ramsay, Carina D Christensen, et al. , 2001. Expression of mouse interleukin-4 by a recombinant ectromelia virus suppresses cytolytic lymphocyte responses and overcomes genetic resistance to mousepox［J］. Journal of Virology（75）：1205-1210.

Ryan S Noyce1，Seth Lederman，David H Evans，2018. Construction of an infectious horsepox virus vaccine from chemically synthesized DNA fragments ［J］. PLoS ONE, 13 (1)：1-16.

Sander Herfst，Eefje J A Schrauwen，Martin Linster，et al. ，2012. Airborne transmission of influenza A/H5N1 virus between ferrets ［J］. Science (6088)：1534-1541.

# 动物病原微生物实验室生物安全基本知识

生物安全实验室是国家生物安全体系重要的基础支撑平台，在动物卫生领域为开展动物疫病监测、检测、诊断、病原学研究，以及疫苗和诊断试剂研发等相关实验活动提供了重要的保障条件。动物病原微生物实验室生物安全的主要目的是保护实验操作人员自身安全、保护病原体不会泄露污染环境、保护操作对象不被污染等。强化动物病原微生物实验室生物安全建设与管理，一方面是法律法规的需要，如《生物安全法》《病原微生物实验室生物安全管理条例》等都对实验室生物安全提出了明确要求；另一方面是国内外形势发展的迫切需要。当前动物新发病越来越多，给养殖业安全和公共卫生安全带来巨大挑战。由于动物病原种类多、危害程度不同，需要不同级别的生物安全实验室去操作相应的实验活动。本章对动物病原微生物实验室生物安全相关的基本知识进行了概述。

## 第一节　实验室生物安全基本概念

### 一、生物安全

2020 年 2 月 14 日，习近平总书记在中央全面深化改革委员会第十二次会议上强调："要从保护人民健康、保障国家安全、维护国家长治久安的高度，把生物安全纳入国家安全体系，系统规划国家生物安全风险防控和治理体系建设，全面提高国家生物安全治理能力。"由此可见，生物安全是国家安全的重要组成部分，关系人民健康、社会安定、国家利益。

生物安全一般是指由现代生物技术开发和应用对生态环境及人体健康造成的潜在威胁，及对其所采取的一系列有效预防和控制措施。2021 年 4 月 15 日实施的《生物安全法》明确了生物安全定义，是指国家有效防范和应对危险生物因子及相关因素威胁，生物技术能够稳定健康发展，人民生命健康和生态系统相对处于没有危险和不受威胁的状态，生物领域具备维护国家安全和持续发展的能力。《生物安全法》的适用范围主要包括：防控重大新发突发传染病和动植物疫情，生物技术研究、开发与应用，病原微生物实验室生物安全管理，人类遗传资源与生物资源安全管理，防范外来物种入侵与保护生物多样性，应对微生物耐药，防范生物恐怖袭击与防御生物武器威胁，以及其他与生物安全相关的活动 8 个方面。因此，病原微生物实验室生物安全在国家生物安全体系中具有重要地位。

近年来，随着生物安全实验室的建设力度不断加大，实验室样品泄漏、丢失或遗忘，人员感染等各类意外事件也频频出现。生物实验室管理上的疏漏和意外事故不仅会导致实验室工作人员的感染，严重的还会给周围环境和社会带来一定的风险。

## 二、实验室生物安全

**1. 基本概念**  实验室生物安全是指实验室的生物安全条件和状态不低于允许水平，可避免实验室人员、来访人员、社区及环境等受到不可接受的损害，符合相关法规、标准等对实验室生物安全责任的要求。

**2. 主要目的**

（1）防止人员感染，保护人员健康安全。有些实验室操作的病原微生物，如禽流感病毒、布鲁氏菌等可感染人，一旦操作不当会导致相关人员感染。实验活动涉及的相关人员包括实验室操作人员、来访人员，或从事维修维护等工作的后勤保障人员等。因此，对于从事人兽共患病病原微生物相关实验活动的生物安全实验室需要强化对相关人员的防护。

（2）保护操作样本安全，确保检测结果准确。大多生物安全实验室操作的样品数量大、涉及的病原种类多，从生物安全实验室的质量控制角度需要防止病原体交叉污染导致假阳性或假阴性等错误的实验室诊断结果。

（3）防止病原泄漏，保护生态环境安全。由于生物安全实验室所操作的病原大多对动物或者公共卫生具有一定威胁，因此相关实验室需采取多种措施，确保所操作的具有感染性的生物因子不发生泄漏，不污染实验室周边的环境，避免给养殖业和社区居民带来安全风险。

**3. 面临形势**

（1）新发病原日益增多。多种因素，如人口、社会、技术和生态环境等的综合影响，导致当前动物新发病原体不断出现，对养殖业健康安全和公共卫生安全的危害日益增强。近年来出现了多种新发病原并引发重大动物疫病，如小反刍兽疫（2013）、猪塞内卡病毒病（2015）、H7N9 亚型高致病性禽流感

（2017）、非洲猪瘟（2018）、牛结节性皮肤病（2019）、H5N8 亚型高致病性禽流感（2020）等。

（2）公共卫生危害性日益增强。研究表明，人类现存已知的传染病中有60％属于人兽共患病，至少有 75％的人类新发传染病源自动物（Taylor L H, et al.，2001）。病原微生物对公共卫生的危害性日益增强。例如，2013 年国内首次发现的 H7N9 人感染病例，起初对家禽呈低致病性，但对人的致病性强，后变异为对人和家禽均致病的病毒。

## 三、生物安全实验室

**1. 基本概念** 生物安全实验室是指通过防护屏障和管理措施，达到生物安全要求的生物实验室和动物实验室。其中，防护屏障主要指硬件设施设备，包括主要由生物安全柜、动物隔离器等安全设备和个体防护装备构成、把危险因子隔离在一定空间内的一级防护屏障，以及为了防止危险因子从实验室泄漏到外部环境中，主要由实验室建筑、结构及通风系统等构成的二级防护屏障。管理措施指的是实验室需要建立相应的生物安全管理体系，对人员、设施设备、实验活动等进行严格规范管理，避免可能产生的生物安全风险。

**2. 必备条件** 生物安全实验室有 3 个必备条件，即操作具有感染性的病原微生物、具备相应等级的防护屏障、必须具有严格的管理制度。

**3. 分类** 生物安全实验室根据是否开展动物实验相关活动，可分为生物安全实验室和动物生物安全实验室。生物安全实验室往往从事动物病原的诊断、检测、病原学研究等，而动物生物安全实验室则涉及动物感染等实验活动。

**4. 建设的重要性** 一是建立病原微生物研究平台的需要。生物安全实验室的直接目的是保证研究人员不受操作对象的伤害，保护环境和公众的健康，保护实验室对象不受污染，建立科学、安全的研究平台。操作高致病性病原微生物，如高致病性禽流感病毒、非洲猪瘟病毒等，开展病原分离鉴定以及动物感染实验等实验活动必须在生物安全三级或四级实验室里进行。二是人间传染病、人兽共患病及动物疫病预防和控制的需要。生物安全实验室为传染病的诊断和治疗、疫苗研究和疾病监测提供平台支撑。例如，在防控新冠疫情工作中，生物安全三、四级实验室在病原研究、检测试剂和疫苗研发等方面发挥了极为重要的技术支撑作用。三是国家生物安全的需要。现代生物技术在给人类带来福音的同时，也可能给人类带来生物威胁甚至生物恐怖，识别和防范生物战剂及生物恐怖因子的潜在威胁需要建立生物安全实验。

# 第二节　动物病原微生物分类

病原微生物的危险程度等级分类是国家根据病原微生物的传染性、感染后对个体或者群体的危害程度等因素，将病原微生物按危害程度由高到低分为第一类、第二类、第三类、第四类。对生物因子进行危害程度分类是动物病原微生物风险评估的主要依据之一。

## 一、动物病原微生物分类依据

### （一）法律依据

**1.**《病原微生物实验室生物安全管理条例》（2018 修订版）　第一章第四条规定"国家对病原微生物实行分类管理"。第二章第八条规定："人间传染的病原微生物名录由国务院卫生主管部门商国务院有关部门后制定、调整并予以公布；动物间传染的病原微生物名录由国务院兽医主管部门商国务院有关部门后制定、调整并予以公布。"

**2.**《中华人民共和国生物安全法》　第四十三条规定"国家根据病原微生物的传染性、感染后对人和动物的个体或者群体的危害程度，对病原微生物实行分类管理"。

### （二）动物病原微生物特性

**1. 致病性**　致病性指病原体引起疾病的能力，病原体的毒力是用于定量评价致病性的参考标准。毒力一般取决于病原体、宿主及其之间的相互关系。一种病原体可能有高毒力、中毒力及弱毒力之分，如禽流感病毒就可以分为高致病性禽流感病毒和低致病性禽流感病毒。同种病毒对不同宿主也可表现不同的致病性。

**2. 传染性**　传染性指病原体在动物群体间的传播能力。传染性与病原体种类、数量、毒力、传播方式、易感动物的免疫状态等多种因素有关，是传染病的基本特征。流行病学常用基本传染数（basic reproduction number，$R_0$）来评价病原的传染性。$R_0$ 指在没有外力介入，同时所有动物均易感，一个感染某种传染病的动物把疫病传染给其他动物的平均数。

**3. 流行状况**　流行状况指相关疫病在一个国家或地区的流行强度。描述疫病流行强度的常用术语包括散发、暴发、流行和大流行等。如果疫病的流行强度不同，往往在实验室从事相关操作时所采取的生物安全防护措施也可能是不同的。如对于非洲猪瘟病毒，在 2018 年未传入我国之前，从事感染性样本的检测需要在生物安全三级实验室进行。目前，非洲猪瘟进入常态化防控阶段，为了适应新形势下相关实验室开展检测工作的实际需要，将从事感染性样本核酸检测的实验活动调整为在生物安全二级实验室即可，但从事病原分离培养仍需要在生物安全三级实验室。

**4. 现有防控技术手段**　现有防控技术手段指针对特定病原体是否有特异的预防用疫苗或治疗用药物。例如，针对禽流感病毒感染的风险，家禽可以通过接种疫苗进行群体预防，尚无人用禽流感特异性疫苗，人员意外感染后可以采用金刚烷胺、达菲等药物进行治疗。

## 二、动物病原微生物分类名录

农业部 2005 年 5 月 24 日发布农业部令第 53 号，公布了《动物病原微生物分类名录》，根据危害性差异将动物病原微生物分为一类、二类、三类和四类，其中第一类、第二类病原微生物统称为高致病性病原微生物。动物病原种类非常多，高达数百种，但高致病性病原微生物相对数量较少。

### （一）第一类病原微生物

**1. 基本概念**　第一类病原微生物指能够引起人类或者动物非常严重的疾病的微生物，以及我国尚未发现或者已经宣布消灭的微生物。

**2. 病原种类**　第一类病原微生物主要包括口蹄疫病毒、高致病性禽流感病毒、猪水疱病病毒、非洲猪瘟病毒、非洲马瘟病毒、牛瘟病毒、小反刍兽疫病毒、牛传染性胸膜肺炎丝状支原体、牛海绵状脑病病原、痒病病原。

### （二）第二类病原微生物

**1. 基本概念**　第二类病原微生物指能够引起人类或者动物严重疾病，比较容易直接或者间接在人与人、动物与人、动物与动物间传播的微生物。

**2. 病原种类**　第二类病原微生物包括猪瘟病毒、鸡新城疫病毒、狂犬病病毒、绵羊痘/山羊痘病毒、蓝舌病病毒、兔病毒性出血症病毒、炭疽芽孢杆菌、布鲁氏菌。

### （三）第三类病原微生物

**1. 基本概念**　第三类病原微生物指能够引起人类或者动物疾病，但一般情况下对人、动物或者环境不构成严重危害，传播风险有限，实验室感染后很少引起严重疾病，并且具备有效治疗和预防措施的微生物。

**2. 病原种类**

（1）多种动物共患病病原微生物。低致病性流感病毒、伪狂犬病病毒、破伤风梭菌、气肿疽梭菌、结核分枝杆菌、副结核分枝杆菌、致病性大肠杆菌、沙门氏菌、巴氏杆菌、致病性链球菌、李氏杆菌、产气荚膜梭菌、嗜水气单胞菌、肉毒梭状芽孢杆菌、腐败梭菌和其他致病性梭菌、鹦鹉热衣原体、放线菌、钩端螺旋体。

（2）牛病病原微生物。牛恶性卡他热病毒、牛白血病病毒、牛流行热病毒、牛传染性鼻气管炎病毒、牛病毒腹泻/黏膜病病毒、牛生殖器弯曲杆菌、日本血吸虫。

（3）绵羊和山羊病病原微生物。山羊关节炎/脑脊髓炎病病毒、梅迪-维斯纳病病毒、传染性脓疱皮炎病毒。

（4）猪病病原微生物。日本脑炎病毒、猪繁殖与呼吸综合征病毒、猪细小病毒、猪圆环病毒、猪流行性腹泻病毒、猪传染性胃肠炎病毒、猪丹毒杆菌、猪支气管败血波氏杆菌、猪胸膜肺炎放线杆菌、副猪嗜血杆菌、猪肺炎支原体、猪密螺旋体。

（5）马病病原微生物。马传染性贫血病毒、马动脉炎病毒、马病毒性流产病毒、马鼻炎病毒、鼻疽假单胞菌、类鼻疽假单胞菌、假皮疽组织胞浆菌、溃疡性淋巴管炎假结核棒状杆菌。

（6）禽病病原微生物。鸭瘟病毒、鸭病毒性肝炎病毒、小鹅瘟病毒、鸡传染性法氏囊病病毒、鸡马立克氏病病毒、禽白血病/肉瘤病毒、禽网状内皮组织增殖病病毒、鸡传染性贫血病毒、鸡传染性喉气管炎病毒、鸡传染性支气管炎病毒、鸡减蛋综合征病毒、禽痘病毒、鸡病毒性关节炎病毒、禽传染性脑脊髓炎病毒、副鸡嗜血杆菌、鸡毒支原体、鸡球虫。

（7）兔病病原微生物。兔黏液瘤病病毒、野兔热土拉杆菌、兔支气管败血波氏杆菌、兔球虫。

（8）水生动物病病原微生物。流行性造血器官坏死病毒、传染性造血器官坏死病毒、马苏大麻哈鱼病毒、病毒性出血性败血症病毒、锦鲤疱疹病毒、斑点叉尾鲴病毒、病毒性脑病和视网膜病毒、传染性胰脏坏死病毒、真鲷虹彩病毒、白鲟虹彩病毒、中肠腺坏死杆状病毒、传染性皮下和造血器官坏死病毒、核多角体杆状病毒、虾产卵死亡综合征病毒、鳖鳃腺炎病毒、Taura综合征病毒、对虾白斑综合征病毒、黄头病病毒、草鱼出血病毒、鲤春病血症病毒、鲍球形病毒、鲑鱼传染性贫血病毒。

（9）蜜蜂病病原微生物。美洲幼虫腐臭病幼虫杆菌、欧洲幼虫腐臭病蜂房蜜蜂球菌、白垩病蜂球囊菌、蜜蜂微孢子虫、蚡腺螨、雅氏大蜂螨。

（10）其他动物病病原微生物。犬瘟热病毒、犬细小病毒、犬腺病毒、犬冠状病毒、犬副流感病毒、猫泛白细胞减少综合征病毒、水貂阿留申病病毒、水貂病毒性肠炎病毒。

**（四）第四类病原微生物**

第四类病原微生物指危险性小、致病力低、实验室感染机会少、通常情况下不会引起动物或者人类疾病的病原微生物，主要包括兽用生物制品、疫苗生产用的各种弱毒病原微生物以及不属于第一、二、三类的各种低毒力的病原微生物。

## 三、动物疫病病种目录

农业农村部于 2022 年 6 月 23 日发布第 573 号公告，根据《中华人民共和国动物防疫法》有关规定，农业农村部对原《一、二、三类动物疫病病种名录》进行了修订，现予以发布，自发布之日起施行。2008 年发布的中华人民共和国农业部公告第 1125 号、2011 年发布的中华人民共和国农业部公告第 1663 号、2013 年发布的中华人民共和国农业部公告第 1950 号同时废止。

**（一）一类动物疫病**

一类动物疫病是指口蹄疫、非洲猪瘟、高致病性禽流感等对人、动物构成特别严重危害，可能造成重大经济损失和社会影响，需要采取紧急、严厉的强制预防、控制等措施的。

共 11 种，包括口蹄疫、猪水疱病、非洲猪瘟、尼帕病毒性脑炎、非洲马瘟、牛海绵状脑病、牛瘟、牛传染性胸膜肺炎、痒病、小反刍兽疫、高致病性禽流感。

**（二）二类动物疫病**

二类动物疫病是指狂犬病、布鲁氏菌病、草鱼出血病等对人、动物构成严重危害，可能造成较大经济损失和社会影响，需要采取严格预防、控制等措施的。

共 37 种，包括：

多种动物共患病（7 种）：狂犬病、布鲁氏菌病、炭疽、蓝舌病、日本脑炎、棘球蚴病、日本血吸虫病。

牛病（3 种）：牛结节性皮肤病、牛传染性鼻气管炎（传染性脓疱外阴阴道炎）、牛结核病。

绵羊和山羊病（2 种）：绵羊痘和山羊痘、山羊传染性胸膜肺炎。

马病（2 种）：马传染性贫血、马鼻疽。

猪病（3 种）：猪瘟、猪繁殖与呼吸综合征、猪流行性腹泻。

禽病（3 种）：新城疫、鸭瘟、小鹅瘟。

兔病（1 种）：兔出血症。

蜜蜂病（2 种）：美洲蜜蜂幼虫腐臭病、欧洲蜜蜂幼虫腐臭病。

鱼类病（11 种）：鲤春病毒血症、草鱼出血病、传染性脾肾坏死病、锦鲤疱疹病毒病、刺激隐核虫病、淡水鱼细菌性败血症、病毒性神经坏死病、传染性造血器官坏死病、流行性溃疡综合征、鲫造血器官坏死病、鲤浮肿病。

甲壳类病（3 种）：白斑综合征、十足目虹彩病毒病、虾肝肠胞虫病。

**（三）三类动物疫病**

三类动物疫病是指大肠杆菌病、禽结核病、鳖鳃腺炎病等常见多发，对人、动物构成危害，可能造成一定程度的经济损失和社会影响，需要及时预防、控制的。

共 126 种，包括：

多种动物共患病（25 种）：伪狂犬病、轮状病毒感染、产气荚膜梭菌病、大肠杆菌病、巴氏杆菌病、沙门氏菌病、李氏杆菌病、链球菌病、溶血性曼氏杆菌病、副结核病、类鼻疽、支原体病、衣原体病、附红细胞体病、Q 热、钩端螺旋体病、东毕吸虫病、华支睾吸虫病、囊尾蚴病、片形吸虫病、旋毛虫病、血矛线虫病、弓形虫病、伊氏锥虫病、隐孢子虫病。

牛病（10 种）：牛病毒性腹泻、牛恶性卡他热、地方流行性牛白血病、牛流行热、牛冠状病毒感染、牛赤羽病、牛生殖道弯曲杆菌病、毛滴虫病、牛梨形虫病、牛无浆体病。

绵羊和山羊病（7 种）：山羊关节炎/脑炎、梅迪-维斯纳病、绵羊肺腺瘤病、羊传染性脓疱皮炎、干酪性淋巴结炎、羊梨形虫病、羊无浆体病。

马病（8 种）：马流行性淋巴管炎、马流感、马腺疫、马鼻肺炎、马病毒性动脉炎、马传染性子宫炎、马媾疫、马梨形虫病。

猪病（13 种）：猪细小病毒感染、猪丹毒、猪传染性胸膜肺炎、猪波氏菌病、猪圆环病毒病、格拉瑟病、猪传染性胃肠炎、猪流感、猪丁型冠状病毒感染、猪塞内卡病毒感染、仔猪红痢、猪痢疾、猪增生性肠病。

禽病（21 种）：禽传染性喉气管炎、禽传染性支气管炎、禽白血病、传染性法氏囊病、马立克病、禽痘、鸭病毒性肝炎、鸭浆膜炎、鸡球虫病、低致病性禽流感、禽网状内皮组织增殖病、鸡病毒性关节炎、禽传染性脑脊髓炎、鸡传染性鼻炎、禽坦布苏病毒感染、禽腺病毒感染、鸡传染性贫血、禽偏肺病毒感染、鸡红螨病、鸡坏死性肠炎、鸭呼肠孤病毒感染。

兔病（2 种）：兔波氏菌病、兔球虫病。

蚕、蜂病（8 种）：蚕多角体病、蚕白僵病、蚕微粒子病、蜂螨病、瓦螨病、亮热厉螨病、蜜蜂孢子虫病、白垩病。

犬猫等动物病（10 种）：水貂阿留申病、水貂病毒性肠炎、犬瘟热、犬细小病毒病、犬传染性肝炎、猫泛白细胞减少症、猫嵌杯病毒感染、猫传染性腹膜炎、犬巴贝斯虫病、利什曼原虫病。

鱼类病（11 种）：真鲷虹彩病毒病、传染性胰脏坏死病、牙鲆弹状病毒病、鱼爱德华氏菌病、链球菌病、细菌性肾病、杀鲑气单胞菌病、小瓜虫病、黏孢子虫病、三代虫病、指环虫病。

甲壳类病（5 种）：黄头病、桃拉综合征、传染性皮下和造血组织坏死病、急性肝胰腺坏死病、河蟹螺原体病。

贝类病（3 种）：鲍疱疹病毒病、奥尔森派琴虫病、牡蛎疱疹病毒病。

两栖与爬行类病（3 种）：两栖类蛙虹彩病毒病、鳖腮腺炎病、蛙脑膜炎败血症。

# 第三节　动物病原微生物实验室分级

根据实验室对病原微生物的生物安全防护水平，并依照实验室生物安全国家标准的相关规定，将生物安全实验室分为一级、二级、三级、四级。

## 一、分级依据

### （一）法律依据

**1.**《病原微生物实验室生物安全管理条例》（2018 修订版）　第四条规定"国家对实验室实行分级管理"。第三章第十八条规定："国家根据实验室对病原微生物的生物安全防护水平，并依照实验室生物安全国家标准的规定，将实验室分为一级、二级、三级、四级。"

**2.**《中华人民共和国生物安全法》　第四十五条规定："国家根据对病原微生物的生物安全防护水平，对病原微生物实验室实行分等级管理。"

### （二）生物安全防护水平

病原微生物实验室生物安全是国家生物安全的重要组成部分，《生物安全法》进一步明确了病原微生物分类和实验室进行分级管理。需要指出的是，生物安全不仅仅是针对生物安全三级和生物安全四级高等级生物安全实验室，也包括生物安全一级实验室和生物安全二级实验室。高等级实验室尽管操作传染性和致病性更强的病原体，但由于具有严格的硬件防护设施和完善的生物安全管理制度，涉及的各种风险需进行风险评估并制定相应的应急预案，加上我国目前高等级生物安全实验室建设数量还不多，所以出现严重生物安全事故的概率相对要小一些。对于生物安全一级实验室和生物安全二级实验室，则风险相对较大，主要原因包括：一是这些实验室大多硬件防护能力相对要差，人员生物安全防护意识相对要弱；二是这些实验室大多是从事疫病诊断和检测的实验室，接触到的生物因子种类多、样品数量多，还有可能是新发或未知病原；三是这类实验室数量较为庞大。

## 二、分级分类

根据《生物安全实验室建筑技术规范》（GB 50346—2011），按照实验室所操作的病原体危害程度和采取的防护措施，将生物安全实验室分为四级，一级风险最低，四级风险最高，把生物安全三级实验室和生物安全四级实验室统称为高等级生物安全实验室。生物安全实验室一般分为细胞水平的实验室和动物感染实验室，国际上分别用 BSL（bio-safety level，BSL）和 ABSL（animal bio-safety level，ABSL）分别表示细胞水平和动物感染实验室的生物安全水平，高级别生物安全实验室通常表示为 BSL-3、BSL-4 和 ABSL-3、ABSL-4（表 2-1）。

**表 2-1  动物生物安全实验室分级**

| 分级 | 生物危害程度 | 操作病原特性 | 病原举例 |
|---|---|---|---|
| 一级 | 低个体危害，低群体危害 | 通常不会引起人或动物疫病 | 低致病力毒株 |
| 二级 | 中等个体危害，有限群体危害 | 能引起人或动物疫病，但通常对人、动物或环境不构成严重危害，传播风险有限，并且具备有效治疗和预防措施 | 猪繁殖与呼吸综合征病毒、禽白血病病毒 |
| 三级 | 高个体危害，高群体危害 | 能引起人或动物严重疫病，比较容易直接或间接在人与人、动物与人、动物和动物间传播 | 口蹄疫病毒、高致病性禽流感病毒 |
| 四级 | 高个体危害，高群体危害 | 能引起人或动物非常严重的疫病，或者我国尚未发现或已经宣布消灭 | 尼帕病毒 |

需要注意的是，对于同一种病原微生物，实验活动类型不同，所需要的防护级别也不同。涉及病原的实验活动主要包括病原分离培养、动物感染实验、未经培养的感染性材料实验和灭活材料实验等。如高致病性禽流感病毒的分离培养和动物感染实验，相关操作须分别在 BSL-3 和 ABSL-3 进行，而对于病料等疑似样品的处理和检测则在 BSL-2 的生物安全柜中进行即可。相关实验活动具体要求可以查阅《动物病原微生物实验活动生物安全要求细则》。

## 第四节  动物病原微生物实验室建设要求

动物病原微生物实验室通常分为实验室与动物饲养间。实验室与其他病原微生物实验室、生物安全实验室的建设要求类似，已有多本建设书籍从建设流程、设计原则、各工程专业要求等角度进行了详细描述。本节主要依据《实验室  生物安全通用要求》（GB 19489—2008），通过比较 BSL 实验室和 ABSL 动物饲养间的差别，对动物病原微生物实验室的建设要求进行概述。

### 一、概述

从事动物感染相关的实验活动，会面临许多特定的危险和需要特殊处理的事件等多种因素，如暴露于传染性因子（自然或实验产生）、被动物咬伤、抓伤、踢伤和撞伤，机体过敏等；需要防止动物产生的气味、过敏原和携带的病原微生物对实验人员和相邻区域造成不利影响；需要保证动物实验质量，防止动物之间的交叉污染和偶发因素对实验动物造成意外感染，防止人类携带的病原体影响实验动物；需要考虑动物福利，保证其生存环境良好（温度、湿度、洁净度、空间）等；需要防止动物逃逸和受外来动物影响；需要考虑饮食、排泄、动物的护理等问题。

考虑到气味、噪声、心理、防交叉污染等因素，动物生物安全实验室最好为独立的建筑。如果不能独立，则应采取有效的措施与其他区域保持相对隔离，包括空间的隔离、与人流的隔离和通风系统的隔离等。动物饲养间的门应有可视窗，以便于工作人员观察室内整体情况。门应向里开，以防止动物逃逸。为尽量保持动物饲养间始终处于隔离状态，房门应能够自动关闭，当需要时，应可以锁上。

动物生物安全实验室除饲养啮齿动物、兔、禽等小型实验动物外，还应能饲养猪、羊、牛、马等大型家畜甚至鹿等野生动物。有些动物力气较大、有些动物破坏性强，从事这些动物相关实验活动的实验室要充分考虑实验室围护结构的强度。大动物生物安全实验室需要操作马、牛、羊、猪等家畜，并有可能操作鹿等具有一定攻击性的野生动物，对于防护设施有其特殊要求，需借助物理防护手段，如限制装置、动物围栏等以防止动物受到伤害，围栏等设计必须充分了解所饲养动物的体征和习性，如智力、本能、体格、大小、生活方式等。在使用动物饲养笼具或护栏时，除考虑安全要求外，还应考虑对动物福利的要求，如应根据动物体型的大小和生活习性为其提供充分的活动空间等。

## 二、动物饲养间的基本建设原则

**1. 负压通风技术**　负压通风技术是指通过控制气流方向，可以使室内的空气朝固定的方向流动，最后经高效空气过滤器（以下简称 HEPA 过滤器）、除臭器过滤后排出（刘利兵等，2009）。关于负压通风，宜将 ABSL-1 动物饲养间的室内气压控制为负压，从 ABSL-2 开始要求必须将室内气压控制为负压，而 BSL-1 和 BSL-2 实验室可利用自然通风和机械通风，从 BSL-3 开始才要求负压控制通风。另外，ABSL-3 和 ABSL-4 动物饲养间的气压（负压）与室外大气压的压差值都要高于相同级别实验室的对应压差值。由于动物实验的风险点比非动物实验的风险点多，动物饲养间从 ABSL-1 到 ABSL-4 都要求不得循环使用动物饲养间排出的空气，而实验室从 BSL-3 开始才要求不得循环使用防护区排出的空气。通过比较发现，动物饲养间比实验室的通风要求更高。

**2. 物理分区隔离**　物理分区隔离是指利用墙体、气密门、气密阀等物理屏障把各房间与外环境、各房间相互之间隔开（刘利兵等，2009）。ABSL-1 动物饲养间要求与建筑物内的其他区域隔离，ABSL-2 动物饲养间要求在出入口设置缓冲间，而 BSL-1、BSL-2 实验室无相关要求。ABSL-3 防护区内设淋浴间，动物饲养间属于核心工作间，其出入口均应设置缓冲间。动物饲养间应尽可能设在整个实验室的中心部位，不应直接与其他公共区域相邻。动物饲养间围护结构的强度要与所饲养的动物种类相适应。

**3. 消毒灭菌技术**　在实验室开展实验活动时，可能会产生具有感染性的气溶胶、废弃物、动物尸体、活毒废水等。感染性气溶胶可能污染实验室的工作台面、仪器外表、地面等，实验结束后需对工作台面、仪器外表、地面等进行擦拭消毒，起到去除污染的作用；感染性废弃物、动物尸体等移出实验室前都须用经验证可靠的消毒灭菌方法进行消毒灭菌，如高温高压、化学制剂、射线照射等（中国疾病预防控制中心病毒病预防控制所，2020）。

**4. 空气过滤技术**　实验活动过程中产生的感染性气溶胶、飞沫、悬浮物等会污染实验室空气，对其进行过滤是阻止感染性生物因子随空气扩散的主要方法（中国疾病预防控制中心病毒病预防控制所，2020）。BSL-1 实验室内的设备对高效过滤器没有明确要求，从 BSL-2 实验室开始其内的生物安全型设备（如生物安全柜、生物安全型独立通风笼具、生物安全型隔离器、生物安全型高压灭菌器）通常都安装有高效过滤器，高等级生物安全实验室的空气高效过滤装置是对空气过滤的最后一道防线。

## 三、不同生物安全等级动物饲养间的建设特征

**1. ABSL-1 动物饲养间**　与 BSL-1 实验室不同，ABSL-1 动物饲养间应与建筑物内的其他区域隔离，动物饲养间打开的门应能够自动关闭，门上有可视窗且门应向里开。动物饲养间不宜安装窗户，如果安装窗户，所有窗户应密闭，窗户外部应装防护网。BSL-1 实验室可以利用自然通风或机械通风，而 ABSL-1 动物饲养间只能利用机械通风，且室内气压宜控制为负压。根据所饲养的动物种类，设计合理的围护结构强度；地面液体收集系统应设防回流装置，存水弯有足够的深度；设计动物饲养笼具或护栏，可清洗和消毒灭菌，并符合安全、动物福利等要求。根据需要，选择动物尸体及相关废物的处置设施和设备。

**2. ABSL-2 动物饲养间**　ABSL-2 动物饲养间应在出入口设置缓冲间，应设置非手动洗手池或手部清洁装置，应配备安全隔离装置，从事可能产生气溶胶的实验活动，需经 HEPA 过滤器过滤后排出废气。动物饲养间内负压控制，气体直接排放到建筑物外或经 HEPA 过滤器过滤后排出，室外排风口应至少高出所在建筑顶部 2m，有防风、防雨、防鼠、防虫功能。污水或污物须进行无害化处理，并监测消毒灭菌效果。

**3. ABSL-3 动物饲养间**　ABSL-3 动物饲养防护区内设淋浴间或强制淋浴

装置，出入口均应设置缓冲间。动物饲养间安装监视设备、通信设备、笼具消毒设备、动物尸体消毒设备、废弃物消毒设备等。防护区内淋浴间的污水进行灭菌效果监测后排放。

适用于 GB 19489—2008 4.4.1 的动物饲养防护区应至少包括淋浴间、防护服更换间、缓冲间及核心工作间。适用于 GB 19489—2008 4.4.3 的动物饲养间有严格限制进入的门禁措施，缓冲间为气锁并可对防护服或传递物品进行表面消毒，根据风险评估确定废气经两级 HEPA 过滤器过滤后排出，送风HEPA 过滤器可原位消毒灭菌和检漏。适用于 GB 19489—2008 4.4.1 和4.4.2 的动物饲养间气压（负压）与室外大气压的压差值、与相邻区域的压差（负压）都大于 BSL-3 实验室相同区域的压差值，分别不小于 60Pa 和不小于15Pa。适用于 GB 19489—2008 4.4.3 的动物饲养间气压（负压）与室外大气压的压差值应不小于 80Pa，与相邻区域的压差（负压）应不小于 25Pa；动物饲养间及其缓冲间的气密性应达到在关闭受测房间所有通路并维持房间内的温度在设计范围上限的条件下，若使空气压力维持在 250Pa 时，房间内每小时泄漏的空气量应不超过受测房间净容积的 10%。

**4. ABSL-4 动物饲养间**　ABSL-4 动物饲养间有严格限制进入的门禁措施，缓冲间为气锁，淋浴间设置强制淋浴装置。ABSL-4 动物饲养间的气压（负压）与室外大气压的压差值不小于 100Pa，高于 BSL-4 实验室的相关压差值60Pa。动物饲养间及其缓冲间的气密性应达到在关闭受测房间所有通路并维持房间内的温度在设计范围上限的条件下，当房间内的空气压力上升到 500Pa后，20min 内自然衰减的气压小于 250Pa。所有物品或其包装的表面进行清洁和可靠消毒灭菌后才能运出动物饲养间。与 BSL-4 实验室相同，ABSL-4 动物饲养间应具备生命支持系统和化学淋浴消毒灭菌装置。如果 ABSL-4 动物饲养间属于 GB 19489—2008 4.4.2 类，则须配备Ⅲ级生物安全柜或相当的安全隔离装置。

## 四、动物饲养间的独特设备

根据动物的种类、身体大小、生活习性、实验目的等，选择具有适当防护水平、与动物相适应的饲养设备、实验设备、消毒灭菌设备和清洗设备等。

**1. 饲养笼具**　根据动物体型大小，选择适宜的饲养设备。小型动物（小鼠、豚鼠、树鼩、禽等）可以饲养在独立通风笼具（IVC）、负压隔离器等设备中，中型动物（猴、犬等）可以饲养在金属网笼具等设备中，大型动物（猪、羊、牛、马、骆驼等）可以饲养在动物舍的围栏或饲养床内。

**2. 动物解剖台**　小型动物的解剖主要在负压隔离器、生物安全柜或负压解剖取材台内完成。对于采用 IVC 饲养的小鼠等可将独立通风笼盒从独立通风笼架上取下，在生物安全柜或负压解剖取材台内将动物从笼盒中取出再进行解剖。对于采用负压隔离器饲养的动物，可在隔离器内进行解剖，也可以转移到生物安全柜或负压解剖取材台中进行解剖。中型动物的解剖一般需在专用解剖台上进行，如果涉及高致病性病原微生物，解剖台要求是定向下降气流，也可直接用负压解剖取材台。牛、马、骆驼等大型动物由于体型较大，人力很难将其抬上解剖台，故在设计实验室时可考虑在解剖室设置固定解剖区域或高度可升降的解剖台。

**3. 尸体处理设备** 小型动物、中型动物基本不需要特殊的尸体处理设备，完成解剖等实验活动后，将动物尸体装入废物袋中，按要求进行高温高压就可实现无害化处理。而大型动物体型较大，无法放入高压蒸汽灭菌器，或高压蒸汽灭菌器处理量太小，需购置大型尸体处理设备，采用特殊的处理方法进行无害化处理，如炼制、碱水解、反聚合、焚化等。与大型尸体处理设备配套的设备还应包括吊装、起重、托运等设备。

**4. 活性炭除臭器** 动物饲养间内的动物及其粪尿所散发的气味，按照规定换气次数，基本可以排出室内臭气。饲养在笼具中的中型动物和饲养在动物舍中的大型动物产生的气味较重，在房间排风管末端加入活性炭，可除去臭气分子，从而起到保护环境的作用。

**5. 其他设备** 由于动物实验产生的动物尸体数量可能较大，往往需要设计动物尸体的冷冻存储设备，以免未及时处置的动物尸体发臭发霉。某些实验活动还涉及动物活体诊断检测，须按需求提前设计相关设备，如核磁共振设备、计算机 X 线断层摄影机等。对于猪、牛等中大型动物的实验活动，在废水收集处理时，还要考虑动物尿液和饲养间清洗液的无害化处理。大型动物还需要设计坚固的柱栏保定架。

## 主要参考文献

曹国庆，等，2019. 生物安全实验室设计与建设 [M]. 北京：中国建筑工业出版社.

刘利兵，曲萍，于军，等，2009. 实验室生物安全与突发公共卫生事件 [M]. 西安：第四军医大学出版社.

王君玮，王志亮，2009. 兽医病原微生物操作技术规范 [M]. 北京：中国农业出版社.

中国疾病预防控制中心病毒病预防控制所，2020. 实验室生物安全手册 [M]. 北京：人民卫生出版社.

Taylor L H, Latham S M, Woolhouse M E, 2001. Risk factors for human disease emergence [J]. Philos Trans R Soc Lond B Biol Sci. , 356 (1411)：983-989.

# 动物病原微生物实验室
# 风险评估与控制

## 第一节　实验室风险评估概述

### 一、风险评估的目的

风险评估（risk assessment）是评估风险大小以及确定是否可接受的全过程，包括风险识别、风险分析和风险评价3个部分。动物病原微生物实验室风险评估的目的是为有效的风险控制提供信息和进行分析，帮助了解和处理实验室生物安全风险问题。在实验室生物安全中，不仅需要关注致病微生物意外泄露导致的操作人员、周边人群或动物群感染疾病的发生，而且应考虑对社会、环境和经济方面的影响。实验室管理层希望通过开展风险评估，获得支持他们做出实验室风险管理安全决策程序的资料和分析报告。

风险评估可以及时为风险管理者就实验室可能存在的生物安全风险问题提供一个合理、客观、可信的状况描述。风险评估的目的是帮助风险管理者对风险应采取的措施做出更有依据的选择，并且对任何利益相关方都有基本明确的预期。当然，实验室风险评估并不能包含风险问题的所有可能信息。在某些情况下，风险管理者可能需要一种非常快捷的风险评估。这时，尽管尚不能确定基本的风险是否处于首要位置，甚至存在很大的不确定性，但是此时的评估结果已经可以让风险管理者做出某种决定。

一般来说，实验室生物安全风险评估的目的有以下3种类型：

a. 评估病原危害及其暴露特性。

b. 分析比较并确定风险管理措施。

c. 优化实验室建设或运行管理方案。

进行风险评估时，不仅需要识别和分析与实验活动有关的所有安全风险和健康危害、评估涉及的风险大小，而且需要针对不同的风险选择确定优先采取的措施以便控制或降低风险。实验室生物安全风险评估的目的与以下几个方面（不限于）问题有关：

——实验室存在哪些生物安全风险？

——实验室可能会有什么安全问题发生？

——就目前实验室状况发生某问题的概率有多大？

——如果实验室发生了事故或事件，其后果是什么？

——实验室资源有哪些？

——针对实验室的风险，有哪些应对措施？

在很多情况下风险是不可避免的。为了追求收益（如研究成果）或更大的利益（如整体利益），一般不需要消除所有风险，或者说消除所有的风险是不现实的。风险评估需要回答的问题是：风险是否低至可以忽略？是否不再有任何理由去考虑风险或者风险已降到合理可行的低水平？是否所有的风险是可以接受的？

从安全角度考虑，风险可分为"可接受""合理"和"不允许"3种情况。在有些情况下，当风险低至可以忽略时，是可以接受并且不需要主动采取风险处理措施的。有些风险，如果不能降低到一定水平，是不允许的。但应该意识到，"合理"并非接受不必要风险的理由，应尽可能将任何风险降至最低水平。但通常会遇到技术上和经济上的可行性问题。技术可行性是指不计成本时降低风险的能力，而经济可行性是指在给定的经济前提下降低风险的能力。

## 二、实验室风险评估应遵循的一般原则

《病原微生物实验室生物安全风险管理指南》（RB/T 040—2020）规定了实验室风险管理的8个一般原则，包括：

• 融合性原则：风险管理是病原微生物实验室开展实验活动不可或缺的组成部分，应融合到实验室管理体系中。

• 模式化原则：风险管理宜模式化，以便系统全面地管理风险源，并有助于结果的一致性和可比性。

• 个性化原则：应根据实验室特点和实验室内外部环境信息，制定个性化风险管理方案并记录实施过程。

• 包容性原则：实验室应与利益相关方及时充分地沟通交流，并将其知识、观点和看法融入风险管理。

• 动态性原则：随着内外部环境信息变化，实验室风险也处于动态变化中，表现为新风险的出现、风险等级的变化或消失。实验室应通过风险管理活动及时预测、识别、确认并应对这些风险。

• 信息依赖性原则：实施风险管理应充分认识到实验室当前状况，并利

用已有相关信息和实验室未来运行计划。相关信息应能及时、清晰地与利益相关方交流。

　　• 人文因素原则：应考虑个人行为、文化背景等人文因素对实验室不同运行阶段风险管理的影响。

　　• 持续改进原则：实验室应通过内外部审核、安全检查等措施定期评价风险控制的适宜性、允分性和有效性，持续改进风险管埋。

　　实验室生物安全风险评估作为病原微生物实验室风险管理的重要组成部分，在实施过程中应遵循以下 8 项基本原则（图 3-1）：

　　a. 生物安全风险评估应该完全基于科学。

　　b. 风险评估应该按照结构化方式开展，包括风险识别、风险分析和风险评价。

　　c. 风险评估应该明确说明评估的目的，包括可能产生的结果效应。

　　d. 风险评估的行为应该是透明的。

　　e. 应考虑成本、资源等任何因素对风险评估造成的影响，并描述其可能造成的后果。

　　f. 风险评估应该包含不确定性的描述，以及风险评估过程中不确定性的来源。

　　g. 基础信息收集应该尽可能保证准确和精确，以便使评估中的不确定性减少到最低限度。

　　h. 风险是动态的，病原特性、资源等相关信息发生较大变化时，应重新进行风险评估。

图 3-1　实验室开展风险评估应遵循的 8 项基本原则

## 三、实验室风险评估的特性

实验室开展风险评估有助于为管理层对生物安全风险及其原因、后果和发生可能性有更充分的理解，以便确定是否可以开展某些活动、可能会有什么风险、选择哪种应对策略以便将风险的不利影响控制在可接受水平。但由于对风险的认知能力、水平、资源、信息有不同的把握，实验室风险评估又呈现出模糊性、动态性等多种特点。其中，科学性和不确定性是实验室生物安全风险评估的两大重要特性。

### （一）科学性

充分依据科学数据是风险评估的一个主要原则，这决定了风险评估具有科学性。对来源合理、质量良好、详细且具有代表性的数据进行系统分析，适当辅以科学文献或已被接受的方法进行描述或计算，最终可以获得科学的评估结果。

当实验室开展一项风险评估活动时，通常不能获得完成该任务所需的足够数据资料。虽然参加评估的人员会尽力填补缺失的数据以便完成评估，但在实际风险评估过程中还是会在某些步骤不可避免地运用一些假设。这时，这些假设必须尽可能地保持客观，符合生物安全实验室运行的基本原理，且要保持一致性。此外，任何给定的假设都应该公开并形成记录。这就保证了科学的风险评估实际上是客观而透明的。参加风险评估的人员应深入了解实验室风险评估实施过程中的任何判断所依据的资料是否科学、充分，不能带有任何偏见，不让非科学的观点或价值判断影响实验室安全的风险评估结果。

### （二）不确定性

不确定性是风险评估的重要特性之一。由于不同动物病原微生物实验室实验活动可能差异较大，风险影响因素可能有很大不同，这就导致实验室评估结果可能会存在较大的不确定性。一般来说，实验室进行风险评估时可能产生不确定性的因素主要有（包含但不限于）以下3个方面：

a. 信息的不完整性。缺乏风险评估所需要的有用的信息，或者信息不全。

b. 拟操作病原微生物本身的特性变化，如病毒变异、易感性改变、潜伏期发生变化等。

c. 与环境的关系复杂，如病原微生物的特性发生变化，变得更适应环境。

实验室风险评估的不确定性也就是未知性。由于现有可用的风险评估数据不足，或者对拟操作的病原微生物了解不充分，或者评估的是未知风险材料，这些都会导致风险评估结果的不确定性。例如，2020年初肆虐全球多个国家的新冠疫情，人们对于新型冠状病毒认知很少，缺乏人类流行病学数据，也不了解该病原是否来源于动物、来源于哪种动物，不清楚在动物体的易感特性如何，因此开展风险评估时一般会依赖类似病原（如 SARS）的生物学特性数据进行评估。这对于感染人群的风险评估就造成了不确定性。实验室在开展风险评估时应该对评估中的不确定性及其来源进行明确描述。一个成熟的风险评估过程还应描述所默认的假设是如何影响结果的不确定度的。

缺乏对真实数据的了解造成了评估中的不确定性，也可以说是认识的或主观的不确定性。通常认为不确定性是分析人员的属性。分析人员有不同的知识水平，或者对资料和研究技术的使用能力不同，那么就决定了他们评估预期的不确定性不同。

对不确定性的正确理解非常重要，因为它体现了认知的不足将如何影响风险评估的决策。当不确定性达到使决策取向变得模棱两可时，就有必要收集更多的数据或进行更多的研究，以便降低不确定性。

实验室风险评估的不确定性不仅与评估模型的输入要素有关，而且与评估中的假设情形和采用的评估模型本身有关。假设情形不确定性的来源包括对相关危害、暴露途径、暴露量和暴露人群以及时间和空间等度量的潜在错误说明；评估模型不确定性的来源包括模型结构、解决方法以及模型中纳入或排除的界限等。

每个风险评估的结果都有一定的不确定性。即使描述模型和参数的不确定性都透明，风险评估人员也描述了这些因素如何影响的不确定性，但是不确定性的客观存在，依然会影响风险管理者对风险评估结果或其应用局限性的信任程度。因此，风险评估不仅要描述不确定性，而且要说明不确定性对风险结果可信度和风险决策的影响。

风险评估的不确定性可以用"低""中""高"等方法表述。"低""中""高"的界定可以参阅（不限于）以下方式考虑：

a. 低。存在可靠、完整的数据，多个文献或实验室运行中给出了有力的证据，文献作者所报告的结论或者实验室运行的结果相似。

b. 中。有一些数据，但是不完整。少量参考文献或个别实验室运行中给出了证据。文献作者得出的结论各不相同，各个实验室运行中的问题有差异。其他相近领域有类似可靠、完整的数据。

c. 高。数据不足或没有数据，根据观察或个人沟通交流获得了部分证据，与文献作者得出的结论大相径庭，并与实验室运行报告的结果不一致。

## 四、开展实验室风险评估的类型

风险评估是根据风险类型、获得的信息和风险评估结果的使用目的，对识别出的风险进行定性和定量分析，为风险评价和风险控制提供支持。生物安全实验室的风险评估类型按照方法不同可以分为定性风险评估、定量风险评估、半定量风险评估 3 种，包括风险等级矩阵法、安全检查表法、预先危险性分析法、事件树分析法、故障树分析法等（曹国庆等，2018）。实验室在开展风险评估时可以根据不同的评估需求及其对数据资料的掌握程度来选择不同的方法。目前一般认为，在生物安全实验室中对安全风险进行定量分析存在很大难度，多数以基于知识的分析方法和定性分析为主，而且风险评估的范围多数主要局限在生物因子本身（吕京，2012）。基于知识的分析方法实质上是对经验和历史数据进行分析。实验室需要通过各种途径获取分析对象的信息和数据，通过识别实验室存在的风险源和已有的安全措施，与国际组织、国家或地方主管部门等相关的规定进行比较，识别出需要控制的风险，并按照标准或"惯例"的要求，采取安全措施，最终达到降低和控制风险的目的。

### （一）定性风险评估

定性风险评估（qualitative risk assessment）是最简单、最快速的风险评估方法。该种类型的风险评估是凭借风险评估人员的知识、经验和直觉，为生物安全事故/事件发生的概率估计和后果的大小或高低程度进行定性和分级。例如，对风险发生的可能性描述为"很可能""有可能""实际不可能""极大""重大""可以忽略"等。对风险一旦发生后产生的后果可以分级为"轻微""轻度""中度""高度""灾难性"等。方法包括小组讨论、检查列表、问卷发放与回收、人员访谈、调查、模型分析等多种方式，要求风险评估人员具备足够的经验和能力。

定性风险评估通常用于筛查风险，决定是否值得进一步深入调查。一般在考虑以下几个因素时采用：

a. 需要更快、更容易地完成。

b. 让风险管理者更容易理解、更易于向第三方解释。

c. 实际数据缺乏，不可能采用定量风险评估时。

d. 缺乏风险评估的数学模型或计算模型，缺乏资源或可替代的专业知识时。

定性风险评估并不是简单地对所有可获得有关风险问题的信息进行文献综述或描述。它需要得出基线风险结果的概率及（或）提出降低风险的策略等结论。一般来说，最初可以先行采用定性风险评估。如果有必要，后期再进行定量风险评估。还有某些情况，如按照定性风险评估中已经收集的信息证明实际风险已经接近于零，那么当前就不需要继续开展更多的工作；反之，证据显示风险已经达到不可接受，必须采取保护措施时，可同样将定性风险评估作为首要步骤，快速寻求并实施经专家确认可即刻见效的保护性措施。

定性风险评估时可以应用"专家诱导"进行。综合专家的知识并描述一些不确定性，至少可进行相对风险的分级或划分风险类别。只有当评估者了解了如何进行定性风险评估后，其才有可能成为风险管理者的有效工具。定性风险评估方法已广泛应用于生物安全实验室的风险评估。目的是评价实验室病原危害的风险是否已经到了不能接受的程度，是否需要应用一些保护性措施，如采用更加严格的个体防护装备（PPE）控制、更换生物安全型高压蒸汽灭菌器等。

## （二）定量风险评估

定量风险评估（quantitative risk assessment）是一种根据生物因子已知或未知的特性及其引发人类感染性状或动物致病的调查资料或实验数据，并利用数学模型对操作环境中病原量与其对人致病的概率，以及二者之间的关系进行描述的方法。定量风险评估是风险评估的最优模式。其创新性就在于基于数学模型的定量风险评估量化了实验室内病原可能的浓度、操作的环境、因某种因素意外暴露等所存在的致病危害，并把这一危害与因其所导致感染疾病的概率直接联系起来。其结果为风险管理政策的制定提供了极大便利。

定量风险评估通常可以提供更多信息。与定性风险评估和半定量风险评估相比，定量风险评估能够以更精细的细节和解决方法来处理已认定的风险管理问题，并且更有利于对不同的风险和风险管控措施进行准确比较。然而，过于详细通常会花费更长的时间来完成，这无疑会降低模型所涵盖的范围，增加理解的难度。定量风险评估也可能依赖于主观性的定量假设。这些定量结果的数学精确度无意中又过分强调了准确度的实际水平。总之，定量风险评估具有很多明显的优点（表3-1），是制定相关微生物限量标准的重要参考，也可为风险管理政策的制定提供重要依据。但从生物安全实验室风险实际考虑，如果通过感染剂量、时间等要素精确计算生物风险是相当困难的，有时过于追求实验室风险评估的精确性也是不必要的。

**表 3-1　定性风险评估、定量风险评估与半定量风险评估类型的比较**

| 比较内容 | 风险评估类型 | | |
| --- | --- | --- | --- |
| | 定性风险评估 | 定量风险评估 | 半定量风险评估 |
| 数据要求 | 数据密集性可能较小 | 需要有证据的定量数据、统计或其他数字汇总 | 不要求精确的定量数据 |
| 数学技能要求 | 不需要高超的数学技能 | 需要一些定量分析的技能 | 需要一些数学技能 |
| 是否依赖计算机 | 不需要计算机 | 需要计算机 | 需要计算机 |
| 主观性 | 更加主观 | 通过数字方式表达，更好解读 | 介于定性风险评估和定量风险评估之间 |

（续）

| 比较内容 | 风险评估类型 | | |
|---|---|---|---|
| | 定性风险评估 | 定量风险评估 | 半定量风险评估 |
| 时间花费 | 相对来说耗时较短 | 可能需要花费更长的时间 | 介于定性风险评估和定量风险评估之间 |
| 理解难易程度 | 文字描述、易于理解 | 数字解释较有难度，沟通交流很重要 | 结合排序，易于理解 |
| 结果描述 | 使用文字描述概率和后果，如可忽略不计、非常低、低、中等、严重、高等。通常更加难以进行结果比较 | 通过数字描述概率和后果，对结果比较起来更加方便 | 通过分类或数字方式描述事件发生的概率和后果。使用文字描述概率和后果，如极低、低、中、高、极高，或者使用范围描述，如0～5 |
| 应用/使用时机 | 不存在或缺乏定量信息时有用；有时定性风险评估即足以满足要求 | 有些情况下，开展定量风险评估可能是不需要的 | 在没有大量的定量信息时非常有用；但往往存在争议 |
| 应用效果 | 可以快速描述风险大小，支持下一步工作 | 通过数字表述更加引人注意，并可以进行敏感性分析；提供不确定性和变异性的数值范围 | 可很好地应用于优先排序或风险大小排序 |

注：摘自《畜禽产品中致病微生物风险评估与控制》（王君玮等，2021）。

## （三）半定量风险评估

半定量风险评估（semi-quantitative risk assessment）就是通过评分评估风险，为定性风险评估的文字评估和定量风险评估的数值评估的一种折中。与定性风险评估相比，半定量风险评估提供了一种更为严格和一致的方法对风险及其管理策略进行评估和比较，避免了定性风险评估可能产生的一些含混不清的情况。与定量风险评估相比，它不要求更高的数学技能，也不需要相同的数据量。所以，在缺乏精确数据的情况下，可以采用半定量风险评估。

半定量风险评估需要定性风险评估时的所有数据收集和分析活动。因此，有时候也被划入定性风险评估的范畴。实际评估实施过程中，一般很难充分描述这两种评估方法在结构以及客观性、透明性和重复性的相对水平方面的区别。

半定量风险评估通常是根据风险因素发生的可能性、影响（严重性）来进行风险分级，并针对降低风险的措施进行分级。这种评估方法是通过预先确定的评分系统实现的。以实验室操作高致病性禽流感病毒接种鸡胚后包装的废弃物处理不当可能导致暴露于高致病性禽流感病毒感染的半定量风险评估为例，评分示例见表3-2。评分系统中对评估人员感知的风险进行分类，不同类别之间有合乎逻辑的、明确的层次。

**表 3-2　半定量风险评估评分示例**

| 评估发生的可能性分级 | 得分 | 情况描述 |
| --- | --- | --- |
| 可忽略不计 | 0 | 几乎不会出现病原体暴露的情况 |
| 极低 | 1 | 极不可能出现病原体暴露情况 |
| 非常低 | 2 | 病原体暴露发生的可能性非常小 |
| 低 | 3 | 病原体暴露不可能发生 |
| 中等 | 4 | 病原体暴露可能以均匀概率出现 |
| 高 | 5 | 病原体暴露发生的可能性非常大 |

注：以接种高致病性禽流感病毒鸡胚处理不当导致病毒意外泄漏为模型假设。

与定量风险评估相比，半定量风险评估由于通常没有必要获取完整的数学模型，因而具有评估更大风险问题的优势。某些情况下，完整的定量风险评估结果可被纳入半定量风险评估中，尽管会降低一些定量的精确度，如概率值和影响，但能够在一个分析中审查各种风险和可能的风险管理策略，使风险管理者对这一问题有更宏观的视角，也有助于制定更加全面的策略。

## 第二节　实验室开展风险评估的一般步骤

### 一、明确任务来源

《实验室　生物安全通用要求》（GB 19489—2008）3.1 条款规定了实验室应建立并维持风险评估和风险控制程序，并在实验室活动涉及致病性生物因子时、开展新的实验室活动或改变经评估过的实验室活动（包括相关的设施、设备、人员、活动范围、管理等）时、操作超常规量或从事特殊活动时、发生事故时以及相关政策法规或标准等发生改变时，均需要启动风险评估或者重新进行风险评估。有些实验室为了更符合风险控制的需要，在实验室设计建设阶段即纳入风险评估工作。一般来说，不同时段的风险评估内容和侧重点不同，甚至会有很大的差距。风险评估的复杂程度往往取决于评估的时段以及该时段评估的任务要求或者实验室所存在危险的特性。因此，实验室在计划开展风险评估时，应先明确开展风险评估的目的，明晰受委托开展风险评估的任务来源（王荣等，2020）。

### 二、做好评估准备

接到评估任务后，实验室应指定风险评估负责人（或项目负责人），成立风险评估小组（或其他称谓），进行工作分工，界定人员、职责和权限，制定风险评估实施方案。在收集信息资料、初步分析风险预期基础上，明确内外部环境信息，制定风险准则。

## （一）成立评估小组

动物病原微生物实验室操作相对复杂。开展实验室风险评估时，应委派由有经验的专业人员（不限于本机构内部的人员）组成的风险评估小组完成。风险评估小组成员一般包括（但不限于）实验室负责人、安全负责人、实验项目负责人、病原微生物操作人员、设施设备管理人员、实验动物使用和管理人员（对牛、马等大型动物，应特别指定具有操作经验的人员）、废弃物处置人员等。小组成员的知识背景、能力水平、对评估对象的了解程度，决定着风险评估报告的质量。必要时可以寻求外部人员支持。动物病原微生物实验室风险评估小组应满足（但不限于）以下总体能力要求：

a. 熟悉拟开展评估病原微生物的生物学特性，如病原的来源、易感动物/人群、传染性、传播途径、易感性、潜伏期、剂量-效应（反应）关系、致病性（包括急性与远期效应）、变异性、在环境中的稳定性、与其他生物和环境的交互作用、相关实验数据、流行病学资料、预防和治疗方案等。

b. 熟悉拟操作病原微生物所使用的实验技术特点和操作步骤、相关的技术能力、使用的实验室设施。

c. 熟悉相关的微生物学方法及良好操作规范。

d. 熟悉实验室生物安全和生物安保基本原理。

e. 具备对生物样本中可能存在病原类别的初步判断能力，如接到待检测样品，应能根据获得的背景信息做出疑似或可能病原的初步判断。

f. 熟悉风险评估的基本原理。

g. 熟悉实验室生物安全事故处理的基本程序和方法。

h. 熟悉设施设备运行、维护，了解有关设备维护保养及定期验证的规定。

i. 熟悉实验室人员的状态，包括管理人员、实验室操作技术人员，以及是否有临时聘用人员、学生（硕士、博士加入实验室规定）可以进入相应级别实验室区域，对这类人员的控制能力。

j. 熟悉国家、地区和地方等的有关政策、规定和要求。

k. 了解中国合格评定国家认可委员会（CNAS）的认可条件、实验室义务及认可标识使用等有关规定。

需要说明的是，评估小组的成员中一人可能具备多种能力，可以承担多方面评估任务。风险评估工作，尤其大型、复杂的高等级生物安全实验室开展风险评估，必要时可以考虑邀请外部专家支持，或者在风险评估报告完成后结合风险评估委员会审核职责，邀请外部专家组成咨询专家组对风险评估报告进行系统审定。

## （二）制定实施方案

根据实验室风险评估拟涉及的生物因子、可能开展的实验活动、人员状况和所需资源制定风险评估方案。风险评估方案应根据评估任务来源情况进一步明确风险评估目标和涉及范围，涵盖人员分工和职责、时间安排、保障措施以及监督考核等内容，同时规定适用的风险评估方法（实验室应尽可能列出可能用到的评估方法，并逐步在实验室风险评估时推广应用）、应保存的评估过程记录以及与其他项目、过程和活动的关联等。风险评估实施方案应得到实验室管理层的批准。必要时，应经过实验室所在机构生物安全委员会的审核与批准。

制定风险评估实施方案过程中，需要充分与实验室相关方进行沟通交流，就疑难问题向生物安全委员会或权威组织和专家进行咨询。除了拟开展操作的生物因子特性等病原相关信息外，还有拟建或已经建成的实验室设施是如何保障风险控制需求的，所配置的设备性能（主要指安全设备，使用过程中可能带来风险隐患的研究设备）、在使用中的注意事项，废弃物、实验废水以及废气等"三废"的控制情况等。沟通与咨询的目的是进行有效的内外部环境信息交流，以确保对实施风险评估过程负有责任的人和利益相关方理解有关决定的基础以及需要采取特殊措施的原因。制定实施方案时，明确风险评估启动前需要开展沟通与咨询要求，可以保证风险评估过程中内外部环境信息的及时和有效交换。

## （三）界定评估范围

**1. 确定危害因子及可能的风险载体**　开展风险评估时，首先应明确拟操作的病原微生物种类。对拟操作的病原微生物从其结构特点、传播特性、致病性、潜伏期、在环境中的稳定性、宿主易感性以及预防治疗等多个方面进行危害特性描述，以便明确呈现拟操作病原微生物的生物学特性和危害程度。对暂时无法确定具体病原微生物种类的未知风险因子或临床样品，如养殖场采集的临床样品、客户送检样品、待鉴定病原因子，应在充分了解样品来源或未知生物因子背景的情况下，事先尽可能做出初步判断。

除了考虑病原微生物本身特性，还应对非生物因素、病原微生物的可能载体等分别梳理。例如，实验室面临的物理、化学危害涉及哪些，实验活动是否使用尖锐物品（如手术刀片、注射器针头）或者骨刺等，是否有烫伤（如高压蒸汽灭菌器的热蒸汽）、冻伤（如存放细胞或毒株的液氮罐、超低温冷柜存取物品）、辐射、紫外线（如房间内采取紫外线灯照射消毒）、持续化学品暴露（可以引起突变、致癌）的风险。当涉及实验动物或者临床发病动物、死亡动物尸体时，可能包含哪些类别的实验动物或临床动物，是否有临床现场采样，对动物咬伤、抓伤或踢伤的危害及其防护措施情况等。此外，对病原微生物或含有疑似病原微生物的样品运输和储存可能引起的暴露危害，以及生物安保也是开展风险评估时需要考虑的内容。

**2. 确定使用或操作该病原微生物的环境** 实验室在开展风险评估过程中，在确定病原微生物种类后应进一步界定风险评估的范围以及需要实施风险管理的范围，明确使用或操作病原微生物的环境，包括实验室环境和实验室周边的环境。

（1）实验室内部环境。实验室实施风险控制措施时，应对实验室区域进行清晰划分，并按照风险大小、操作流程对风险的贡献做出重要程度排序，以便有侧重地实施风险管理。在考虑实验室内部环境状况时，还应明确病原微生物操作拟使用哪些方法，这些方法使用哪些设施设备，这些设施设备在实验室区域存放的位置等。同时，要考虑不同实验操作之间是否存在交叉、设备共用、防护要求差异等。

对于涉及实验动物饲养的生物安全实验室，应根据拟操作病原微生物的传播途径选定使用的实验室内部环境。在对操作经空气传播的病原微生物进行实验室风险评估时，首先应明确病原微生物使用后实验动物是饲养在安全隔离装置内[《生物安全实验室建筑技术规范》（GB 50346—2011）3.2.1 条款 b1 类生物安全实验室]，还是饲养在安全隔离装置外（b2 类生物安全实验室，不能有效利用安全隔离装置进行操作的实验室）。不仅要明确动物种类、个体大小，而且要考虑动物实验活动的物理范围，包括动物采样、处死、尸体处理以及粪尿等排泄物可能涉及的区域，以便在风险评估时充分识别风险，谨慎分析可能涉及风险发生的可能性和严重程度。

（2）实验室周边的环境。实验室周边的环境状况是生物安全风险评估时需要考虑的因素之一，也是明确环境信息阶段需要关注的内容。实验室是否建在市区，周边是否有家禽或家畜养殖场，与养殖场的直线距离以及与周边居民区的距离有多远，是否有野禽、飞鸟栖息或寄居，是否有野猪、野羊等野生动物出没，实验室在进行风险识别时，均应充分考虑这些要素，以便分析病原微生物从实验室泄漏后的影响严重程度。

《生物安全实验室建筑技术规范》（GB 50346—2011）对生物安全一级、二级实验室的选址和建筑间距没有特别要求，但生物安全三级实验室建设要求其防护区室外排风口与周围建筑的水平距离不应小于20m。建设生物安全四级实验室时，不仅建议远离市区，而且要求主实验室所在建筑物离相邻建筑物或构筑物的距离不应小于相邻建筑物或构筑物高度的 1.5 倍。在明确实验室内部、外部环境信息时，应对实验室能否满足上述要求的情况进行描述，以便后续评估环境影响时参阅。

**3. 确定风险评估内容** 实验室在组织开展风险评估活动时，应根据实验室拟开展的实验活动、实验室设施设备状况和人员配置等资源状况进行梳理与分析，对拟评估的内容进行确定。动物病原微生物实验室除了涉及的高致病性病原微生物实验活动外，对于不具备高等级实验室设施的实验室（如省级、市县级动物疫控中心实验室），还可能涉及疑似高致病性病料样品未经培养的检测活动、每年春秋动物群的规定疫苗免疫效果监测等活动，当开展风险评估时，应明确任务来源要求，以便确定需要进行风险评估的具体内容。

## 三、实施风险评估

### （一）基础信息收集与分析

**1. 基础资料信息**　实验室应收集开展风险评估对象的相关资料，包括国际组织或行业权威机构发布的指南、预案，国内相关法律法规、部门规章（或部令公告）和标准规范，以及实验室环境及设施设备等相关信息，并对这些资料信息进行分析、梳理，融入管理体系。涉及新技术时，如果在后续风险管理中使用，均应经过充分验证并详细记录过程，以便追溯。

实验室宜收集的基础资料一般包括但不限于：

——计划开展的实验活动，如病原微生物特性研究、临床样品检测、动物实验观察等。

——国内对开展相关实验活动或病原微生物管理的相关法律法规、部门规章（或部令公告）和标准。

——国际组织或行业权威机构发布的指南、预案。

——实验室设施、设备的相关信息。

——病原微生物特性相关的信息，包括传播特性、传播途径、致病性危害以及感染后的严重程度、病原微生物变异、宿主范围（如是否为潜在人兽共患病病原微生物）、病原微生物在实验室条件下和外部环境中的稳定性等。

——感染后的有效治疗措施以及预防感染措施。

——病原微生物在本地动物或人群（如果是人兽共患病病原微生物）的流行状况。

对于新发或未知生物因子的病原微生物信息资料收集，往往没有详细数据可以获取。这种情况在 2020 年初发现并随之暴发的新冠疫情中具有很好的诠释。2018 年 8 月，在我国首次暴发的非洲猪瘟疫情也在一定程度上存在信息不足现象。此时，实验室可以获得的信息难以支撑实施系统全面的风险评估工作。风险评估的不确定性大。这种情况下，最好的选择就是及时跟进疫情进展，随时关注并捕捉有用信息，包括采集发病动物群或发病人员的地点信息、流行病学数据（如病情严重程度、发病率和死亡率、疑似传播途径等），随时更新风险评估报告。制定风险控制措施时，规定小心操作样本，并按照潜在高致病性感染性材料处理。

**2. 环境资料信息**　实验室应充分考虑内外部利益相关方的活动目标和核心关注点，厘清实验室内部和外部环境信息，以便对实验室面临的生物安全风险进行总体把控。

（1）外部环境信息。外部环境信息应包括（但不限于）：

• 国际、国家、区域等不同层面关于实验室生物安全管理的状况。

• 影响本实验室风险管理目标和承诺的主要外部因素及趋势。

• 外部利益相关方的需求和相互关系。

• 与相关方的合同关系和承诺。

• 明确实验室周边人群居住或/和动物养殖状况信息，包括易感动物养殖数量、与实验室的距离等。

（2）内部环境信息。内部环境信息应包括（但不限于）：

• 实验室的愿景、发展目标。

• 实验室所属机构非独立法人实验室的要求。

• 组织机构，实验室与所属机构组织内部其他相关部门的关系（如管理交叉、协同等）。

• 实验室内部工作的分工、职责和权限。

• 实验室的文化建设。

• 风险管理拟采用的标准、准则和模式。

• 实验室资源状况，如经费来源、人员和团队状况、认证认可体系、技术能力等。

• 实验室信息系统、网络资源等。

• 内部利益相关方之间的关系，包括理念、价值观、认识水平等。

• 设施、设备发生故障的频率，如围护结构、门窗、电力供应稳定性。

• 合同关系和承诺。

## （二）风险识别

危害风险识别是生物安全实验室开展风险评估的第 1 个步骤，也是风险评估的重要基础。实验室在风险识别时，应对实验活动中涉及的风险源进行逐一识别，生成风险列表（风险清单）（表 3-3）。实验室只有在正确识别出所面临的各个风险基础上，才能够主动选择适当有效的风险控制措施。

**表 3-3　×××生物安全实验室工作活动中的风险列表**（示例）

| 序号 | 工作流程/位置 | 实验活动（操作） | 危害或危险因素 | 可能发生的意外事件/健康风险 |
|---|---|---|---|---|
| 1 | 采样环节 | 注射器准备与采血 | 病原微生物感染<br>刺伤<br>…… | 针头刺破手指，导致意外感染 |
| | | 动物保定 | 病原微生物感染<br>踩踏伤<br>咬伤<br>…… | 腿部被正在操作的猪咬伤 |

（续）

| 序号 | 工作流程/位置 | 实验活动（操作） | 危害或危险因素 | 可能发生的意外事件/健康风险 |
|------|----------------|------------------|-----------------|------------------------------|
| 2 | 样品处理坏节 | 样品打开包装 | 病原微生物感染 | 样品管破裂<br>样品管盖掉落<br>样品袋破裂 |
| | | 样品剪取、剪碎 | 病原微生物暴露切割伤 | 剪刀剪破手套后，伤到手指 |
| | | 样品研磨：（1）玻璃器皿手动研磨；（2）自动研磨 | | 玻璃研磨器底部因用力过猛破裂<br>研磨管在研磨震荡中破裂 |
| 3 | 核酸检测/PCR实验室 | 核酸提取……| 病原微生物感染 | 溢洒<br>喷溅到面部 |
| 4 | 洗消间 | 使用高压蒸汽灭菌器 | 高温 | 烫伤<br>高压物品掉落砸伤 |
| | | | 病原微生物泄露 | 感染实验室处理废弃物的人员<br>污染环境，感染运输垃圾的人员 |
| | | | 设备选型不当，未选用生物安全型 | 冷凝水携带未完全灭活的病原微生物<br>腔体内气体未经 HEPA 过滤器过滤处理排放 |
| 说明 | 列出工作流程，并注明该流程所处位置 | 对每个工作流程，列出所有可能的活动，包括常规活动和非常规活动 | 识别出每项工作活动的危害 | 对识别出的每项危害，列出危害发生的可能事件或者可能的健康风险 |

**1. 实验活动相关的风险识别**

（1）常规实验活动。常规实验活动是指实验工作人员日常进行的工作。根据实验室功能、职能和任务、建设目的不同，实验活动存在或大或小的差异。在进行实验活动风险识别时，应分类识别不同情况下的风险。

①样品的接收与处理。在进行样品接收时，要充分考虑实验室接收样品的背景信息，如实验室本次接收的样品涉及哪些检测样品，样品来源背景是否清晰，是否来自发病动物、健康动物（如实验室开展猪瘟、口蹄疫免疫效果监测时采集样品的猪群）或者野生动物。采集样品或送检样品属于发病动物疾病诊断还是常规流行病学监测，或者春秋例行的疫苗免疫效果监测。应针对样品进入实验室的全流程，以及对样品初步处理的全过程进行风险识别，包括（但不限于）：

——样品接收地点，如在接待大厅、在实验室设立的专用房间或区域，有没有相关防止样品包装打开等的操作规程控制。

——样品接收过程中可能的风险，如样品交接过程中样品包装出现泄漏，有没有相应的控制措施。

——样本处理过程中可能的风险，如打开包装、转移样品，样品处理过程中的匀浆、研磨、离心等；如果不能立即送入实验室检测，样品存放的生物安全风险、被误用或丢失的风险等，也需要逐一识别。

②菌毒种的接收。对开展动物疫病研究或者检测的动物病原微生物实验室，研究过程或者实验操作步骤有时需要使用活的菌毒种。实验室开展风险评估时，还应对使用菌毒株的风险注意识别。需要关注的要点一般包括：

——菌毒种的来源。

——所使用的菌毒株是仅感染动物，还是属于人兽共患病病原微生物。

——病原危害程度分类，如属于危害程度分级的第一类病原、第二类病原，或者第三、第四类病原。

——包装状态，冻干保存、在试管培养基或平皿培养基上保存还是冻存管保存。

——菌毒种保存管的标识是否清晰。

③研究、检测过程。研究、检测过程中，要清楚操作对象是病原微生物本身还是疑似含有病原微生物的样品，需要的操作量范围。使用菌毒种时对菌毒株以及用后冻干或盛放器皿的处理、样品的流转、检余样品的处理、仪器设备使用等风险的识别，包括但不限于：

——菌毒种、样品的临时存放，被误用或有意违规使用。

——阳性样品存放遗失。

——因标识不清与其他样品或菌毒株混合不清等。

——设备使用中的风险，如匀浆器、研磨器、离心机等设备的使用。

④复苏菌毒种、阳性样品或分离培养的病毒/细菌的转运、运输和保存。

——实验室内的转运，意外溢洒。

——分离培养的病毒培养液运输至参考实验室可能的风险，如包装泄漏、路上遗失或被盗走。

——分离培养物、复苏菌毒株在本实验室内的暂时保存，可能出现的被盗、丢失、误用等。

⑤动物实验。

——是否涉及实验动物，实验动物类别、日龄。

——涉及哪些动物（如小鼠、猴、牛、马、猪等），这些动物的习性。

——除了拟操作的生物因子外，这些动物可能携带哪些病原微生物（包括可能的人兽共患病病原），是否涉及野外动物采样，是否会出现咬伤、抓伤、踢伤等。

⑥实验活动中的物理和化学因素危害识别，包括（但不限于）：

——尖锐物品，如刀片、针头。

——动物骨刺。

——温度危害，如烫伤（高压蒸汽）、冻伤（液氮）。

——辐射、紫外线、持续化学品暴露（突变、致癌）等情况。

⑦病原修饰。对涉及重组 DNA 技术或使用遗传修饰生物体（genetically modified organisms，GMO）的生物安全实验室，可能开展的活动包括转基因动物、目的基因克隆、病毒全基因组克隆等操作。在进行实验室风险评估时，应对这些拟开展的实验活动进行风险识别，以便确定安全操作目标遗传修饰生物体所要求的生物安全防护水平，配备相应的物理防护系统。下列操作活动（不限于）既有可能导致已有病原微生物的致病性增强，也可能经重组产生新的病原微生物，均可能存在不同水平的生物安全风险：

——重组 DNA，来源于病原微生物 DNA 序列的表达可能增加 GMO 的毒性。

——人工合成微生物，合成 DNA 以便设计、构建新的生物体或生物组分，存在增强致病性或产生新病原微生物的风险。

——遗传修饰生物体，插入基因有可能造成操作对象生物特性的改变，对受体的毒力改变等。

——病毒载体，如腺病毒载体。除了可能产生新的病原微生物风险，这类病毒载体的储存液中还可能污染了可复制病毒（由繁殖细胞株中极少发生的自发性重组产生）。

需要说明的是，不同类型的动物病原微生物实验室实验活动内容差别较大，暴露风险也不尽相同。实验室应结合自身实验室的级别和管理状况，逐一识别可能存在的风险，找出人员暴露于病原微生物受到危害的可能途径。一般情况下，动物病原微生物实验室的工作人员可能获得性感染的途径包括（但不限于）：

a. 吸入感染性气溶胶。下列因素（但不限于）常常可引起气溶胶的产生：

——采集动物鼻拭子样品或在对动物进行采血操作时，动物呼吸或喷嚏等生理反应引起的气溶胶飞沫。

——实验操作中开启盛有冻干菌毒株的安瓿瓶。

——用注射器抽吸菌毒液或细菌病毒的培养液。

——注射器针头或移液器枪头在使用中脱落，喷出菌液或毒液。

——动物圈舍中的垫料，因动物或饲养管理人员、实验人员走动而扬起粉尘。

——在转移采集的体液、血液等液体样品时。

——实验操作前未按照要求更换工作服即开始采样操作，受到污染的服装经实验人员携带出实验场所，经拍打等动作引起的粉尘溅起。

b. 经口食入。如违反规定在实验室内饮食，伴随气溶胶经口食入；没有佩戴口罩，待检测样品或病原微生物悬液喷溅入口。

c. 因溢洒或喷溅而将病毒液或细菌培养液与破损的皮肤、黏膜接触。如工作人员穿拖鞋、有脚气、溢洒菌毒悬液喷溅到脚部。

d. 在给动物实施注射或采血操作时，不慎将注射器针头刺入自己身体内。

e. 在剖检动物或观察实验动物病变时，被使用的剪刀、刀片或刀具割伤、划伤，被动物趾尖或断裂的骨刺刺伤。

f. 操作或绑定实验动物或发病动物时被其咬伤、踩踏伤。

g. 实验人员违反规定未主动报告不适于从事特定任务的个人状态，在有伤口的情况下从事病原微生物操作或动物实验活动，病原微生物经伤口感染实验人员。

（2）非常规实验活动。非常规实验活动指本实验室人员进行的新检验或检测工作，或者是非本实验室人员进入实验室进行的工作，如操作超常规样品数量的检测工作、超常规量的大量病毒或细菌培养，或者进行新的实验活动，设施设备维修维护活动。在进行风险识别时，应充分考虑这些因素对实验室风险的贡献。

**2. 设施相关的风险识别**　设施风险是指污水收集管道泄漏及堵塞、送/排风系统故障、电源故障、极端天气情况下新风系统防冻措施故障等风险。实验室运行过程中进行风险识别时，应对设施设计参数、围护结构密封等风险要素进行充分考虑，以便给出风险控制措施，并在日常巡检、例行检查、定期维保中予以关注和验证。实验室运行阶段设施风险评估需要考虑的要素一般包括室内环境参数、围护结构气密性、通风空调系统、给水排水系统、电气自控系统、气体供应和消防等。

**3. 设备相关的风险识别**　生物安全实验室进行设备风险识别时，不仅需要考虑《实验室生物安全认可准则对关键防护设备评价的应用说明》（CNAS-CL05-A002：2018）涉及的关键防护设备的相关风险，还要对常用安全设备（如离心机、冻干机、摇床、组织匀浆机和培养箱等）进行风险识别。此外，应对实验室科研检测设备，如核酸提取工作站、酶联免疫检测工作站等进行风险识别。在开展实验过程中，实验设备既是一般意义的电气设备，有一般电气设备的危险性，又因为承载可能具有传染性的病原微生物而具有生物性危害。开展风险评估时，对设备本身可能带来的机械风险以及受污染后传播病原微生物的风险均需要进行识别并记录。

（1）关键防护设备。生物安全柜、独立通风笼具、动物隔离设备系统、双扉高压灭菌器、渡槽、传递窗、生命支持系统、化学淋浴装置系统、活毒废水处理系统、动物残体处理系统等关键防护设备工作的可靠性，应符合现行《实验室设备生物安全性能评价技术规范》（RB/T 199—2015）的要求。

（2）安全设备。作为病原微生物的承载容器，在进行设备风险评估时，需要着重识别由其引起生物危害的原因，包括但不限于以下几个方面：

①离心机，容器破碎、产生气溶胶、机械伤害。

②摇床，容器破碎、产生气溶胶。

③组织匀浆机，匀浆器破碎、刺手、产生气溶胶、液体飞溅。

④培养箱，培养容器破损、容器内样品变质产生挥发物、跌落溢洒、标识磨损。

（3）常规实验操作工艺设备。病原微生物实验室常规实验操作工艺设备包括个体防护装备、菌（毒）种及样本保藏设备（如冰箱、超低温冰箱等）、菌（毒）种及感染性物质的转运设备、实验操作设备（如注射针头、解剖器材、玻璃器皿等）、废物容器等。开展风险评估时，需要对上述工艺设备的配置及潜在的风险因素进行识别。

**4. 人员相关的风险识别**　人员的专业知识背景、操作熟练程度、生物安全意识或对风险的认知、接受的培训程度、健康状况等都对实验室生物安全风险管理有不同程度的影响。实验室应在风险评估时，对实验室工作人员、设施设备运行维护人员、后勤保障以及合同方人员等进行风险识别，以便在制定风险控制措施时分别进行考虑。

（1）实验室工作人员。生物安全实验室的工作属于高度危险的工作，对人员的技术能力和心理素质有极高要求。因此，一般情况下发生实验室事故，多由于人的失误，同时工作人员很可能在生理上成为最直接的受害者，甚至留下心理阴影。因此，对人员进行评估时，应对人员的背景、健康监护、培训和能力等要素进行综合考量。其中，对工作人员的能力和素质的评估在风险评估中至关重要。

（2）实验室管理及相关人员。在影响实验室安全的诸多因素中，人是最重要的因素，也是实验室最重要的资源，需确保有能力（具备相应的专业知识、技能和工作经验，且熟悉相关政策、法律、法规和标准、规范等）的人员从事实验室管理。

《实验室　生物安全通用要求》（GB 19489—2008）第 7.1.2 条款规定，"实验室所在的机构应设立生物安全委员会，负责咨询、指导、评估、监督实验室的生物安全相关事宜。实验室负责人应至少是所在机构生物安全委员会有职权的成员"，给出了实验室负责人适合性评估的要求，即为保证有效沟通和落实相关事宜，要求实验室负责人在生物安全委员会中是有一定职权的重要成员，参与决策过程。

（3）外来人员。《实验室 生物安全通用要求》（GB 19489—2008）第7.2.1条款规定，"实验室管理层应对所有员工、来访者、合同方、社区和环境的安全负责"，提出了实验室管理层对实验室外部人员的生物安全管理责任。因此，风险评估时应对外部人员活动风险进行充分识别、分析与评估，以便制定针对外部人员的管理规范，履行实验室管理层对外部人员的管理责任。

外来人员一般是指非本实验室的工作人员，包括同一机构其他部门的人员、外部机构来访者、合同方人员以及设施维修外部服务涉及的人员等。对外部人员进行风险评估时，不仅要考虑外部人员活动相关的生物安全风险，而且要考虑生物安保的风险，并根据外部人员风险评估的结果制定相应的控制措施，如建立外部人员实验室访问请求和批准流程，以便确保具有合法的访问需求并遵守适当的审查与陪同规定；限定外部人员的访问区域，避免未经授权的访问；制定防止恶意人员、极端主义者接触病原微生物的措施。风险管理的目标，除了防止外部人员的意外暴露感染外，还要防止实验室发生病原微生物未经授权的获取、丢失、失窃、误用、转移或故意泄漏。

**5. 生物安保的风险识别** 生物安保是指防止病原微生物丢失、被盗、误用、散播或者故意释放而涉及的机构和个人采取的安全保障措施。致力于保护感染性材料、有毒物质或信息，以防止丢失、被盗和误用。其目标是保护病原微生物，防止恶意人员接触或使用。在生物安全实验室（尤其高级别生物安全实验室）进行病原微生物风险评估时，需要重点对生物安保措施的风险进行识别，并做出必要的改进。

安保考虑的环节根据实验室性质不同有很大差异。例如，对诊断检测实验室，涉及样品采集后的运输、分离菌毒株的实验室内部转运、保存，以及向菌毒种保藏机构或参考实验室的递送；对研究实验室，主要涉及菌毒株的获取、运输，以及实验室内的保存。实验室应根据安保对象（如样品、菌毒株等）和安保环节（如实验室内、运输途中）的不同，分别进行风险识别，以便于后续在风险分析和评价基础上制定有效的应对措施。实验室生物安保风险识别要素以鱼骨图方式示例如下（图 3-2）。

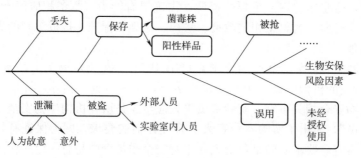

图 3-2 实验室生物安保风险识别要素鱼骨图（示例）

## （二）风险分析

实验室生物安全风险分析应按照预先制定的风险准则，通过梳理实验室的实验活动和资源状况，对每个实验活动步骤中病原微生物泄漏或暴露的可能性进行评估分析，并对照认证认可行业标准《病原微生物实验室生物安全风险管理指南》附录 B.1～B.2，对风险涉及事件发生的频率、可能性及其后果严重程度做出判定。病原微生物实验室在针对前期识别的风险要素进行风险分析时，应根据风险的类型、获得的信息和风险评估结果使用的目的，对识别出的各个风险要素逐一进行定性或定量分析。一般应重点关注（但不限于）以下要素（OIE，2018）：

——实验室拟开展操作的步骤、方法和活动。样品处理，是否进行细菌或病毒培养，是否需要离心、超声破碎、冻融裂解，病毒（细菌）培养物的移取，使用样品或病原微生物的浓度/数量，是否进行攻毒或毒力测定等。上述操作均有可能通过产生气溶胶或容器破碎造成危害，如摇床在振荡培养中里面的培养容器破碎而产生大量气溶胶，离心过程中由于离心管的破碎或破裂导致气溶胶的产生或者机械伤害。需要在风险分析过程中分析考查在实验操作期间发生危害暴露或泄漏的可能性。

——实验室的资源状况。实验室的管理能力、技术能力，包括人员接受的技术培训、质量管理状况、健康和生物安全管理计划等。此外，是否通过其他体系（如 ISO/IEC 17025 体系）认可，承担生物安全管理体系运作的人员与其他体系认可的人员是否有相关性，领导层的重视程度，等等。通过资源状况梳理，分析实验室对识别出危害要素的风险控制资源匹配情况。

——实验室设施、设备及其相关资源状况。实验室设施的保障能力、气流组织方式（如定向气流），废弃物的高压蒸汽灭菌、动物尸体处理等设施设备配置，设备使用后的消毒或去污染措施。此外，要考虑在出现意外情况下，处置意外发生事件的资源状况等。分析设施设备配置的适合程度，对风险控制的硬件资源情况做出判定。

——工作团队状况。实验室是否有适合生物安全管理和技术运作的高效工作团队。需要强调的是，不同能力水平的工作团队，对风险大小的贡献差异很大。实验室在风险分析阶段应对工作团队的整体状况做出详细分析和客观评价。

除了对实验活动方式和资源状况进行系统分析外，实验室还应对每个实验活动操作步骤中病原微生物泄漏或暴露的可能性进行评估分析。一般来说，病原微生物从实验室泄漏的可能途径主要有（但不限于）（OIE，2018）：

a. 通过气溶胶泄漏传播。

b. 工作人员的机械携带，如体表污染（通过胶鞋、实验鞋、防护工作服、帽子等）。此外，工作人员意外吸入病原微生物气溶胶而附着鼻孔、眼结膜等带出实验室也是需要考虑的泄漏风险之一。

c. 液体或固体废弃物，包括未经彻底高压高温处理的固体或液体废弃物。

d. 污染的仪器设备和材料，如需要外送维修或报废的设备，在移出实验室前没有进行彻底去污染处理。

e. 样品与受污染的试剂。

f. 实验动物。

g. 啮齿动物或蚊虫媒介。

### （三）风险评估

风险评估是指对比风险分析结果和风险准则，以确定风险和/或其大小是否可以被接受或容忍的过程。目的是要做出决策，回答风险是否可接受、如何处理等问题。在收集信息基础上进行的风险评估应当包括确定发生病原微生物暴露或泄漏的可能性和后果严重性。综合分析后，确定实验室可能面临的整体风险或者固有风险。

风险分析完成后，需要进一步根据实验室自身实际情况做出风险是否可接受的判定。当风险可接受时，应保持已有的安全控制措施，实验室工作可以正常开展或者按照既定的操作规程继续进行；当风险不可接受时，应采取风险控制措施，以消除、降低或持续控制风险。

动物病原微生物实验室的风险等级一般可以通过定性进行描述，分为低、中、高、极高4个级别，对应可容许、不可容许两个层次。《病原微生物实验室生物安全风险管理指南》（RB/T 040—2020）对实验室风险发生的可能性和发生后果严重性实施方法，以及根据事件发生的可能性和后果严重性编制了风险等级矩阵，以附录形式进行了说明。读者可以参阅。实验室进行风险评估时，应根据自身实际情况判定风险是否可容许。当经评估认为风险可容许时，应保持已有的安全控制措施；当经评估风险不可容许时，实验室应采取适当的风险控制措施，以便降低、控制或转移风险。对于新识别的风险，实验室应及时修订补充相应的风险准则，以便在风险评估过程中适时做出风险评估。

需要强调的是，实验室管理者应认识到实验室只要正常开展工作，其所面临的生物安全风险就不会是"零风险"。应通过持续风险评估、风险交流，也就是切实实施风险管理，尽可能达到实验室开展工作及其带来的对人员操作风险、周围社区风险尽可能低至可耐受水平的平衡，以避免生物因子的意外暴露或意外泄漏影响。重要的是，应认识到风险不可能被彻底消除，除非不开展该项工作。因此，确定固有风险或/和剩余风险是否可接受、可控制，或者不可接受、不可控制是动物病原微生物实验室实施风险评估的重要内容。

# 第三节　风险控制措施的确认与实施

风险控制是在风险评估基础上，选择并执行一种或多种改变风险的措施，力求以最少的消耗达到最优的实验室安全水平。风险控制的目标包括改变风险事件发生的可能性或后果的严重性，以使剩余风险保持在可接受水平。如果采取风险控制措施后的剩余风险仍不可接受，应调整或制定新的风险控制措施，并评估新的风险控制措施的效果，直到剩余风险可接受。

生物安全实验室采取的风险控制措施一般可分为生物安全措施和生物安保措施两个部分，包括管理控制、运行控制、设施工程控制和配备个体防护装备（PPE）4 个方面。《实验室　生物安全通用要求》（GB 19489—2008）第 3.1.10 条款明确了生物安全实验室采取风险控制措施的基本原则——首先，考虑消除危险源；其次，考虑降低风险；最后，考虑采用个体防护装备。多数情况下，完全消除危险源是不可行的。实验室可以通过管理控制（如实验人员须经授权方可进入工作，制定废弃物管理政策，提升实验室生物安全安保水平以便防止人员接触某种病原微生物）、运行控制（如制定操作程序，转运含疑似病原微生物样品或者高致病性病原微生物委派经严格培训的人员）和设施工程控制（如配备安保、实施门禁，与其他实验活动隔离，对培养箱或其他设备每次使用后消毒）等措施尽可能降低风险发生的可能性或严重程度，使风险处于可接受的水平。通过采取上述措施，对操作人员仍有剩余风险不可接受时，实验室可以通过采取配备个体防护装备（PPE）的方式，使实验室相关活动的风险得到良好控制。风险控制措施是实验室采取风险干预的最终步骤。每种生物安全控制措施均需要经确认后方可实施。

## 一、制定风险控制措施应考虑的因素

实验室在制定风险控制措施时，宜遵循全过程控制、动态控制、分级控制、分层控制等原则（吕京等，2012），采取风险消除、降低、控制或转移等方法，以便保证风险控制措施有效。风险控制措施在实施过程中可能会失灵或无效。因此，应把监督和检查作为风险控制措施计划的有机组成部分，以便保证控制措施持续有效。实验室管理层和其他利益相关方应清楚在采取风险控制措施后剩余风险的性质及程度，应关注风险控制措施采取后可能的剩余风险的可接受性。

实验室制定风险控制措施，一般应包括（但不限于）以下内容：

a. 停止具有风险的实验活动，以规避风险（生物安全实验室的任务是开展研究、检测等实验活动，除非法律法规不允许或硬件条件差距很大，一般不采取停止实验活动的方式）。

  b. 消除具有负面影响的风险源。

  c. 降低风险事件发生的可能性。

  d. 改变风险事件发生后可能导致的后果严重程度。

  e. 将风险转移到其他区域或范围。

  f. 保留并承担风险等。

实验室选择风险控制措施时，应考虑的因素包括（但不限于）：

  a. 法律法规、标准规范和环境保护等方面的要求。

  b. 风险控制措施的实施成本与预期效果。

  c. 选择几种应对措施，将其单独或组合使用。

  d. 利益相关方的诉求、对风险的认知和承受度，以及对某些风险控制措施的偏好。

## 二、风险控制措施的制定与实施

  实验室运行前经风险评估存在风险，但又无法完全避免或消除时，应制定风险控制措施。实验室生物安全风险控制措施包括生物安全（biosafety）措施和生物安保（biosecurity）措施两个方面。内容一般包括管理控制、操作控制、设施工程控制和个体防护装备配备等。必要时，还应列入环境风险、经济风险等内容。在确定实验室拟采用哪种风险控制措施时，对每种生物安全措施、每种生物安保措施，均需要单独进行评估以确保有效。实验室管理者应对各种风险控制措施充分权衡后做出适当的选择。

  实验室应采取预防为主的方式管理风险源，如果发生事故/事件，既要保护工作中有直接危险的操作人员，又要从其源头处理生物风险的影响。应明确并执行监测、减轻和应对紧急情况的措施，同时考虑到此类措施对生物因子或毒素等风险控制潜在的影响。

  设备和人员风险控制也是生物安全实验室制定风险控制措施时考虑的重要因素。生物安全实验室常用的实验设备一般包括生物安全柜、离心机、摇床、组织匀浆机和培养箱等。针对实验设备使用过程中可能产生的风险制定可以采取的风险控制措施。而对人员风险的控制，可以通过对实验室相关人员背景、健康监护、培训和能力评估等方面进行综合评估，然后制定针对性的控制措施（World Health Organization，2020）。

## 三、动物病原微生物实验室制定风险控制措施（以非洲猪瘟第三方检测实验室为例）

  动物病原微生物实验室应以风险评估结果为依据制定风险控制措施。实验活动内容不同，制定风险控制措施也不完全相同。一般包括管理控制、操作控制、设施工程控制和个体防护装备配备 4 个方面。以开展非洲猪瘟检测的第三方检测实验室制定风险控制措施为例，简述如下供读者参阅（图 3-3）。

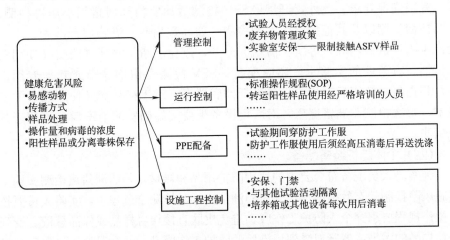

图 3-3　非洲猪瘟病毒（African Swine Fever Virus，ASFV）检测实验室风险控制措施示例

### （一）管理控制措施

非洲猪瘟第三方检测实验室虽然没有活的 ASFV 操作，但是开展检测过程中可能检测到 ASFV 核酸阳性样品。这种情况下，存在的风险涉及阳性样品的管理（生物安保风险）、阳性样品污染的环境以及移取阳性样品的器具、实验废弃物等（生物安全风险）。为控制这些风险，实验室在实施管理控制时，一是对实验人员，应该是经授权的人员方可开展相关检测工作和阳性样品管理工作。必要时，需要由经培训且授权的人员将阳性样品运送至省级兽医实验室或者国家参考实验室（专业实验室、区域实验室）。二是对废弃物采取严格的管理政策，包括妥善收集和包装废弃物，并严格按照操作规程进行高温高压等无害化处理。实验室产生洗刷废水时，应收集废水并经高温高压消毒或者可靠化学品消毒后方可排放。三是加强生物安保管理，禁止未经授权的人员接触检测确认为 ASFV 核酸阳性的样品。

### （二）操作运行控制

运行控制方面，制定详细的实验室标准操作规程（standard operation procedure，SOP），并通过培训、监督检查等方式，确保实验人员严格遵守并按照 SOP 要求操作。对承担向指定实验室转运 ASFV 核酸阳性样品的人员，要进行严格培训并经考核合格后方可允许其承担运送任务。

### （三）设施工程控制

从设施工程方面控制 ASFV 散播风险，也是实验室实施风险控制的重要措施。实验室可以加强安保，通过强化门禁管理，严格进入实验区域等方式，升级安保要求。此外，开展 ASFV 检测活动要与开展猪细小病毒检测、大肠杆菌检测以及其他病原微生物检测（如高致病性禽流感病毒检测、牛病毒性腹泻病毒检测等）等实验活动区分开，避免混淆检测区域或交叉使用实验试剂。有条件的实验室，还应配备 ASFV 检测专用培养箱或其他专用设备，并在每次使用后对相应设备进行彻底消毒。对于存在交叉使用设备的实验室，每次检测非洲猪瘟后，对所用设备更要实施确实的消毒后才可用于其他检测。

### （四）个体防护装备配备

为实验人员配备符合要求的适用防护用品和器材，是非洲猪瘟检测实验室实施风险控制的有效措施。在开展非洲猪瘟样品检测全过程中，实验人员要按照操作规程要求穿个人防护工作服，避免皮肤直接接触样品或样品悬液。受到处理样品的污染或者疑似受到污染后的防护工作服必须经高温高压消毒后方可送出洗涤，以避免因个体防护装备受到污染，而将 ASFV 带到实验室外，进一步给猪群生产带来疫病感染威胁。

## 第四节　风险评估报告的持续更新与应用

### 一、风险评估过程的管理要求

实验室生物安全风险评估是不同级别生物安全实验室必须开展的、非常专业的一项工作。因此，风险评估应由具有经验的专业人员（不限于本机构内部的人员）进行，并应对风险评估的整个过程进行完整记录，包括评估时间、编审人员和所依据的法规、标准、研究报告、权威资料、数据等。在实验室运行期间，还应对风险评估结果在实验室运行管理过程中的应用进行监督检查，建立保证风险评估报告发挥效用的机制，以便监控实验室活动，确保风险识别的相关要素及采取的措施要求及时并有效地得以实施。对风险评估过程的管理，一般应包含（不限于）以下要求：

a. 实验室应有良好的风险评估组织实施机制。

b. 风险评估的实施应有全过程记录，以便于可追溯。

c. 风险评估记录应妥善保存，保存期应满足国家相关法律法规和生物安全控制的需要。

d. 风险评估工作结束后，应及时编写风险评估报告。

e. 实验室风险评估报告应得到实验室所在机构生物安全主管部门的批准；对未列入国家相关主管部门发布的病原微生物名录的生物因子风险评估报告，若适用时，应得到相关主管部门的批准。

f. 风险评估工作应是实验室内部审核的重点之一，应列为实验室管理评审的重要方面。

## 二、风险评估报告的复评审要求

由于病原微生物相关信息的不断更新、实验室活动的变更等诸多因素影响，生物安全实验室所面临的各种可能风险也是变化的。实验室应根据实验活动的进程或风险特征的变化适时启动风险再评估工作。也就是说，风险评估的周期和频率应根据实验室活动和风险特征而确定。一般每年至少应对风险评估报告进行一次复评审，以便持续识别实验室可能面临的新风险或实验室运行发生的风险改变。

一般来说，实验室发生以下变化时应重新进行风险评估，或者对风险评估报告进行复评审：

a. 致病性生物因子的生物学特性发生改变时，如新冠疫情流行期间，随着人们对新型冠状病毒的认知深入，不断有关于新型冠状病毒新的生物特性信息更新。2018 年 8 月，非洲猪瘟疫情在我国首次暴发后，伴随着后来多起疫情发生和后续对非洲猪瘟疫情状况的认知，对 ASFV 特性有了更多了解。

b. 实验室运行相关的关键设施或设备发生变化时，如新增加了过氧化氢消毒设备，替换原有的喷洒方式终末消毒措施。

c. 人员，尤其机构法人、项目负责人、安全负责人等关键岗位人员发生变化时。

d. 实验活动内容，包括实验方法、操作程序、实验动物等发生改变时（GB 19489—2008 第 3.1.6 条款）。

e. 较大幅度改变操作的量时，包括操作样品数量、单个样品的体积等（GB 19489—2008 第 3.1.7 条款）。

f. 实验室自身发生事件、事故，或实验室工作与该实验室承担工作类似的国内外相关实验室发生事故时（GB 19489—2008 第 3.1.8 条款）。

g. 相关法律、法规或标准发生变化，或者行业主管部门发布新的相关管理通知或公告时（GB 19489—2008 第 3.1.9 条款）。

h. 对该致病性生物因子引起的疾病防控策略发生变化时，如非洲猪瘟疫情在我国发生两年后的防控策略调整。

i. 管理层从风险控制的需要考虑，认为应该再评估时。

## 三、风险评估报告在实验室风险管理体系中的应用

《实验室　生物安全通用要求》（GB 19489—2008）第 3.3 条款规定了"风险评估报告应是实验室采取风险控制措施、建立安全管理体系和制定安全操作规程的依据"。实验室生物安全管理体系编制过程中，应在风险评估的基础上，分析风险关键点所在，提出相应的控制措施。对风险评估识别的风险点及拟采取的风险控制措施通过管理制度和细化的 SOP 得到有效落实。可以说，实验室风险评估报告是风险管理体系建立的基础，管理体系又是风险评估结果的良好应用，并在实验室运行中不断得到验证和优化。当管理体系运行不能确信持续满足实验室安全风险控制需求时，又会对风险评估工作提出新的要求。如某兽医检测实验室因业务发展需要，拟开展新的实验室活动——ASFV 核酸检测。此时，需要制定非洲猪瘟病毒安全操作相关规程，包括实验操作步骤、废弃物处理规程、人员管理程序等具体 SOP。但是，应该如何制定处理程序、拟制定的程序能否满足 ASFV 操作风险控制的需要，均需要启动风险评估程序。再比如，一个已经具备开展 ASFV 核酸检测资质的第三方检测实验室，已经完成了 ASFV 核酸操作风险评估并得到良好的应用。但由于实验室业务拓展，本年度受委托获得了比原来检测能力增加 10 倍量的样品需要开展 ASFV 核酸检测工作。此时，该实验室已经评估过的实验室活动（包括相关的设施、设备、人员、活动范围、管理等）能否继续满足"大量"实验活动的需求，实验室管理者能否履行《实验室　生物安全通用要求》（GB 19489—2008）第 7.2.9 条款"应保证员工不疲劳工作"的管理责任等，均需要重新进行风险评估。

关于风险评估报告在动物病原微生物实验室的应用，可以通过以下实例进行说明，以便帮助读者更好地理解和实施。

**【高压蒸汽灭菌器使用风险评估实例】**

某生物安全二级动物病原微生物实验室（BSL-2）针对实验室业务范围配备了 1 台高压蒸汽灭菌器。为确定高压蒸汽灭菌器在实验室运行管理中的生物安全风险状况，实验室管理层组织人员对配备的高压蒸汽灭菌器及其使用场所安全性进行了风险评估。经风险评估，该实验室配备的高压蒸汽灭菌器使用过程中可能存在以下风险：

a. 实验室配备的高压蒸汽灭菌器为非生物安全型高压蒸汽灭菌器。使用过程中，存在排气含未完全灭活病原微生物的风险。

b. 实验室制定的高压蒸汽灭菌器操作规程没有识别出设备初期排气可能存在活病原微生物的情况。

c. 设备通过将排气管插入装有消毒液的塑料桶实施了末端冷凝器水汽收

集，但是没有列入 SOP 中。实验室开展的高压蒸汽灭菌器使用培训，没有涉及这些注意事项。

　　d. 经与实验室具体操作人员交流，实验室没有相应的操作规程。

　　e. 高压蒸汽灭菌器发生意外故障风险。

　　f. 高压蒸汽灭菌器不正确开启，存在对人员造成意外烫伤的风险。

　　对上述风险评估识别的可能风险分别提出相应的风险控制措施，并应用于编制和完善实验室生物安全管理体系文件。在该实验室的高压蒸汽灭菌器使用操作规程中，应相应地补充完善以下措施（不限于）：

　　a. 对高压蒸汽灭菌器使用提出良好维护要求，并定期进行监督检查。

　　b. 每年定期对高压蒸汽灭菌器进行检查，保障设备完好，符合设备设计指标要求。

　　c. 操作规程中强调定期检查排汽收集桶内的消毒液液面，防止液面过低。

　　d. 高压蒸汽灭菌器上方安装排风装置，避免室内高压蒸汽气溶胶弥散。

　　e. 培训实验室人员严格按照操作规程使用高压蒸汽灭菌器。

　　f. 制定并执行相应的应急处理程序，做好必要的应急物品保障。

　　g. 将问题提到管理层，明确在本级别实验室操作高致病性病原微生物的某些实验活动，应引起领导层关注。当条件许可时，将配备生物安全型高压蒸汽灭菌器列入设备购置计划以便安全处置可能携带高致病性病原微生物的废弃物。

# 主要参考文献

曹国庆，王君玮，翟培军，等，2018. 生物安全实验室设施设备风险评估技术指南 ［M］. 北京：中国建筑工业出版社.

吕京，2012. 生物安全实验室认可与管理基础知识——风险评估技术指南 ［M］. 北京：中国质检出版社.

王君玮，赵格，2021. 畜禽产品中致病微生物风险评估与控制 ［M］. 北京：中国轻工业出版社.

王荣，王君玮，曹国庆，2020. 病原微生物实验室生物安全风险管理手册 ［M］. 北京：中国质检出版社.

OIE, 2018. Biosafety and biosecurity: standard for managing biological risk in the veterinary laboratory and animal facilities ［M］//Manual of Diagnostic Tests and Vaccines for Terrestrial Animals, 8th Edition. Paris: World Oranisation for Animal Health.

OIE, 2018. Managing biorisk: Examples of aligning risk management strategies with assessed biorisks ［M］//Manual of Diagnostic Tests and Vaccines for Terrestrial Animals, 8th Edition. Paris: World Oranisation for Animal Health.

World Health Organization, 2020. Laboratory biosafety manual ［M］. 4th Edition. Geneva: World Health Organization.

# 动物病原微生物实验室安全管理体系

从广义上讲，本书的全部内容都属于动物病原微生物实验室安全管理体系的范畴，阐明了动物病原微生物实验室建设目标、管理方针、运行过程和具体要求。本章所述的安全管理体系，更侧重于从体系的角度（即体系的要素及其关系和运行）进行阐述，涉及技术性相关的要素，如风险评估、人员、设施设备、材料、过程以及活动等，将由其他章节进行重点介绍。

## 第一节　管理体系的概念与构成

管理体系的精髓是基于美国贝尔实验室的统计学专家 Walter Shewhart 提出的"解决问题四段论（Plan 计划、Do 实施、Check 检查、Act 措施）"而发展起来的，具有通用性。从管理体系的基本概念出发，掌握实验室生物安全管理体系的精髓，通过实验室自身的实践和探索，方可以建立起科学和系统的实验室安全管理体系。

### 一、管理体系相关的概念

管理体系相关的定义来源于国际标准化组织质量管理和质量保证技术委员会（ISO/TC 176）制定的 ISO 9000《质量管理体系　基础和术语》（*Quality management systems-Fundamentals and vocabulary*）。中国等同采用 ISO 9000 系列标准，形成 GB/T 19000 系列标准。

#### （一）体系

GB/T 19000—2016/ISO 9000：2015 对体系的定义："相互关联或相互作用的一组要素。"体系也可以称之为系统，是由要素组成的，离开了要素就谈不上体系。一般来说，体系的性质是由要素决定的，有什么样的要素，就有什么样的体系。但要素不是孤立的，要素以一定的结构形成体系，构成整体。体系的性质还取决于要素的结构。优质的要素如果协调得不好，就不是最优的结构；而质量差一些的要素，只要能够协调好，也可能形成优质的结构，并从而获得较好的体系。因此，处理好要素与要素、要素与体系（即部分与整体）的关系，对于体系的功能和性质是至关重要的。

体系与环境同样存在着密切的关系或相互影响。每一个具体的体系都是时空上的有限存在，都有它存在的外界环境。体系外存在的所有其他事物，称为该体系的环境。环境是体系存在与发展的必要条件，环境对体系的性质和发展方向具有一定的支配作用。体系与其环境之间，通常都有物质和信息的交换，体系和环境的这种相互联系体现了体系的整体性。环境的变化往往会引起体系性质和功能的变化；反之，体系的作用也会引起环境的变化。两者相互作用的结果，有可能使体系改变或失去原有的性质及功能。因而，体系要有一种特殊的功能来适应环境的变化，保持和恢复其原有的性质及功能，这就是体系的适应性。

概括言之，体系就是若干有关事物（要素）相互联系、相互制约而构成的有机整体。体系要强调其系统性、协调性和适应性。研究体系就是研究整体和部分之间的交互关系。2 000多年前，古希腊哲学家亚里士多德的哲学命题就是"整体大于它的各部分的总和"，后又改为"整体不是其部分的总和"。我国的两个成语故事"三个臭皮匠，顶个诸葛亮"和"三个和尚没水喝"正是说明这个原理的。对体系的深入理解是体系建立和运行的基础。

### （二）管理体系

GB/T 19000—2016/ISO 9000：2015对管理体系的定义："组织建立方针和目标以及实现这些目标的过程。"其中，组织是指为实现目标，由职责、权限和相互关系构成自身功能的一个人或一组人；方针是由组织的最高管理者正式发布的组织宗旨和方向；目标是指要实现的结果，可以是战略的、战术的或操作层面的，可以涉及不同的领域并可应用于不同的层次；过程是指利用输入实现预期结果（即输出）的相互关联或相互作用的一组活动。

管理体系的要素规定了组织的结构、岗位和职责、策划、运行、方针、惯例、规则、意念、目标，以及实现这些目标的过程。管理体系的范围可能包括整个组织，组织中可被明确识别的职能或可被明确识别的部门，以及跨组织的单一职能或多个职能。也就是说，管理体系可以针对整体，即总的管理体系；也可以针对单一的领域或几个领域，即某专业领域的管理体系，如安全管理体系、质量管理体系、财务管理体系等。

对于实验室来说，操作人员、设施设备、样品和供应品、过程方法、环境条件等要素就构成了一个实验室体系。为了达到某个目标，如安全目标、质量目标等，实验室就要以整体优化的要求处理相关过程中各项要素的协调和配合，也就是要进行管理，从而构成管理体系。

### （三）动物病原微生物实验室管理体系

动物病原微生物实验室的使命是高质量地完成与动物病原微生物相关的检测、监测、诊断、研究等工作，并确保安全。因而，动物病原微生物实验室管理体系的方针和目标应至少包括质量和安全两大要素。可以针对不同领域建立相应的管理体系。根据开展研究、检测等工作的需要建立质量管理体系，其重点是质量管理，但也需关注安全；由于检测、研究工作中涉及动物病原微生物的操作，对工作人员和环境具有生物安全风险并可能造成危害，因此需要建立生物安全管理体系，其重点是生物安全管理，但也需要关注质量和效率。事实上，对于动物病原微生物实验室而言，生物安全管理体系和质量管理体系是密不可分的，生物安全管理体系是实验室运行的基础和保障，是运行质量管理体系的前提；质量管理体系所实现的是实验室运行的目的和需求，是运行生物安全管理体系最终成果的体现。实验室生物安全管理体系、质量管理体系以及其他领域需求的管理体系，构成动物病原微生物实验室的综合管理体系，不管是整体协调性还是实验室运行效率方面都会有更大的优势，但对体系管理者也提出了更高的要求。

建立管理体系，需要实验室管理者先树立系统观念。影响质量和安全的因素虽然很多，但这些要素通常不是孤立的，它们之间存在联系，这就是体系的系统性。为了保证质量和安全，必须对影响因素进行全面控制，控制范围应涉及工作范围的全过程，也就是以系统的概念去分析、研究各项要素（包括直接与间接的影响因素）相互联系和相互制约的关系，以整体优化的要求处理好各项质量/安全活动的协调和配合。

管理体系的运行需要遵循其规律。在体系运行中，要及时分析解决出现的问题，并注意解决在内外环境变化时体系的适应性问题，使管理体系能够有效运行。换而言之，按系统学的原理建立起一个体系，对可能影响输出的各种因素和环节进行全面控制、管理，使这些因素都处于受控状态，使输出始终可靠、可预期。为此，管理者需树立过程观念，理清工作的各个环节及其次序，按照从输入到输出的过程对各个环节进行控制，并将每个过程的输出视为下一个过程的输入，确保每个过程工作的有效性，使各要素配合、有序，形成一个完整的系统。

## 二、管理体系的构成

一般来讲，实验室管理体系由组织结构、程序、过程和资源 4 部分组成，其作用是按照实验室的规定开展实验室活动，并在过程中自行发现问题、纠正、改进和提高，最终实现实验室的方针和目标，满足客户（包括服务对象和国家）不断增长的需求，如图 4-1 所示（吕京等，2012）。

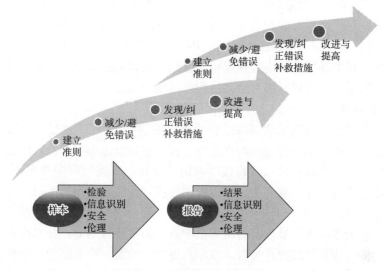

图 4-1　实验室管理体系示意

### （一）组织结构

组织是指为实现目标，由职责、权限和相互关系构成自身功能的一个人或一组人。实验室这一组织是由一组人构成的，其组织结构即为实验室的全部人员的职责、权限和相互关系的安排。要使实验室这一组织构成的体系良好运行，就必须按某种方式建立适当的职责权限及其相互关系。实验室的组织结构就是由人员形成的，并明确其职能和相互关系，其本质是实验室人员的分工协作及其关系；目的是实现实验室管理的方针、目标，内涵是实验室工作人员在职、责、权方面的结构体系。

组织结构体现了实验室所有人员的责任和权限及其关系，明确了实验室的管理层次和管理内容，从整体的角度合理安排实验室上下级和同级之间的职权关系，把职权合理分配到各个层次、部门直至人员，规定不同部门、不同岗位、不同人员的具体职权，建立起集中统一、整体协调、相互配合的管理结构。

### （二）过程

过程是指利用输入实现预期结果（即输出）的相互关联或相互作用的一组活动。任何一个过程都有输入和输出，输入是实施过程的前提和条件，输出是过程完成的结果，完成过程必须投入适当的资源和活动。一个过程的输入通常是其他过程的输出，而一个过程的输出又通常是其他过程的输入，而且两个或两个以上相互关联和相互作用的连续过程也可作为一个过程。某些过程可能是关键的，而另外一些则不是，可能是辅助的。

"过程"是一个重要的概念，所有工作是通过"过程"来完成的。根据过程的不同，一个过程可能包含多个纵向（直接）过程，也可能涉及多个横向（间接）过程，在相关资源的支持下，逐步或同时完成这些过程时才是完成一个全过程，其中任何一个小过程或相关过程所实现的预期结果，都会影响全过程的最终结果，所以要对所有活动过程进行全面控制。

### （三）程序

程序是"为进行某项活动或过程所规定的途径"。程序通过明确过程及其相关资源和方法，来确保过程的规范性。程序通常应该形成文件，以保证其规范性，除非有其他途径可以实现按"规定的途径"来完成程序并保证其结果。凡是形成文件的程序，称之为"书面程序"或"文件化程序"。

程序有管理性程序和技术性程序两种。一般所称的程序性文件都是指管理性程序，多为各项规章制度、各级人员职责、岗位责任制等；技术性程序一般以作业文件（或称标准操作规程，SOP）规定。编制一份书面的或文件化的程序，其内容通常包括目的、范围、职责、工作流程、支持性文件和所使用的记录、表格等，其中的工作流程应明确规定开展某一工作应由谁去做、怎样做、时间要求、什么情况下去做，作为安全文件，还应关注开展工作时的风险点。

制定程序文件时，应实事求是，不要照搬其他实验室的文件，需能客观反映本实验室的现实和整体素质。程序文件的制定、批准、发布都应有一定的要求，要使实验室全体人员了解和理解，对涉及多个领域的人员要进行与其工作相关程序文件的学习和培训。程序文件是实验室人员工作的行为规范和准则，对实验室的人员有约束力，任何涉及某一工作领域的人员均不能违反相应的程序。

### （四）资源

实验室资源包括人员、设施、设备、材料、技术、方法、管理以及资金等。衡量一个实验室的资源保障，主要反映在是否具有满足实验室工作和安全保障所需的各种仪器、设备（含各类试剂）、设施以及一批具有经验、资历的技术人员与管理人员，这是保证实验室运行、完成工作、不出安全事故的基本条件。作为不同等级生物安全防护水平的动物病原微生物实验室，《生物安全法》规定"应当符合生物安全国家标准和要求"。

## 三、管理体系的原则

质量管理原则，是在总结质量管理实践经验的基础上，用高度概括的语言表达最基本、最通用的原则。《质量管理体系　基础和术语》（ISO 9000：2015）在其 2005 版 8 项质量管理原则的基础上，凝练成新的 7 项管理原则，将原来的"管理的系统方法"整合到了整个管理原则中，并在过程方法中强调了"将活动作为相互关联、功能连贯的过程组成的体系来理解和管理"。从我国实验室生物安全管理数十年经验来看，质量管理原则同样适用于动物病原微生物实验室生物安全管理体系。

## （一）以顾客（需求）为关注焦点

建立体系源于被需要。动物病原微生物实验室由于客观上需要操作病原微生物，存在操作过程以及运行结果的安全需求，因此才需要建立生物安全管理体系来满足这个需求。

## （二）领导作用

统一的宗旨和方向的制定，以及全员的积极参与，能够使组织将战略、方针、过程和资源协调一致，以实现其目标。实验室领导者应确保实验室的宗旨和方向的统一，创造并保持良好的实验室内部环境，使实验室全体工作人员能够充分参与实现安全目标的实验室活动。

领导的角色如同一个交响乐队的指挥，乐队人员使用的乐器不同，如果没有一个好指挥，各吹各的调，结果可想而知。同时，乐队的成绩也是众人合作的结果，每个人都有一份功劳，这正是领导作用和全员参与的结果。

## （三）全员积极参与

实验室有效和高效的管理不仅需要最高管理者的正确领导，而且有赖于全员积极参与。实验室全体员工都是每个实验室实现其目标的基础。实验室需要配备各级胜任的、经授权并积极参与的员工，才具备实现实验室管理目标的必要条件。在实验室运行中，通过表彰、授权和提高能力，来促进实验室实现管理目标过程中的全员积极参与。首先，让工作人员了解他们在实验室中的作用及工作的重要性，明白为完成目标自己的岗位职责是什么，自己应干什么；其次，给予机会提高他们的知识水平、能力，并积累经验，使他们对实验室的成功负有使命感，使其能全身心地投入；最后，通过各种奖励、激励机制来促进工作人员完成任务、取得成绩，以推动实验室实现其管理目标。同时，工作人员应熟悉本职岗位的目标，知道该怎样去完成，因此这也是对领导的要求。

## （四）过程方法

将活动作为相互关联、功能连贯的过程组成的体系来理解和管理时，可更加有效和高效地得到一致的、可预知的结果。

任何利用资源并通过管理，将输入转化为输出的活动，都可视为过程。以过程为基本单元是考虑问题的一种基本思路。同时，也要意识到，管理体系又是由相互关联的过程所组织。所以，从整体和系统的角度去理解体系是如何产生结果的，才能使实验室尽可能地完善体系、优化绩效。管理体系是通过一系列过程来实现的，所谓管理策划就是通过识别过程，确定输入、输出，确定将输入转为输出所需的各项活动、职责和义务，确定所需的资源、活动间的接口等，以实现过程并获得预期的结果。过程方法鼓励实验室要对其所有过程有一个清晰的理解。在应用过程方法时，必须对每个过程，特别是关键过程的要素进行识别和管理，这些要素包括输入、输出、活动、资源、管理和支持性过程。过程识别也是风险评估，特别是其中风险识别的基础。

### （五）改进

改进对于实验室保持当前的安全和能力水平，对实验室运行过程中的各种变化做出反应，并进一步改善和提高实验室的安全及能力，都是非常必要的。

管理体系的充分性是相对的，从不够充分到比较充分，再到相当充分也是一个改进过程。最高管理者要对改进做出承诺，积极推动，全体工作人员也要积极参与改进的活动。改进是永无止境的，改进应成为每一个实验室永恒的追求、永恒的目标、永恒的活动。一个成功的实验室必然持续关注改进，并且赞赏和表彰改进。

实验室的改进有两条途径：渐进式和突破式。其中，渐进式改进就是Plan（计划）、Do（执行）、Check（检查）和 Act（处理）（简称 PDCA）工作原理的具体应用。

**1. 渐进式**　即由实验室工作人员通过日常工作，有目的地对现有过程进行识别和改进，包括下述步骤：①分析和评价现状，以识别改进区域；②确定改进目标；③寻找可能的解决方法，以实现这些目标；④评价这些解决方法并做出选择；⑤实施选定的解决方法；⑥评价实施的结果，以确定这些目标已经实现；⑦正式采纳更改，并对各层级人员进行教育和培训。

**2. 突破式**　它通常由日常运作之外的专门小组来实施，目的就是研发和革新。实验室应有计划地指派一些有资格的人员，配备足够的资源，对现有过程、行为进行改进，对硬件等进行更新换代、原始创新，超越顾客的要求和期望。

### （六）循证决策

所谓决策就是针对预定目标，在一定的约束条件下，从诸方案中选出最佳的一个付诸实施。决策是一个复杂的过程，并且总是包含某些不确定性。它经常涉及多种类型和来源的输入及其相关人员的理解，而这些理解可能是主观的。重要的是理解因果关系和潜在的非预期后果。对事实证据和数据的分析可导致决策更加客观、可信。

决策是实验室中各级领导的职责之一。实验室管理要遵循循证决策的原则。循证决策的原则原来表述为"基于事实的决策方法"，是指实验室的各级领导在做出决策时要有事实根据，这是减少决策不当和避免决策失误的重要原则。数据是事实的表现形式，信息是有用的数据。通过工作积累并有意识地收集与目标有关的各种数据和信息，并明确规定收集信息的种类、渠道和职责。

通过识别，确保数据和对数据进行分析而获得的信息都是准确和可靠的。分析是有效决策的基础，实验室领导应能及时得到适用的信息，并采取各种有效方法对数据和信息进行认真的整理和分析。大量的信息隐含在原始数据之中，不整理、不分析就不可能获得有用的信息。最后，根据对事实的分析、过去的经验和直觉的判断做出相应决策，并采取措施。

### （七）关系管理

随着社会的发展，为了不断地提高效率、降低成本，同时迅速地掌握并提升专业化水平，社会分工越来越细。实验室的活动也不是孤立的，与相关方，如供应商、服务方、承包方等供方密切相关，必须建立"与供方互得的关系"。实验室的活动离不开供方的协作、外包和采购。实验室与相关方之间不再是简单的"供-需"关系，而是合作伙伴的关系，双方都在为共同的利益而不懈地努力。这种"双赢"的思想，可使成本和资源进一步优化，能对变化的市场做出更灵活和快速一致的反应。

在这种关系管理活动中，一般包括：①识别并选择相关方；②确定需要管理的相关方关系，并进行排序；③建立平衡短期利益与长期预期的关系；④与相关方共同收集和共享信息、专业知识及资源；⑤建立清晰和开放的沟通渠道，及时解决问题；⑥确定联合开发和改进活动；⑦鼓励和表彰供方及合作伙伴的改进与成绩。

# 第二节　管理体系的建立

为保证实验室生物安全，建立、实施和维持一个有效的实验室生物安全管理体系十分必要。建立生物安全管理体系的前提是充分理解国家相关法律法规、标准规范的要求并明确实验室建设目标。策划者能否准确理解生物安全相关法规、标准的内容及其关系，直接影响生物安全管理体系的符合性；策划者对实验室自身情况的了解及认识，直接影响生物安全管理体系的适宜性。生物安全管理体系建立后，在试运行过程中，实验室通过安全检查、内审、管理评审等活动，将不断获得改进的机会，促进生物安全管理体系不断完善，使体系更加系统、充分，更加适合自身情况，更加符合法律法规及标准规范的要求，体系运行也将更加有效。

## 一、管理体系建立的依据

我国以《生物安全法》为核心，由生物安全基础性法律、生物安全管制性法律法规、技术标准体系、特定事项部门规章等组成的层次分明、建制完备、内在协调的生物安全制度体系已经基本形成（秦天宝，2020）。动物病原微生物实验室建立生物安全管理体系，应满足我国生物安全相关法律法规及标准规范的要求。同时，可参考生物安全国际规范，借鉴国际生物安全管理理念，为建立科学、系统、全面、适宜的生物安全管理体系提供思路。

### （一）法律法规

**1.《生物安全法》**（2020）《生物安全法》于 2020 年 10 月 17 日经全国人大常委会表决通过，2021 年 4 月 15 日起施行，是生物安全领域基础性、系统性、综合性和统领性的法律法规（孙佑海，2020）。

《生物安全法》共计 10 章 88 条，明确了生物安全的重要地位和原则，规定生物安全是国家安全的重要组成部分；坚持以人为本、风险预防、分类管理、协同配合的原则。《生物安全法》完善了生物安全风险防控基本制度。规定建立生物安全风险监测预警制度、风险调查评估制度、信息共享制度、信息发布制度、名录和清单制度、标准制度、生物安全审查制度、应急制度、调查溯源制度、国家准入制度和境外重大生物安全事件应对制度 11 项基本制度，全链条构建生物安全风险防控的"四梁八柱"。《生物安全法》健全了各类具体风险防范和应对制度。针对重大新发突发传染病、动植物疫情，生物技术研究、开发与应用，病原微生物实验室生物安全，人类遗传资源和生物资源安全，生物恐怖袭击和生物武器威胁等生物安全风险，做出针对性规定。此外，规定应加强生物安全能力建设，从严设定法律责任。

《生物安全法》专设了第五章"病原微生物实验室生物安全"，对病原微生物实验室的设立、建设、运行和管理以及病原微生物的管理提出了明确的纲领性要求。包括国家制定统一的实验室生物安全标准，实验室应当符合生物安全国家标准和要求；国家对病原微生物实行分类管理，对病原微生物实验室实行分等级管理；设立病原微生物实验室，应当依法取得批准或者进行备案；病原微生物实验室的设立单位负责实验室的生物安全管理，其法定代表人和实验室负责人对实验室的生物安全负责；生物安全三级和四级的实验活动应当经省级以上人民政府卫生健康或者农业农村主管部门批准，等等。

**2.《中华人民共和国动物防疫法》**（2021）《中华人民共和国动物防疫法》（以下简称《动物防疫法》）颁布于 1997 年，2007 年第一次修订，2021 年 1 月 22 日全国人大常委会通过第二次修订，2021 年 5 月 1 日实施。新版《动物防疫法》包括总则，动物疫病的预防，动物疫情的报告、通报和公布，动物疫病的控制，动物和动物产品的检疫，病死动物和病害动物产品的无害化处理，动物诊疗，兽医管理，监督管理，保障措施，法律责任，附则，共 12 章 113 条。在保障养殖业生产安全、动物源性食品安全、公共卫生安全及生态环境安全方面具有十分重要的作用，是涉农法律制度中基础性的重要法律（刘振伟，2021）。多数动物病原微生物实验室服务于国家动物疫病防控工作，所以《动物防疫法》对于动物病原微生物实验室的重要性不言而喻。

修订后的《动物防疫法》在 8 个方面得到强化：一是强化对重点动物疫病的净化、消灭，在全面防控基础上，推动重点动物疫病从有效控制到逐步净化、消灭转变，调整了动物防疫方针；二是强化人兽共患传染病的防控机制；三是强化对非食用性利用野生动物的检疫；四是强化对动物疫源疫情的监测预警；五是强化生产经营者的防疫主体责任、行业部门的监管责任和地方政府的属地管理责任；六是强化动物防疫制度体系；七是强化基层动物防疫体系和保障措施；八是强化法律责任（王功民，2021）。

对于动物病原微生物实验室而言，需重点关注《动物防疫法》中第三章动物疫情的报告、通报和公布，第五章动物、动物产品的检疫，第八章兽医管理，第九章监督管理，第十一章法律责任相关条款，并遵照执行。包括：①第三十一条规定，实验室发现动物染疫或者疑似染疫的，应当及时报告。②第三十五条规定，患有人兽共患传染病的人员不得直接从事动物疫病监测、检测、检验检疫、诊疗，以及易感染动物的饲养、屠宰、经营、隔离、运输等活动。③第五十条规定，因科研、药用、展示等特殊情形需要非食用性利用的野生动物，应当按照国家有关规定报动物卫生监督机构检疫，检疫合格的，方可利用。④第五十一条规定，屠宰、经营、运输的动物，以及用于科研、展示、演出和比赛等非食用性利用的动物，应当附有检疫证明。

**3.《病原微生物实验室生物安全管理条例》（国务院第 424 号令）** 为了加强病原微生物实验室生物安全管理，保护实验室工作人员和公众的健康，我国制定了《病原微生物实验室生物安全管理条例》（国务院第 424 号令，2004 年 11 月 12 日发布实施）。该条例分别于 2016 年和 2018 年进行了 2 次修订，修订后的条例分总则、病原微生物的分类和管理、实验室的设立与管理、实验室感染控制、监督管理、法律责任、附则共 7 章 72 条。该条例对病原微生物分类、病原微生物采集、运输、保藏、意外处理，实验室分级、建设、认可，从事高致病性病原微生物活动的条件、审批，生物安全一、二级实验室备案，三、四级实验室审批，实验室使用和管理，实验室感染控制，病原微生物实验活动的监督和管理等均做出了明确规定。该条例是建立实验室生物安全管理体系的直接依据之一。建立的生物安全管理体系应逐条对照核查是否满足该条例规定要求。

**4.《动物病原微生物实验活动生物安全要求细则》（2008）** 2005 年，农业部颁布了《高致病性动物病原微生物实验室生物安全管理审批办法》（农业部第 52 号令），对实验室资格审批、实验室活动审批、运输审批进行了规范。2008 年，为了进一步规范高致病性动物病原微生物实验活动审批工作，农业部发布了《农业部关于进一步规范高致病性动物病原微生物实验活动审批工作的通知》（农医发〔2008〕27 号），对《高致病性动物病原微生物实验室生物安全管理审批办法》中活动审批相关工作进行了更明确的规定。为了明确各种动物病原微生物实验活动所需实验室生物安全级别，该通知以附件形式发布了《动物病原微生物实验活动生物安全要求细则》，明确了123种动物病原微生物和第四类动物病原微生物危害程度分类、运输包装要求、实验活动所需实验室生物安全级别。

**（二）标准**

技术标准是《生物安全法》《动物防疫法》《病原微生物实验室生物安全管理条例》等法律法规有效实施的技术保证。

**1.《实验室　生物安全通用要求》**（GB 19489—2008）　2004 年 SARS 暴发后，我国制定了国家标准《实验室　生物安全通用要求》（GB 19489—2004）用以指导国内生物安全实验室的建设和管理，并于 2008 年发布修订版。该标准是《生物安全法》明确的实验室应遵循的国家标准，是建立实验室生物安全管理体系的主要依据，需要实验室充分理解、有效利用。

GB 19489—2008 由 9 个部分组成，包括前言、范围、术语和定义、风险评估及风险控制、实验室生物安全防护水平分级、实验室设计原则及基本要求、实验室设施和设备要求、管理要求以及附录。

风险评估是实验室设计、建造和管理的依据，该标准按照风险评估的基本理论和原则，结合我国实验室的经验和科研成果，对风险评估的政策、时机、方法和内容进行了详细规定，可指导实验室科学地进行风险评估。实验室应特别注意，实验室风险评估和风险控制活动的复杂程度取决于实验室所存在危险的特性。

由于实验室活动的复杂性，硬件配置是保证实验室生物安全的基本条件，是简化管理措施的有效途径。该标准归纳总结了生物安全实验室的关键系统，如平面布局、围护结构、通风空调、污物处理、消毒灭菌、供水供气、电力、照明、通信、自控、报警、监视等，从系统集成的角度分别提出要求，脉络清晰，易于使用。

管理要求是该标准的特色部分。实验室安全管理体系旨在系统地管理涉及风险因素的所有相关活动，消除、减少或控制与实验室活动相关的风险，使实验室风险处于可接受状态（吕京等，2010）。该标准管理要求中部分内容与ISO/IEC 17025 部分要求一致，便于检测实验室将上述两个标准融会贯通，指导实验室质量与生物安全管理体系运行。

**2.《生物安全实验室建筑技术规范》**（GB 50346—2011）　作为国家标准《实验室　生物安全通用要求》（GB 19489—2008）的配套建筑技术规范，2004 年发布了《生物安全实验室建筑技术规范》（GB 50346—2004），用以指导国内生物安全实验室的建设，并于 2011 年发布修订版（住房和城乡建设部，

2011)。该标准侧重于生物安全实验室的硬件指标及对实验室建设具体做法的要求，虽然不涉及管理，但仍是建立生物安全管理体系的重要依据。因为硬件配置是保证实验室生物安全的基本条件，是简化管理措施的有效途径。

GB 50346—2011 共 10 章，分别为总则，术语，生物安全实验室的分级、分类和技术指标，建筑、装修和结构，空调、通风和净化，给水排水与气体供应，电气，消防，施工要求，检测和验收。该标准有 4 个技术性附录，分别为生物安全实验室检测记录用表、生物安全设备现场检测记录用表、生物安全实验室工程验收评价项目、高效过滤器现场效率法检漏。

GB 50346—2011 以满足 GB 19489—2008 所提出的相关要求为前提，详尽地制定了建设生物安全实验室所需的建筑技术措施和指标。GB 50346—2011 分专业详细规定建筑、结构、水电、通风空调、污物污水处理、竣工验收等方面的实施细则。特别是在实验室性能综合评定方面，制定了详细的考核项目和检测方法，用以保证建成的实验室满足 GB 19489—2008 提出的对实验设施设备的要求，能够正常、安全、稳定地投入运行。

**3.《兽医实验室生物安全要求通则》**（NY/T 1948—2010）　2010 年 9 月 21 日农业部第 1466 号公告发布《兽医实验室生物安全要求通则》（NY/T 1948—2010）。该标准包括 10 个部分，分别为范围、规范性引用文件、术语和定义、生物安全管理体系的建立、生物安全管理体系运行的基本要求、应急处置预案、安全保卫、生物安全报告、持续改进、附录。附录包括 6 个资料性附录，分别为兽医实验室标准规范、兽医实验室生物安全操作技术规范、动物实验生物安全操作技术规范、兽医实验室档案管理规范、兽医实验室应急处置预案编制规范和兽医实验室生物安全报告规范。

NY/T 1948—2010 规定了兽医实验室生物安全管理体系建立和运行的基本要求、应急处置预案编制原则，以及安全保卫、生物安全报告和持续改进的基本要求，其特点是将 GB 19489—2008 中部分内容具体化，提供了较多的资料性附录，更便于兽医实验室直接使用。如 GB 19489—2008 中"7.4.7 标识系统"条款均为原则性描述，而 NY/T 1948—2010 附录 A 则具体给出了 40 个标识的图示、意义和建议场所。

兽医实验室在建立生物安全管理体系时，应充分考虑 NY/T 1948—2010 有别于 GB 19489—2008 的特殊条款。例如，GB 19489—2008 并未明确实验室设立单位成立生物安全委员会时主任的任职条件，而 NY/T 1948—2010 的第 4.1.1 条款则规定了"实验室设立单位应成立生物安全委员会和任命实验室生物安全负责人。单位的法定代表人为生物安全委员会主任"。

**（三）国际规范**

**1. 世界卫生组织《实验室生物安全手册》**　为了指导实验室生物安全，减少实验室事故的发生，世界卫生组织（WHO）于 1983 年发布了第 1 版《实验室生物安全手册》，提倡各国接受和执行生物安全的基本概念，同时鼓励各国针对本国实验室如何安全处理病原微生物制定具体的操作规程，并为制定这类规程提供专家指导。1993 年、2004 年和 2020 年，WHO 分别发布了《实验室生物安全手册》的升级版本。第 4 版《实验室生物安全手册》（World Health Organization，2020a）包括术语、前言、引言、风险评估、核心要求、加强控制措施、最高防护措施、转运、生物安全程序管理、实验室生物安保、国家/国际生物安全监管等部分。

WHO 第 4 版《实验室生物安全手册》特别强调了基于风险评估和循证思维的理念，大篇幅增加了风险评估的内容，详细描述了生物安全风险评估 5 个流程中的各种细节要求，强调了由于全世界各种巨大差异，不同实验室、不同机构、不同地区和不同国家的风险评估结果及所采取的控制措施可能有很大不同，重点是在现有条件下，使实验室风险可控、可接受；实验室生物安全防护不再按照 4 个防护等级进行描述，而是将实验室生物安全防护要求分为"核心要求""加强要求"和"最高要求"，基本相当于旧版的 BSL-2、BSL-3、BSL-4 的要求；强调了生物安全文化、生物安全程序管理、生物安保以及国家/国际生物安全监管的重要性并提出了具体要求。

WHO 第 4 版《实验室生物安全手册》，是基于国际整体实验室生物安全水平提高而提出来的更灵活的生物安全观。其提倡基于生物因子和人员能力评估而确定实验室的生物安全防护要求，对实验室的建设、运行、监管和评价是个挑战，需要高水平的专业人员、监管人员。

**2. 世界卫生组织《生物安全程序管理》** 2020 年，为了配合和支持 WHO 第 4 版《实验室生物安全手册》（核心文件）及其他相关专著，WHO 发布了《生物安全程序管理》（World Health Organization，2020b）。该文件为 WHO 第 4 版《实验室生物安全手册》第 7 章提供了有力的补充。《生物安全程序管理》包括术语、摘要、引言、生物安全程序管理周期、建立强大的生物安全文化、角色和职责、制定生物安全程序、附录等。

该文件描述了 PDCA 循环如何以循证的方式支持生物安全程序的制定、实施和持续改进，提供了如何在实验室内建立强大的生物安全文化的相关信息，介绍了一个组织中人员的作用和职责及其对生物安全程序的贡献，讨论了在不同类型设施中实施生物安全程序基本要素的关键考虑因素。此外，该文件还提供了一系列生物安全程序所需的标准化文件模板，以支持制定和执行基于风险及证据的生物安全程序。

该文件对实验室建立适宜自身情况的生物安全管理体系具有重要参考价值。

**3. 世界卫生组织《生物风险管理：实验室生物安保指南》**　2006 年，WHO 主要针对实验室面临的以生物恐怖为代表的威胁，发布了《生物风险管理：实验室生物安保指南》（World Health Organization，2006）。该指南扩展了《实验室生物安全手册》中介绍的实验室生物安全概念，介绍了"生物风险管理"方法，对实验室风险管理出现的不足进行了讨论，并推荐了切实可行的解决方案。该指南主要包括生物风险管理办法、生物风险管理、应对生物风险、实验室生物安保计划、实验室生物安保培训等内容。该指南提出作为加强实验室生物安全的重要内容，应严格管理实验室内的敏感生物材料以防范其潜在的危险；应通过针对性的计划和管理程序及人员培训，保证敏感生物材料的保存、使用、转移和清除等处于安全状态，并制定紧急情况下的应急处理预案，以改进实验室的生物安全管理。

**4. 世界动物卫生组织《陆生动物诊断试验与疫苗手册》**　世界动物卫生组织（OIE）2018 年出版的《陆生动物诊断试验与疫苗手册》（*Manual of Diagnostic Tests and Vaccines for Terrestrial Animals*）第 8 版（World Organisation for Animal Health，2018），旨在防控包括人兽共患病在内的动物疫病，促进全球动物卫生机构的发展，保障安全进行动物及动物产品国际贸易。《陆生动物诊断试验与疫苗手册》主要面向从事兽医诊断试验及监测的实验室、疫苗生产厂商、疫苗使用者，以及世界动物卫生组织（OIE）成员的相关立法部门。《陆生动物诊断试验与疫苗手册》的主要目标是为生产及控制相关疫苗和其他生物制品，提供国际认可的实验室诊断方法及要求。

《陆生动物诊断试验与疫苗手册》于 1989 年首次出版，内容包括哺乳动物、禽类和蜂类传染病与寄生虫病，此后陆续出版的各版本均对相关内容进行了扩充与更新。第 8 版《陆生动物诊断试验与疫苗手册》与以往版本在结构上稍有差异：第一部分绪论包含 10 个章节，主要涉及兽医诊断实验室及疫苗生产设施的通用标准；第二部分主要为具体建议，包含 8 章新增诊断试验验证建议和 3 章新增疫苗生产建议；第三部分讨论 OIE 名录疫病及具有重要意义的疫病；第四部分提供了截至本版定稿之时，OIE 已设立的参考中心名单。

**5. 国际标准化组织《医学实验室-安全要求》（ISO 15190：2020）**　2003 年，国际标准化组织发布了《医学实验室-安全要求》（ISO 15190：2003），规定了医学领域所有类型实验室应遵守的安全要求，目的是建立和维护安全工作环境，保护实验室工作人员以及可能受实验室影响的人员的安全。ISO 15190 是以《医学实验室-质量与能力的专用要求》（ISO 15189）为基础，将医学实验室的安全管理作为管理目标。其现行有效版本 ISO 15190：2020 包括前言、引言、范围、规范性文献、术语、安全设计、安全管理程序、危害识别和风险评估、生物安全和生物安保危害、化学危害、物理危害、应急准备和响应、防火安全、实验室工效学、设备安全、安全个体工作行为、个体防护装备、样本及危险材料转运、废弃物处理、内务、事件伤害等职业病和附录等。

ISO 15190：2020 主要用于目前已知的医学实验室服务领域，但也可能广泛适用于各种教学、科研、检测和诊断实验室，以及病原微生物实验室。但是，当实验室需要从事生物安全三级和四级防护要求的实验活动时，还必须遵守其他相应规定以确保安全。ISO 15190：2020 要求实验室通过定期的监督、检查促进安全工作的改进。动物病原微生物实验室可以参考其关于安全管理和安全防护的有关要求。

**6. 美国《微生物和生物医学实验室生物安全》** 1984 年，美国国立卫生研究院（NIH）和美国疾病控制与预防中心（CDC）联合编写出版《微生物和生物医学实验室生物安全》（BMBL）。BMBL 的最新版本为 2020 年发布的第 6 版（United States Department of Health and Human Services/Centers for Disease Control and Prevention/National Institutes of Health，2020），包括前言、生物风险评估、生物安全原则、实验室生物安全防护等级标准、脊椎动物饲养研究设施生物安全防护等级标准、实验室生物安保准则、生物医学研究中的职业健康保障、病原微生物概述和附录。

BMBL 第 6 版继续秉承防护和风险评估的生物安全原则，系统阐述了美国实验室生物安全和生物防护的风险管理及操作规范，提供了微生物和生物医学实验室安全管控生物危害的指导建议及最佳实践。BMBL 第 6 版除了对第 5 版进行了系统更新和完善以外，在风险评估部分强调了风险管理过程以及通过风险评估建立安全文化；在农业大动物生物安全实验室部分，在原来生物安全三级水平的基础上，增加了对生物安全二级和四级设施的有关要求；增加了病原微生物的灭活与验证、已建和待建实验室的可持续性以及大规模操作病原微生物实验室要求 3 个附录。虽然 BMBL 由美国联邦政府机构 CDC 和 NIH 联合出版，在美国各种政府法规文件中也称其为指导文件，但 BMBL 并不是监管文件，它是基于风险分析的最佳实践，用于保护实验室工作人员、社区和环境免受与生物危害相关的风险。美国是高等级生物安全实验室建设最早、最多的国家，经验丰富，BMBL 对生物安全实验室建设和管理具有重要借鉴意义。

**7. 加拿大《加拿大生物安全标准和指南》** 2013 年，加拿大公共卫生局（PHAC）和加拿大食品检验局（CFIA）综合并更新了加拿大关于病原微生物实验室设计、建设和运行的有关生物安全标准与指南［包括关于人类病原体和毒素的《实验室生物安全指南》（2004），关于动物病原体的《兽医生物安全设施防护标准》（1996），以及关于朊病毒的《操作朊病毒的实验室、动物设施和解剖间防护标准》（2005）］，出版了《加拿大生物安全标准和指南》（*Canadian*

*Biosafety Standards and Guidelines*，CBSG）（第 1 版）。CBSG 分成两个部分，分别对操作或储存人或动物病原体和毒素提出了要求（第 1 部分）和指南（第 2 部分）。其中，第 1 部分包括物理防护要求（如结构和设计要求）和操作程序要求（如人员操作规程），第 2 部分则为实现第 1 部分所提出的物理防护和操作程序的生物安全及生物安保要求提供指南，并为建立和维持基于全面风险评估的生物安全管理程序提供了需要考虑的要素。CBSG 还专门编写了一个附录，以详细说明两个部分之间的关联性，2013 年整合为《实验室生物安全标准和指南》，两年后改版分为《实验室生物安全标准》（2015）和《实验室生物安全手册》（2016）两册，更加突显了标准的形式、地位和作用，是实验室生物安全要求标准化发展的重要体现。

## 二、建立管理体系的要点

建立管理体系时，需要关注以下原则，并在这些原则的指导下落实各阶段工作，才能保障管理体系的符合性、适宜性、有效性、全面性和系统性。

### （一）注重策划

凡事预则立，不预则废。详尽周密、可操作性强的策划，无疑是取得最终成功并达成目标的首要环节。田忌赛马是通过策划最终达成目标的典型案例。策划对于实验室管理体系建立同样至关重要。实践中，有的实验室因备案要求或认可、考核压力，未经策划，直接借鉴不加转化的使用其他机构的管理体系文件，造成运行不畅、工作人员抱怨增加、事故率不降反升的情况。

值得注意的是，实验室管理体系的策划应始于实验室建设之初。不应将实验室建设与实验室使用割裂开来，实验室设施设备是实验室管理体系的重要组成部分。实践中，部分刚建成的实验室，因无法满足实验活动要求或不可持续性，后期实验室又对设施进行改造，造成大量财力、物力以及时间上的浪费。实验室在建设之初，即应对将要开展的实验室活动、实验活动存在的生物安全风险、检测，或科研工作对相关设施的技术要求等进行充分考虑和评估，结合资金情况，进行周密策划，保障实验室设施在其全生命周期内发挥应有的作用。

当然，有效的管理体系也不是一日建成的，需要经过精心的策划和周密的计划安排，并在实践中不断修正，才能逐步完善。

### （二）目标引领

建立实验室管理体系的目的是实现管理方针和目标。不同的实验室，因实验室自身情况、优先考虑的事项不同，管理目标存在差异。WHO 第 4 版《实验室生物安全手册》，充分考虑了各国差异，手册特别强调了基于风险评估和循证思维的理念，可以在每个个案基础上平衡安全措施与实际的风险，使各国能够实施经济可行、可持续发展的、与自身情况和优先事项相关的生物安全政策及措施。

建立管理体系时，实验室应以管理目标为引领，再根据目标设定重要的要素和过程环节，配置相应的资源，确定职责、明确分工，制定详细的计划并落实对计划实施情况的检查，待进行周密的策划之后再实施。

### （三）注重整体

管理体系是一个系统，是相互关联或相互作用的一组要素组成的整体。建立体系是系统工程，系统工程的核心是整体优化。

第一，保证全面，这是前提和基础。管理体系要覆盖到实验室运行的全要素、全过程和全生命周期，同时要做到法律法规标准全面符合。第二，实现系统协调，这是对过程的要求。在多要素、全时空的管理范畴内，只有通过各分系统（要素）的协同作用、互相促进，才可能使总体的作用大于各分系统作用之和，否则只能相互制约或者顾此失彼。第三，强调质量、安全和效益的统一，这是对结果的要求。质量是实验室存在的价值，安全是实验室可运行的条件，效益是实验室生存的保证。一个有效的管理体系，既要满足质量要求、满足安全要求，也要能充分实现实验室本身的利益。第四，确保全员参与，这是保证。每个人都是系统中的一个要素，也是执行程序的主体，缺一不可。同时，管理不是与非管理者无关的事情，在有效运行的管理体系中，每个人既是管理者也是被管理者，同时也是合作者。实验室在建立、运行和改进管理体系的各个阶段，以系统化的思想为指导，注重整体优化，有助于实验室提高实现目标的有效性和效率。

### （四）强调过程

将活动和相关的资源作为过程进行管理，可以更高效地得到期望的结果。系统地识别和管理实验室所有的过程，特别是这些过程之间的相互作用，就是"过程方法"。通过"过程方法"，在总方针、目标指引下，设计、控制实验室各相关过程活动，可以更高效地得到期望的结果。在质量管理体系中，实验室信息管理系统（laboratory information management system，LIMS）在检测实验室过程中的有效应用便是"过程方法"成功应用的典型案例。检测实验室在未使用 LIMS 系统之前，一个样品检测报告的出具常被识别为以下 7 个过程：样品接收、任务下达、实验室检测、实验室出具检测结果、报告编制人编制报告（包括检测结果转录）、报告审核批准、报告发放。这些过程中各个过程之间均存在过程接口，如实验室出具检测结果，报告编制人通过转录检测结果编制报告，在这个数据转录过程中不仅存在重复性工作，而且容易出现差错。实验室应用"过程方法"，识别了各个过程之间的相互关系，通过设计过程管理方案，利用计算机硬件和应用软件，提高自动化水平，减少各个过程的接口，从接样开始，样品进入 LIMS 系统流程，进行信息采集，通过计算机与检测设备联网，完成检测数据的收集、传输、分析、报告和管理。减少检测结果转录等过程接口，提高了工作效率、减少了差错率。

### （五）强调持续改进

实验室的运行是一个动态过程，实验室外部环境、内部因素总是在不断地发生着变化，在变化过程中，需要实验室自行发现问题、纠正、改进和提高，从而保障体系有效运行，实现实验室发展的方针。实验室可利用"PDCA"循环的方式自行发现问题，实现持续改进。正如 WHO《生物安全程序管理》（2020）所述，"PDCA"循环是可用于有效管理生物安全设施程序的标准化的方法。实验室可以通过不同的切入点实现持续改进，包括日常检查、日常监督、全面检查、内审、管理评审、事故报告、外部检查或评审，等等。所有有关管理体系的国家标准或国际标准都特别重视改进，不能得到持续改进的管理体系不能长期维持（吕京等，2012）。

## 三、管理体系建立的过程

实验室初次建立管理体系一般包括以下几个阶段，每个阶段又可分为若干具体步骤。

### （一）策划与准备

磨刀不误砍柴工，充分的准备、精心的策划是建立适宜的、符合国家法律法规及标准要求的实验室管理体系的必要保障。该阶段一般分为以下几个步骤。

**1. 全员培训** 首先需要对实验室全员进行教育培训，让每个成员对管理体系都有充分的认识和理解，同时要让他们认识到实验室的管理现状与先进管理模式之间的差异，认识到建立先进管理体系的意义。人员培训是建立生物安全管理体系的基础，只有对体系有充分的认识，对生物安全法律法规、相关标准全面掌握了解，才能结合实验室实际情况建立适宜的生物安全管理体系。培训内容包括本章第二节中介绍的法规标准、体系基础知识、生物安全相关知识和技能、与计划开展工作相关的知识和技能以及实验室运行的基本条件涉及的内容等。培训对象为实验室全体工作人员，包括决策层、管理层和执行层在内的全部人员。培训时应根据各个岗位的特点，分层次培训。决策层需要了解建立、完善管理体系的迫切性和重要性，明确决策层在管理体系建设中的关键地位和主导作用，明确国家对实验室的要求和实验室自身的建设目标；管理层，需要全面了解管理体系的内容，认识到体系的每个要素、每个过程都对实验室的质量和安全有重要影响，全面掌握《生物安全法》《病原微生物实验室生物安全管理条例》和《实验室 生物安全通用要求》（GB 19489—2008）等管理体系相关的标准及要求；执行层，需要认识全员参与的意义和严格执行规定、程序、要求的重要性，实验室工作人员和后勤保障人员等均应掌握各自岗位的活动要求。通过培训，使每个成员对管理体系都有充分的认识和理解，认识到建立管理体系的意义，逐步培养实验室的生物安全文化。

**2. 方针、目标的确定** 方针、目标是建立管理体系的起点。生物安全管理方针，对内明确生物安全宗旨和方向、激励员工的安全责任感，对外表示决心和承诺。生物安全目标应是围绕生物安全方针提出具体的、可度量的要求。它既是生物安全方针在实验室各职能和层次上的具体落实，也是评价管理体系有效性的重要指标。生物安全目标既要具有挑战性，又要具有可实现性。

每个实验室的具体情况不同，方针和目标也不同。方针和目标的制定必须根据实验自身情况，考虑当前及长期发展规划、实验室的资源和服务对象、上级组织的方针和目标、目标的可执行性和可评价性、开展实验室活动的情况等。举例说明，屠宰企业的非洲猪瘟自检实验室（以下简称实验室 A）与疫控系统省级实验室（实验人员有感染人兽共患病的风险，以下简称实验室 B），虽然同为生物安全二级实验室，但实验室自身情况、其所开展的相关活动对操作者的风险等情况不同，管理目标不同。实验室 B 的管理目标常包含职业疾病感染率等相关指标，实验室 A 的管理目标可为实验室环境中非洲猪瘟病毒核酸阳性率等反映感染因子是否外泄的指标。

**3. 识别过程、确定控制对象** 在准确掌握和理解生物安全管理体系的概念内容、方法手段，并制定了方针、目标的情况下，实验室需要基于自身情况，充分识别过程，确定控制对象。虽然各个实验室生物安全管理体系模式，均由规划工作、生物安全风险评估、实施生物安全管理措施、审查改进的PDCA 循环来实现持续改进（WHO《生物安全程序管理》，2020），但是每个实验室的实验活动、面临的生物安全风险、应采取适宜的生物安全管理措施是各不相同的。这就需要实验室经过调查分析，应用系统学的方法考虑问题，并做好风险评估，确定需要控制的要素。

**（二）组织结构确定和资源配置**

**1. 组织结构** 建立层次清晰、分工和从属明确的组织管理体系是制定、执行、评价和修改实验室生物安全管理体系的组织保证。实验室应根据自身的实际情况，合理设置组织机构。其原则是必须有利于生物安全工作的顺利开展、有利于生物安全管理工作的衔接、有利于机构职能的发挥。实验室生物安全管理组织机构应包括：

（1）实验室设立单位法人（最高管理者）。最高管理者负责任命实验室负责人、成立生物安全委员会、为实验室提供资源保证，并通过生物安全委员会监督考核实验室负责人的管理工作。对实验室具有决策权和支配权。

（2）生物安全委员会。实验室设立单位应成立生物安全委员会，负责咨询、指导、评估、监督实验室的生物安全相关事宜，为管理层决策提供技术支撑。

（3）实验室负责人。实验室负责人全面负责实验室运行和管理工作，对实验室生物安全负责。

（4）生物安全负责人。生物安全负责人具体负责实验室生物安全管理工作，落实生物安全有关事宜，处理生物安全相关事件，阻止不安全的行为或活动。

（5）技术负责人。技术负责人对实验室科研检测等实验活动及其相关的生物安全负责，是技术管理层的核心成员。

（6）综合保障负责人。根据实验室设施和设备的复杂程度，实验室规模不同，综合保障团队大小不同。综合保障负责人负责带领保障团队管理实验室的设施和设备，保障其正常运行。

（7）项目负责人。项目负责人对实验室开展的具体实验活动项目负责，带领团队按照管理体系的要求，在保证生物安全的前提下，高质量完成实验活动，取得满意结果。

实验室通常的组织结构配置示意见图 4-2。

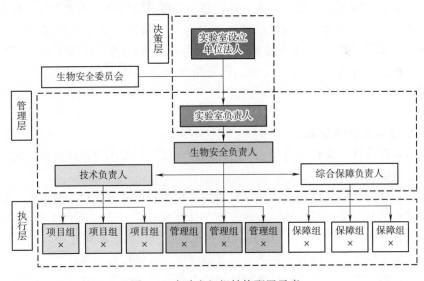

图 4-2 实验室组织结构配置示意

**2. 资源配置** 资源包括人员、设施、设备、资金、技术和方法等。资源是实验室建立管理体系并实现方针和目标的必要条件。资源的配置以满足要求为目的，不应过度，但应考虑发展的需求。实验室应首先根据自身工作的特点和规模确定所需要的资源，并由管理层全面负责，确保实验室运作质量所需的资源。实验室应对竞争的激烈性和标准、技术、设备等发展的迅速性有充分认识。

（1）人力资源。人力资源是资源提供中首先要考虑的，因为所有工作都是靠人来完成的。管理层应根据体系各工作岗位、实验活动需求，选择能够胜任的人员从事该项工作。

（2）物质资源。物质资源是实验室安全开展工作的基本保证。动物病原微生物实验室对于设施设备的生物安全防护有特殊要求，应予以足够的重视。同时，应为实验室的技术活动提供满足标准、规程要求的基础设施条件和仪器设备，以及供应品和支持性服务设施。

（3）能力资源。实验室活动离不开过程和方法，相应的技术能力也是实验室正常运行并取得满意结果的重要资源。

**（三）体系文件编制**

**1. 文件层次结构**　实验室通过编制体系文件实现管理体系文件化。管理体系文件的作用是便于沟通、统一行动，有利于管理体系的实施、保持和改进。

管理体系文件一般分为 4 个层次：管理手册、程序文件、作业指导书和记录表单等。管理手册是第一层次文件，是一个将准则转化为本实验室具体要求的纲领性文件。管理手册的精髓就在于有自身的特色。程序文件是第二层次文件，是描述实施管理体系要素所涉及的各职能部门的活动和实施过程的文件。作业指导书是第三层次文件，它是指导开展具体工作的更详细的文件。记录表单是第四层次文件，记录表单提供了记录的格式，规定了记录必要的内容。

**2. 文件的基本要求**

（1）符合性。文件应符合相关方的要求和规定，如国家法律法规、国家标准、主管部门的要求等。

（2）适宜性。文件应与实验室自身情况相适宜，应可执行、可操作。特别需要提示的是，文件对体系的描述，须与体系的需求一致。WHO《生物安全程序管理》（World Health Organization，2020）列举了不同复杂程度的实验室、不同生物安全管理程序的适当的复杂程度，可供读者参考。

（3）系统性。实验室应将管理体系的全部要素、要求和规定，系统地、全面地、有条理地制定成管理体系文件；所有文件应按规定的方法编辑成册。

（4）协调性。体系文件的所有规定应与实验室的其他管理规定相协调；体系文件之间应相互协调、相互印证；体系文件之间应与有关技术标准、规范相互协调；应认真处理好各种接口，避免不协调或职责不清。

**3. 管理手册** 生物安全管理手册是实验室安全活动的纲领性文件，需将法律法规、标准转化为本实验室生物安全管理要求，既要保证对准则的符合性，又要保证对本实验室的适宜性。管理手册的核心是对方针、目标、组织机构及管理体系组成要素进行描述。生物安全管理体系组成要素描述应覆盖《病原微生物实验室生物安全管理条例》和《实验室 生物安全通用要求》（GB 19489—2008）的全部要素及要求。对某一具体要素描述，应在有关的程序文件的基础上摘要形成，不应与程序文件相矛盾。

**4. 程序文件** 生物安全管理程序应形成书面文件，以便于对生物安全管理体系所涉及的关键活动进行连续和有效的控制。生物安全管理程序文件是生物安全管理体系的支持性文件，也是生物安全管理手册的展开和具体落实，应明确活动中的资源、人员、信息和环节等，也就是要明确活动的目的、范围，谁来做，做什么，怎么做，何时何地做，以及如何对活动进行控制和记录等。

**5. 作业指导书** 作业指导书是用来指导员工开展某一具体过程或某项具体活动的文件。作业指导书是管理体系文件的组成部分，它既是管理手册、程序文件的支持性文件，也是对管理手册和程序文件的进一步细化与补充，它比程序文件规定的程序更详细、更具体、更单一，而且更便于操作。作业指导书涉及各方面实验室活动，包括实验操作、设施设备使用、生物安全管理等。编写作业指导书时，应尽量详细，说明使用者的权限及资格要求、活动目的和具体步骤等，以保证操作的可重复性和一致性。风险评估报告和安全手册也属于作业指导书。

**6. 记录表单** 记录是阐明所取得的结果或提供所完成活动的证据性文件，记录应具有可追溯性。为了保证记录的充分性、有效性、可追溯性，在编制体系文件时，实验室应将记录的格式固定下来，并对记录表式（记录的格式）进行控制，以保证记录表式中信息的充分性。实验室工作人员应该使用现行有效的记录表式记录实验活动。不应随意修改记录表式中的固定信息，当记录表式需要修改时，如增加相关栏目信息，应执行文件修改程序。需要指出的是，记录表式本身是受控文件，已填写的存档记录不是受控文件。

### （四）体系试运行与完善

实践是检验真理的唯一标准。管理体系文件编制完成后，管理体系将进入试运行阶段。其目的是通过试运行，考验管理体系文件的有效性和协调性，并对暴露的问题采取改进措施和纠正措施，以达到进一步完善管理体系文件的目的（孙大伟，2013）。试运行一般步骤与要求如下：

**1. 编制试运行计划** 实验室应编制体系的试运行计划，合理安排试运行过程中的各项工作，包括体系文件的批准发放、体系文件宣贯及相关培训、开展模拟实验、组织安全检查、组织内审、组织管理评审、完善体系文件。

**2. 文件批准发放**　所有体系文件均应按照文件控制程序的要求进行审核批准，按照批准的范围进行发放。

**3. 体系文件宣贯及相关培训**　按照岗位职责要求，对管理人员、执行人员、操作人员等进行管理体系文件宣贯及相关培训，包括本实验室生物安全管理体系文件介绍，本实验室生物安全管理手册、程序文件、作业指导书要点，试运行应注意的问题，试运行记录要求。

**4. 开展模拟实验**　开展的模拟实验应具有代表性，能代表本实验室将要开展的所有实验活动的技术类别、所使用的实验动物等。能够真实反映将要开展的所有实验活动存在的生物安全风险。

开展的模拟实验应全面覆盖所有工作人员、全面覆盖所有设施和场所。

**5. 安全检查、内审和管理评审**　试运行期间，至少进行一次安全检查、内审，安全检查可与内审同时进行。按照《病原微生物实验室生物安全管理条例》和《实验室　生物安全通用要求》（GB 19489—2008）制定审核计划、审核清单、审核报告、不合格项的跟踪和监督等有关活动记录及文件，同时至少安排一次管理评审，以评价体系的有效性和适用性。此外，为了使问题尽可能地在试运行阶段暴露无遗，除组织安全检查、内审和管理评审之外，实验室应鼓励工作人员在试运行实践中，发现和提出问题，以便采取纠正措施，完善管理体系。

**6. 完善体系文件**　试运行期间体系文件修改、补充、完善是边运行、边修改的，应保存好文件修改记录，做好管理体系文件动态管理工作。

# 第三节　管理体系的运行与评估

在管理体系建立并运行的同时，实验室也必须建立自身的评价机制，对所策划的体系、过程及其运行的符合性、适宜性和有效性进行系统的、定期的评价，从而保证管理体系的自我完善和持续改进，并最终实现管理方针和目标。

体系运行从计划开始，安全检查的目的是在日常运行中及时发现并纠正偏差，内审与管理评审是评价体系是否达到目的和寻找改进方向的重要环节，最终实现体系的自我完善和持续改进。

## 一、安全计划

毛泽东在著名的《论持久战》一文中曾指出："'凡事预则立，不预则废'，没有事先的计划和准备，就不能获得战争的胜利。"战争如此，日常生活和工作中的事情也如此。特别是一个多要素构成的复杂生物安全管理体系，要保持系统协调、确保安全，做好计划并有效执行是必要条件。

在管理学中，计划具有两重含义：一是计划工作，是指根据对组织外部环境与内部条件的分析，提出在未来一定时期内要达到的组织目标以及实现目标的方案途径；二是计划形式，是指用文字和指标等形式所表述的组织以及组织内不同部门和不同成员，在未来一定时期内关于行动方向、内容和方式安排的管理事件。所以，计划离不开内容和目标。完整的计划工作包括5个阶段：第一，启动阶段，相当于计划的策划和准备，这个阶段的重点是形成整体构架，初步确定目标；第二，计划阶段，确定计划的全部内容，明确各分任务和整体计划的目标及可衡量的关键成果；第三，执行阶段，即按程序实施计划中的每一项任务，具体由各任务的责任人落实；第四，监控阶段，需要有部门或人员对任务的实施情况（包括工作进度和完成质量等）进行监督，出现没有按计划完成任务的异常情况要及时调整策略或制定相应的应急计划来进行补救；第五，收尾阶段，包括阶段性工作计划执行情况的评价，重点则是对整个计划的复盘总结，为下一年度的计划提供参考。

## （一）安全计划制定

安全计划的制定涉及前述的启动阶段和计划阶段，需要掌握6个原则。第一，作为计划的内容，任何一个目标一定要明确具体，所有工作人员都能明白。第二，计划中的每一项任务需要确立可衡量的关键成果作为指标，要尽可能包含数量、质量、时间和成本四大维度。第三，计划所确定的目标是可实现的，既是根据工作任务需求出发的，也是根据每个人的能力确定的，以最大限度激发全体工作人员的积极性。第四，计划所包含的内容是可操作的，通常不应超出体系的范围，有规定的方法可实现。第五，计划必须有时间界限，一定要在规定的时间内完成。第六，计划是可以调整的，当客观情况发生变化或者出现不可预知的情况时，可以按照计划制定的流程，对其实施修订。

安全计划的制定、安全计划的内容和安全计划的执行，都可以遵循6W2H的八何法则，即What（何事：工作的内容和达成的目标）、Why（何故：做这项工作的原因）、Who（何人：负责人以及参加工作的具体人员）、When（何时：在什么时间、花多少时间工作）、Where（何地：工作发生的地点）、Which（何法：采用哪一种方法或途径）、How（何如：具体进行的过程）、How much（何量：需要多少费用）。

《实验室 生物安全通用要求》（GB 19489—2008）明确了安全计划应包括的19个方面，实验室应在管理手册中规定安全计划制定、执行、监督的政策和要求，并制定安全计划制定、审批、实施和检查的程序。程序应以实验室的组织结构和实际工作范围为基础，以国家标准要求的19个要素以及实验室的实际需求为考虑对象，按照 6W2H 八何法则，规定各要素计划以及总体计划制定的流程和要求，来确保所制定的计划对实验室工作具有指导意义。实验室安全负责人负责制定实验室整体的年度安全计划，需要时可将各要素的计划分配给相应领域的负责人制定，安全计划应经过管理层的审核与批准，并应根据工作需要通知或告知全体员工。

下面的图框简要阐述了国家标准关于安全计划应包括的 19 个要素的相关要求。

---

简要阐述年度工作任务和计划、相关负责人，列出工作任务清单。重点是明确实验室的年度工作量，以利于一系列具体工作的安排。

**a. 安全和健康管理目标**

在实验室前期运行的基础上确立年度安全和健康管理目标，只要可能，指标要具体、可量化。每年的安全与健康管理目标不得与中心长期的管理方针和目标相冲突，要能够体现持续改进。

**b. 风险评估计划**

应涉及对年度工作的风险评估、有关变更（包括实验室设施、设备、人员、活动等的变化，以及政策、法规、标准等的变化）的风险评估、实验室运行结果（特别是事件、事故）的风险评估，以及对所批准风险评估报告的重新审核。列出具体的清单，明确评估的项目、时间、责任人。

**c. 程序文件与标准操作规程的制定及定期评审计划**

应根据年度工作安排，做出是否涉及程序文件与标准操作规程制定的计划，并列出清单，明确时间和责任人。对于所使用的技术文件，应有定期评审的计划。

**d. 人员教育、培训及能力评估计划**

已上岗人员的教育、培训及能力评估计划，列出清单，明确项目、时间、参加人员、责任人。

新上岗人员（含长期离岗、下岗后再上岗人员）的教育、培训及能力评估计划，列出清单，明确项目、时间、参加人员、责任人。应根据年度工作安排，预测实验室活动对新上岗人员的需求。

要针对不同岗位、不同需求制定培训及能力评估计划。

**e. 实验活动计划**

根据年度工作安排，详细列出实验室全部活动计划，包括各核心工作间的活动清单、时间表、责任人。注意工作量应有适当预留，以有效应对突发事件。

---

**f. 设施设备校准、验证和维护计划**

根据实验室设施设备运行、使用情况和国家关于实验室生物安全防护设备定期验证的要求，确定该年度设施设备校准、验证和维护计划，列出清单，明确项目、时间、责任人。为尽量减少对实验室工作的影响，应系统考虑设施设备进行校准、验证和维护的时间。

**g. 危险物品使用计划**

根据实验室前期运行经验和年度工作安排，计划该年度危险物品的使用，必要时列出使用计划清单。要充分考虑危险物品使用和管理的特殊性，如审批、权限等。

**h. 消毒灭菌计划**

根据实验室前期运行经验和年度工作安排，确定该年度消毒灭菌计划，重点关注大型消毒灭菌活动（如更换过滤器前的消毒灭菌以及实验室终末消毒等），以及消毒灭菌设施设备的验证情况。

**i. 废物处置计划**

根据实验室前期运行经验和年度工作安排，计划该年度的废物处置，包括与专业公司的合同等。

**j. 设备淘汰、购置、更新计划**

根据实验室年度工作安排以及设施设备的运行、使用情况，确定该年度设备淘汰、购置、更新计划，列出清单，明确项目、时间、责任人。应充分考虑设备采购的手续和时间。

**k. 演习计划**

根据实验室历年人员培训和演习情况，结合年度工作安排，确定该年度的演习计划，列出清单，明确项目、时间、参加人员、责任人。

演习要覆盖消防、自然灾害、溢洒、人员暴露、人员意外伤害、设施设备失效等各种情况，应有计划地覆盖应急预案的全部内容。

**l. 监督及安全检查计划**

根据实验室监督及安全检查程序的要求，并结合实验室前期运行经验和年度工作安排，制定该年度监督及安全检查计划，必要时列出清单。对于检查程序没有明确规定的检查，应列出每一次的项目、时间、责任人。

**m. 人员健康监督及免疫计划**

根据实验室人员健康监督及免疫程序的要求，并结合实验室前期运行经验和年度工作安排，制定该年度人员健康监督及免疫计划，必要时列出清单，明确相关人员、时间、项目、责任人。

**n. 审核与评审计划**

根据实验室内审、管理评审程序的要求，并结合实验室前期运行经验、年度工作安排以及外部评审计划，制定该年度审核与评审计划，必要时列出清单，明确时间和责任人。

**o. 持续改进计划**

根据实验室前期运行经验和该年度工作安排，按照持续改进程序的要求，提出该年度的持续改进计划。

**p. 外部供应与服务计划**

根据实验室前期运行经验和该年度工作安排，结合实验室库存情况，提出该年度的外部供应与服务计划，必要时明确责任人和项目时间表。要充分关注对外部供应与服务的评价结果。

**q. 行业最新进展跟踪计划**

根据实验室前期运行经验和该年度工作安排，提出该年度的行业最新进展跟踪计划，明确不同领域的责任人。行业最新进展有可能对实验室工作产生重大影响，在制定年度安全计划时要充分考虑这一点，需要时采取适当的预防性措施。

**r. 与生物安全委员会相关的活动计划**

制定生物安全委员会全年活动计划，明确具体项目、时间。要充分考虑生物安全委员会相关活动的可实现性。

**s. 年度安全计划及执行情况一览表**

列出上述各项计划的名称、具体内容（项目、时间、责任人等信息），并预留执行情况一栏，记录计划执行、检查和应对情况。

## （二）安全计划评估

安全计划的执行情况，本质上就是实验室的运行情况。对安全计划的评估，一方面，反映了实验室运行情况；另一方面，为制定下一年度安全计划提供参考。此外，金无足赤，人无完人，计划也不是一成不变，必要时需要修改和调整，这也需要在评估的基础上进行。因此，评估对于计划的执行、计划的修改、计划的完善以至于最终实现计划目标都是至关重要的。

如何进行安全计划评估需要在安全计划的执行程序中规定清楚，包括由谁做、何时做、如何做等。安全计划评估通常包括自评估、监督评估和综合评估。

自评估主要是由负责安全计划的人员对安全计划的执行情况进行及时评估，督促相关部门对安全计划的执行，记录安全计划的执行结果，存在异常时及时向管理层反映情况以便及时采取措施，可以采用上述框图中最后一项"年度安全计划及执行情况一览表"来实施。

需要时，实验室可以建立监督评估的机制，设立专人对安全计划的执行情况进行监督，并及时对安全计划是否需要修改和调整做出评估，在安全计划范围具有"独立第三方"的性质。监督评估需要建立在明确运行机制的基础上，且有明确的程序，不能干扰和影响安全计划的执行。

综合评估的主要目的是完善和提高。对年度安全计划的执行情况进行总体分析和评估，从安全计划的政策和程序、安全计划的制定和执行、安全计划执行的效果等全方位进行评估，一方面，使安全计划相关体系文件更加完善；另一方面，使安全计划相关人员的能力不断提升，最终使安全计划工作本身持续改进、结果更加贴近目标。

## 二、安全检查

实验室安全检查是对实验室贯彻落实国家法律法规标准情况、实验室客观条件、实验室运行状况以及事故隐患等所进行的检查。通常3种要素会造成事故，即物的不安全状况、人的不安全行为和管理上的缺失。安全检查的目的就是通过检查发现安全隐患，预知安全风险，把安全隐患提前找出来并进行改善。实验室应该制定安全检查的政策和程序，并有效执行。

### (一) 安全检查类型

实验室的安全检查包括自我检查和监督检查、日常检查和定期检查、局部检查和系统检查、内部检查和外部检查等。不同检查的特点不一样，总体都是为了保证安全。实验室应综合利用不同的安全检查方式，识别不安全要素并加以完善。

自我检查要求工作人员在工作期间对自身工作的完成情况实施检查。例如，实验室工作开始前对设施设备状态的检查，实验室的压力状况是否满足要求、设备是否完好等；实验室工作进行中对设施设备监控指标的检查，安全柜运行监控指标是否正常、离心机是否有异常响动等；实验室工作结束时的离场检查，包括清场是否符合要求、仪器设备是否关闭电源等。监督检查是实验室设立专人对指定的检查项目进行常规检查，检查内容包括危害辨识，重点在于检查实验室的物理状态是否符合要求，以及安全行为观察，重点检查实验室工作人员的行为是否符合规范。

自我检查和监督检查均应纳入实验室的日常检查范围，成为一项常态化的工作。此外，根据检查目的不同、检查领域和对象不同，实验室还需要针对局部检查和系统检查制定定期检查制度。《实验室　生物安全通用要求》规定，实验室每年应至少根据管理体系的要求系统性地检查一次，而对于关键控制点，则需要根据风险评估报告适当增加检查频率。

实验室安全风险的预知、安全隐患的发现和排除，应该基于自身的安全检查，而不能寄希望于外部检查。外部的评审活动不能代替实验室的自我安全检查。外部检查或外部评审的作用是促进和补充。

## （二）安全检查方法

**1. 危害辨识**　通俗地讲，危害辨识就是查隐患。重点在于检查物理状态，包括设施、设备的配置、状态和性能指标是否符合国家法律、法规、标准的要求，个人防护用品、卫生消毒用品、实验活动材料等的存储、配置、效期、性能指标等是否符合要求。检查可能导致安全事故的危险源是否采取了有效的安全防护措施、安全防护设施是否运转正常等。

为保证检查工作的质量，应依据事先制定的适用于不同工作领域的核查表实施检查。安全检查所使用的核查表应注意以下几点：第一，核查表内容要重点突出、简繁适当、抓住最主要的东西，以避免"捡了芝麻而丢了西瓜"。第二，核查项目要针对被检查对象的不同而有所侧重，抓住特点，避免重复。第三，核查表的参数要适应实验室运行状况的变化，及时修订、完善。第四，也是最重要的，核查表内容要覆盖可能造成事故的一切不安全因素，以确保各种不安全因素能够及时被发现并即时消除。

部分实验室在建立体系之初，仅将《实验室　生物安全通用要求》中安全检查需要实现的 11 个方面作为核查要素，而没有就"设施设备的功能和状态正常"进行展开，明确哪些设施设备需要检查、功能和状态正常的指标是什么。

**2. 安全行为观察**　安全行为观察就是观察实验室工作人员是否存在不遵守作业指导书、不遵循管理程序、安全处置行为不当等情况。此外，需要观察实验室工作人员实际工作行为的熟练性、准确性。重点观察危险性大的岗位和操作，如生物安全柜内的操作、病原微生物样本处理、动物实验、废弃物处置等。

安全行为观察是人与人之间的互动，要保持平等、探讨的态度，切忌居高临下、盛气凌人。安全行为观察应该是一种客观的评价，目的依然是发现隐患、消除隐患，而不是以奖罚为目的。安全行为观察时应注意观察工作的全过程、全方位，边观察、边思考所发现的问题。观察时不能只看问题，还要想问题背后的原因，思考改进的方法，只有找到了切实可行的方法，才能从根本上解决问题。观察后要注意讨论和交流，从双方的立场来认识问题、分析问题，从而找到解决问题的最佳方法。观察的结论要有问题、有肯定、有表扬，指出问题是为了解决问题，充分肯定有助于固化工作人员的正确工作行为，并保持充分的积极性，表扬既是一种礼貌，也有利于安全行为观察的持续开展。

**3. 安全检查的频度** 根据安全检查的具体内容，其频度要求不一样。每天或每次实验室活动结束后进行实验活动工作环境的安全检查，是每次工作后都需要进行的。而整体实验室环境，包括设施设备状态，则需要根据实际情况制定适宜的安全检查表，以维持实验室的持续安全状态。

此外，设施设备的检查和维护是分不开的。以下关于生物安全柜的定期检查、维护要求可以说明不同检查项目对于频度的要求。

每天（即每次使用）的检查、维护：

（1）外观正常，安全柜内工作区域做好清场，整体整齐、清洁。安全柜使用完毕后进行表面消毒处理。

（2）能够正常开机，没有报警。运行状态下没有异常响动，没有异味。

（3）监控操作窗口气流向内（有条件的可以监控风速）。

每周的检查、维护：

（1）上述每天工作中的检查项目。

（2）积液槽的消毒、检查、清洁。

（3）排风槽俘获孔处残留物质的消毒、检查、清理。

每月的检查、维护：

（1）上述每周工作中的检查项目。

（2）外部表面检查、清洁，尤其是安全柜的正面和上部。

（3）检查所有维护配件的合理使用情况。

每季度的检查、维护：

（1）上述每月工作中的检查项目。

（2）照明灯和紫外线灯的检测，必要时更换。

（3）不锈钢表面的彻底清洁，以保持表面的光滑美观。

每年的检查、维护：

（1）上述每季度工作中的检查项目。

（2）生物安全柜的年度维护检验。外观、性能（高效过滤器完整性、下降气流流速、流入气流流速、气流模式）。

**4. 安全检查的实施** 实验室的安全检查应遵循相关程序的要求。一般分为以下4个步骤：

（1）检查准备。应针对不同类型的检查准备检查材料，按计划进行检查。应提前准备监督检查记录表，记录检查情况。对于系统检查等较为复杂的检查，检查表应包括科学规范的检查要点。

（2）检查实施。实施检查时，应做好检查记录。仔细观察物理状态，尽力识别安全隐患、辨识危害，如果检查发现很有可能造成感染事件或其他损害的情况时，应立即终止实验室活动并报告；客观、公正、平等地进行安全行为观察，通常应不干扰正常工作的进行。要建立安全检查责任制，避免走过场的无效检查。

（3）问题汇总。检查的目的是发现问题、解决问题。应对检查出现的问题和隐患进行汇总分类，便于统计和分析，有助于发现系统问题并解决问题发生的原因，有助于发现问题的趋势并采取预防措施。

（4）处理建议。安全检查过程中发现的不符合工作，可指出不符合项，要求相关人员整改，消除不符合项。可提出一些简单的处理建议，便于被检查方采取纠正措施或预防措施。

### （三）安全检查评估

安全检查是发现不符合项的重要环节，是评估管理体系符合性、有效性的重要手段。

**1. 安全检查有效性的评估**　某项安全检查的有效性可通过其他安全检查、内审等活动进行评价。例如，可通过监督检查对日常检查的有效性进行评估，如对某生物安全二级实验室下班后进行监督检查，重点监督日常检查工作的落实情况。日常检查工作包括下班后水、电、设备设施（除冰箱以外）的关闭情况，化学试剂的存放情况等。日常检查发现问题，需要分析原因采取纠正措施。

在实际工作中，应避免检查工作走过场，走马观花，不认真识别风险、危害，检查记录上无不符合项，但内审出现大量不符合项的情况。

**2. 安全检查结果**　安全检查本身是评估管理体系符合性、有效性的重要手段。实验室应对安全检查发现的不符合项进行整改，主动完善管理体系。应对安全检查出现的问题和隐患进行统计分析，从而发现一些趋势并采取预防措施，实现管理体系持续改进。

## 三、内部审核

审核是为获得客观证据并对其进行客观的评价，以确定满足审核准则的程度所进行的系统的、独立的并形成文件的过程（GB/T 19000—2016）。内部审核（以下简称"内审"）的性质是第一方审核，由单位自己或以单位的名义进行，用于管理评审和其他内部工作，可作为单位自我合格声明的基础。内审是在管理体系运行过程中实验室进行自我诊断、自我提高、自我完善的过程，是保障管理体系运行符合性的重要活动。

### （一）内审的实施

**1. 内审的基本要求**　《实验室　生物安全通用要求》（GB 19489—2008）对内审提出了明确要求。在建立管理体系时，应建立内审程序，对内审工作本身的目的、要求、步骤做出具体、严格的规定，以保证内审顺利实施，并达到内审的效果和目的。内审程序是指导相关人员有效开展内审活动的重要指导性文件。

涉及生物安全管理体系的内审应由生物安全负责人安排、组织和实施。内审的执行者（内审员）应经过培训，并具备能力，具备必需的技术知识、管理知识、审核技巧等。同时，要求内审员独立于被审核的工作，以保证内审的公正、客观和有效。

正常情况下，应按不大于 12 个月的周期对管理体系的每个要素进行内审。内审应覆盖所有要素和所有工作场所。通常每个工作年度开始前的年度安全计划中，应有预先设定的内审时间和内容安排，每次内审前需要进行详细的策划，包括具体日程、人员，内审所涉及的要素、部门及活动等。内审过程中发现的不足或需要改进之处，应采取适当的措施，并在约定的时间内完成。内审完成后，应形成内审报告，内审报告应提交管理评审。

**2. 内审的过程**

（1）年度审核计划。如安全计划部分所述，实验室应根据内审程序的要求，并结合实验室前期运行经验、年度工作安排以及外部评审计划，制定该年度审核计划，并明确时间和责任人。审核方式分为管理体系全过程审核及管理体系要素审核，管理体系全过程审核每年至少安排一次，制定的年度计划应覆盖管理体系涉及的全部要素和所有部门。当出现以下特殊情况时，应增加审核频次：①管理体系有重大变更或机构和职能发生重大变更；②安全检查发现存在严重不符合项；③出现影响较大的事件或安全事故；④需要时，在外部检查、评审前。

（2）内审策划。①内审组织。生物安全负责人负责依据管理层的要求及实验室实际情况完成每一次内审的组织工作，组建内审组，任命内审组长，明确本次内审的目的、范围、内容和要求。在组织内审工作中，除应考虑满足内审的基本要求之外，还应充分考虑内审有效性的落实。一般情况下，对于运行多年的实验室，为了预防出现内审记录雷同、内审记录改期打印、内审工作流于形式的情况发生，生物安全负责人编制内审计划时，往往对同一部门、不同年度安排不同内审员，以确保内审工作的有效性。内审组长可由生物安全负责人担任，也可由生物安全负责人指派经验丰富的内审员担任。②内审实施计划。内审组长根据内审程序的要求编制内审实施计划，内容包括审核目的、审核范围、审核依据、审核组成员、审核日程及时间安排、编制人及批准人等。

（3）内审检查表。内审检查表编制的好坏直接影响内审实施的质量，因此在整个内审中至关重要。内审前，由内审员根据分配的审核任务编制检查表，内审组长批准。内审检查表应满足记录格式的要求，信息可包括序号、准则条款要求、检查要点、检查内容、检查结果、备注等。内审检查表中审核内容要依据受审部门的职能编制，要突出审核区域的主要职能；采取的审核方式和方法（查、问、听、看）要恰当；要选择典型的关键问题（如上次审核的有关信息、管理上的薄弱环节，曾经检查发现的问题等）作为重点进行编制。检查表使用一段时间后可以形成相对稳定的内容，作为标准检查表，为以后内审提供参考。为了保证内审范围覆盖全部要素和所有部门，标准检查表可以在法规、标准的基础上进行转换；为了保证内审检查表具有可操作性，可以把法规、标准内容转化为适于本实验室的检查要点。过于简单的内审检查表往往不能清晰、完整、准确、客观地记录内审活动。

（4）首次会议。现场审核前由内审组长主持召开首次会议，内审组全体成员、受审核部门负责人及相关人员参加，与会人员须签到。首次会议内容包括向受审核方负责人介绍内审组成员及分工；说明审核目的、范围、依据、所采取的方法和程序；宣读审核实施计划及解释实施计划中不明确的内容；内审组与受审核部门取得正式联系。

（5）现场审核。内审员按照审核实施计划、内审检查表规定的检查内容，通过交谈、查阅文件和记录、现场检查、调查验证等方法收集客观证据并逐项实事求是地记录。记录应清楚、易懂、全面，便于查阅和追溯；记录应准确、具体，如文件名称、记录编号、设备信息、场所信息和工作岗位等。审核时，审核员应及时与被审核方沟通和反馈审核中发现的问题，并对事实证据进行确认。审核中应遵循以客观事实为依据、标准与实际相符、依次递进审核和独立公正等原则。

（6）不符合项。在现场审核的后期，审核组长主持召开审核组内部会议，对在现场审核中收集到的客观证据进行整理、分析、筛选，得到审核证据。将审核证据与审核准则（也就是法律法规标准及体系文件）相比较，做出客观的判断和综合评价，形成审核报告，确定不符合项。可以根据不符合项的产生原因确定不符合项类型：①体系性不符合，即体系文件不符合《生物安全法》《病原微生物实验室生物安全管理条例》《实验室　生物安全通用要求》（GB 19489—2008）等法规标准的要求。②实施性不符合，即管理体系未按文件规定实施，没有做或过程不符合要求。③效果性不符合，即管理体系运行的效果未达到计划的目标、指标，虽然按要求做了但没有做好、没有达到需要的结果，通常需要找出原因进行改进。内审员就不符合事实、类型、结论等编制内审报告时，不符合事实的描述应具体，准确报告所观察的事实，不符合项判断依据的条款和文件要写清楚。

（7）末次会议。内审组长组织内审组及有关人员（同首次会议）召开末次会议，与会人员签到。末次会议是审核组在现场审核阶段的最后一次活动，向受审核部门、相关负责人报告审核情况。会议主要内容包括重申审核的目的、范围和依据；审核情况介绍；宣读内审报告，做出审核评价和结论；提出后续工作要求，包括纠正措施、跟踪验证及要求。

（8）不符合项纠正及跟踪验证。现场审核结束后，各部门对审核发现的不符合项和实验室体系中存在的薄弱环节，进行分析研究找出原因，制定纠正、预防和改进措施计划，明确完成日期并组织实施。内审员按计划对受审核部门所采取的纠正措施进行评审、验证，并对纠正结果进行判断、评价和记录。

（9）内审报告。内审报告是内审活动结束后出具的一份关于内审结果的正式文件，应如实反映本次内审的方法、审核过程情况、观察结果和审核结论。审核报告的内容通常包括审核的目的、范围、方法和依据；审核组成员、受审部门；审核实施情况（包括审核的日期、审核过程概况等）；审核发现问题的描述和不符合项统计分析；对存在主要问题的分析及改进意见；上次审核主要不符合项纠正情况；审核中有争议的问题及处理建议；审核结论；审核报告的批准及发放范围。

### （二）内审评估

内审是评价管理体系符合性的重要活动，如果内审活动过程不规范、流于形式，内审的有效性将大打折扣。因此，要加强内审评估，确保内审有效性，真正实现内审的目的。

**1. 内审有效性的评估**　内审活动应满足《实验室　生物安全通用要求》（GB 19489—2008）的基本要求，如内审频次、覆盖范围等。规范组织实施内审是内审有效性的重要保障。人是所有活动能否成功的最关键因素，同样内审组成员的能力和能否履责也是决定内审有效性的最关键因素。内审活动不深入、流于形式，表现为内审时间短、不能发现不符合项、不符合项避重就轻等问题，都无法保证内审有效性。有些实验室内审的目的单纯只是为了应付外审不得已而为之，必然无法达到内审的真正目的，甚至出现内审检查记录雷同、内审记录改期打印等情况时，应追究组织人员的责任，并责令相关人员重新实施内审。

为了提升实验室人员的内审能力，通常要对内审员进行专门培训。内审负责人及参与内审的人员，除了学习实验室生物安全相关的法规、标准以及实验室的管理体系文件以外，还可以学习、参考《管理体系审核指南》（GB/T 19011—2021/ISO 19011：2018）（国家市场监督管理总局，国家标准化管理委员会，2021）、《实验室内审指南》（RB/T 196—2015）（中国国家认证认可监督管理委员会，2016）等关于体系审核的专业文献。

**2. 内审的评估结论**　内审结果本身即为实验室对管理体系符合性的评估。实验室应认真对待内审不符合项，积极落实不符合项的整改。内审的结论相当于体系及体系运行合格的自我声明，内审有关情况和结果均应作为管理评审的输入。在某些特殊情况下，内审提出的不符合项可能在短期内无法整改完成（一般常见于资源配置等暂时无法满足要求的情况），则可在内审报告中实事求是地陈述管理体系存在的不足之处，并将该问题一并提交管理评审解决，促进体系的改进。

## 四、管理评审

评审是指对客体实现所规定目标的适宜性、充分性或有效性的确定（GB/T 19000—2016）。管理评审是在综合实验室内部、外部各种信息的基础上，由管理层对管理体系本身所做的一种评价活动，即最高管理者根据管理方针和目标对管理体系的适用性、充分性、有效性和效率进行定期的、系统的评价。通过管理评审，可得出管理体系是否适宜的自我评估结论，并提出应对策略（改进措施），保障体系持续有效运行。

应注意内审与管理评审的区别，以实现审核与评审的不同目的。两者的区别见表 4-1。

**表 4-1　内审与管理评审的区别**

| 项　目 | 内　审 | 管理评审 |
|---|---|---|
| 目的不同 | 验证管理体系文件及体系运行的符合性和有效性，找出并消除不符合项，必要时采取纠正措施 | 评价管理体系（包括管理方针和目标）现状的适宜性、充分性和有效性，并进行必要的调整和改进 |
| 组织者和执行者不同 | 通常由安全负责人（最高管理者代表）组织，由与被审核活动无直接责任关系的内审员具体实施 | 由最高管理者主持实施，安全负责人、其他管理层人员、各部门负责人、关键管理人员参与 |
| 依据不同 | 主要依据法规、标准（体系符合性审核）和实验室管理体系文件（体系运行符合性审核） | 主要考虑受益者（管理者、员工、社会、其他利益相关方）的期望 |
| 程序不同 | 内审员按照一套系统的方法对体系文件，以及体系所涉及的部门、活动进行现场审核，得到符合或不符合的客观证据 | 由最高管理者召集开会，研究来自体系运行各方面的信息，判定体系的适宜性、充分性、有效性，并解决相关问题 |
| 输出不同 | 对双方确认的不符合项，由被审核方提出纠正措施并实施，由审核组长编制内审报告。内审的输出是管理评审输入的重要内容 | 涉及文件修改、机构或职责调整、资源增加等，其输出包括管理体系及其运行的有效性，符合标准要求的改进，改进所需的资源和变更等 |

### （一）管理评审的实施

**1. 管理评审的基本要求**　管理评审的目的是确定管理体系及其运行结果的适宜性、充分性和有效性。在建立管理体系时，应建立管理评审程序，以确保达到管理评审的效果和目的。通常管理评审的周期应不大于 12 个月。对于运行时间较短的实验室、发生了重大变更的实验室，应适当缩短管理评审的周期。管理评审应事先进行策划，并按计划和程序实施。

管理评审的输入，即内外部的各种信息及其分析报告，对管理评审本身的质量至关重要。下面的图框简要阐述了国家标准关于管理评审应包括的 20 个输入内容的相关要求。

---

**a. 前次管理评审输出的落实情况**

可由生物安全负责人简要阐述上一年度管理评审输出（改进措施）的落实情况，是否达到改进的预期效果。

**b. 所采取纠正措施的状态和所需的预防措施**

此条内容可由生物安全负责人统一汇总本图框中 c、d、e 和 l 中采取纠正措施的状态和所需的预防措施。

**c. 管理或监督人员的报告**

安全监督人员或管理人员应总结一年来管理对象和被监督人员的总体情况，包括总体符合性、不符合情况、采取的纠正措施和预防措施等。

**d. 近期内审的结果**

应包括内审的总体情况，包括总体符合性、不符合情况、采取的纠正措施和预防措施等。当内审存在不符合项不能如期解决的特殊情况时，应在管理评审中提出，寻求改进措施。

**e. 安全检查报告**

需报告安全检查的实施情况、安全检查的结果、安全检查发现的问题等。

**f. 适用时，外部机构的评价报告**

当该年度实验室经历了外审时，应将外审评价报告作为管理评审的输入内容之一。

**g. 任何变化、变更情况的报告**

包括实验室重要岗位变更、人员变化、实验活动或检测项目的变化等内容。

**h. 设施设备的状态报告**

报告设施设备的维护维修情况、故障情况、年检情况，关键防护设备是否符合相关要求等。

**i. 管理职责的落实情况**

项目负责人或检测室科长、生物安全负责人、技术负责人等均应简述管理职责的落实情况。

---

**j. 人员状态、培训、能力评估报告**

报告人员状态包括人员的精神状态、心理状态及工作状态等；报告新老员工的人员培训情况（包括培训效果）、人员能力评估情况。

**k. 员工健康状况报告**

报告员工健康状况，重点报告与实验室开展的实验活动相关的健康指标。

**l. 不符合项、事件、事故及其调查报告**

可由生物安全负责人对不符合项、事件、事故进行统计分析，汇总其调查报告。

**m. 实验室工作报告**

各项目负责人或各科室提供各自的实验室工作报告作为管理评审报告的附件，生物安全负责人可汇总简述实验室总体工作报告。

**n. 风险评估报告**

简述风险评估报告编制、动态更新等情况。

**o. 持续改进情况报告**

跟踪验证纠正措施、预防措施的有效性，报告管理体系持续改进的情况。

**p. 对服务供应商的评价报告**

对服务供应商的评价包括当年新增服务供应商的评价、对往年合格服务供应商的年度复审。

**q. 国际、国家和地方相关规定及技术标准的更新与维护情况**

报告生物安全法律法规、标准及技术标准的更新情况，旧标准废止、新标准发放情况；报告实验室比对新旧标准后，体系文件和体系运行的相应调整情况。

**r. 安全管理方针及目标**

简述安全管理方针及目标的落实情况及其适宜性。

**s. 管理体系的更新与维持**

管理体系文件的修订、改版等情况。

**t. 安全计划的落实情况、年度安全计划及所需资源**

本年度安全计划的落实情况，下一年度的安全计划及所需资源。

实验室应认真收集、分析、归纳、总结上述信息，确保管理层掌握全面、准确、客观、有价值的数据，以得出正确结论和做出正确决策。

**2. 管理评审的过程**

（1）管理评审计划。由于管理评审的输入内容需要一定时间的准备，一般应在评审前3～4周，由最高管理者的代表编制《管理评审计划》，经批准后下发至相关部门和人员。《管理评审计划》通常包括评审目的、评审内容、评审方式、评审人员、评审时间、评审输入材料的准备（落实责任人）等。

（2）评审输入材料。评审输入材料可以不限于上述 20 个方面，最高管理者及主要管理人员可以根据实验室实际情况，适当增加管理评审应关注的内容。各部门、生物安全负责人、技术负责人等应依据《管理评审计划》关于管理评审输入材料的准备要求，提交能够反映实验室管理体系运行实际的相关材料。生物安全负责人可提前对各部门及管理人员提交的材料进行梳理，必要时要求相关人员补充管理评审输入材料，对相关负责人提出的涉及面较广、较为复杂的问题，可先将问题有关文件和资料分发给参加评审的人员，以便他们有充分的时间准备意见。

（3）管理评审会议。管理评审一般以会议形式，按管理计划进行，由最高管理者主持，各部门负责人和管理人员参加，对评审内容逐项展开充分的讨论和评价。会议应对安全管理体系及其过程的适宜性、充分性和有效性做出评价；提出安全管理体系以及实验室活动的改进意见，重点包括方针、目标是否适宜，组织机构是否需要调整，资源配备是否充足，体系文件是否需要修改，以及体系及其过程是否需要改进等；提出改进所需的资源以及改进所需的变更，以便各有关部门采取必要的措施。

（4）管理评审报告。管理评审会议结束后，由最高管理者（通常为生物安全负责人）编制管理评审报告，经最高管理者批准后下发各有关部门。管理评审报告的内容通常至少应包括评审目的、评审时间、组织人和参加评审人员、评审内容、评审结论（含评审输出内容）。管理评审报告、管理评审会议记录、管理评审输入材料等均应及时归档保存。

（5）管理评审输出的落实。各有关部门应根据管理评审输出中的改进要求，落实改进措施，并跟踪评价是否达到改进的预期效果。相关结果形成报告后，作为下一年度管理评审的输入材料。

## （二）管理评审评估

管理评审是实验室管理体系运行过程中不断进行自我评价、自我修正、自我完善的一个最重要的分析和决策过程。管理评审的有效性、管理评审的结果，对生物安全管理体系均十分重要。

**1. 管理评审的有效性评估** 管理评审材料是内审的重要内容之一，内审时应重点关注管理评审的以下内容。

（1）管理评审是否满足国家标准对管理评审的基本要求。包括是否按时开展管理评审活动（应按不大于 12 个月的周期进行管理评审），管理评审输入要素是否齐全、是否充分，管理评审会议是否由最高管理者主持等。

（2）管理评审的有效性评估。有的实验室管理评审目的不明、方法不当，仅仅是为了完成管理评审这一形式，而没有达到寻找改进方向这一目标。在实际工作中，实验室可将管理评审和实验室行政体系里的年终总结结合开展，深入梳理实验室各项工作，并在总结、分析的基础上，着力于体系的改进与完善。同时，应注意管理评审输入和输出的关联性。管理评审输入与输出的不关联往往存在两种情况：①有输入无输出。这种情况一般出现在部门负责人已识别出问题并提出了改进建议，如人力资源不足，需要增加工作人员。但管理评审报告中缺少对该问题的响应：是否确认所识别的问题，是否需要针对所识别的问题采取改进措施。②有输出无输入。该类输出往往不是基于管理评审的输入材料而得出的，缺乏依据。

**2. 管理评审的结果** 管理评审结果本身即是实验室对管理体系及其过程适宜性、充分性和有效性的评价，管理评审结果包括各项管理评审决策及管理体系的修改、预防措施的制定。如果管理评审的结果仅仅是识别出多少个不符合项，那么反映出该实验室对管理评审和内审的区别不了解，对管理评审的目的、目标不明确。实验室应高度重视管理评审的决策，促进管理体系越来越接近利益相关方对实验室的愿景。

## 五、持续改进

实验室的管理层应在日常监督、人员反馈、安全检查、内审、外部评审、管理评审等环节识别不符合项，采取纠正措施和预防措施，寻找体系的改进方向，不断提高体系的有效性和效率。

### (一) 不符合项识别与控制

不符合项是指实验室设施设备、实验活动等在任一方面或其结果不符合实验室管理体系的要求或不符合国家相关规定的要求。实验室应建立不符合项识别与控制程序，尽早、尽快地识别出不符合项，这种识别可能发生在管理体系活动的各个环节，如日常监督、人员反馈、偶然事件、仪器保养、安全检查、内审、外部审核、管理评审等。不符合项被识别出来，就要依据实验室的不符合项控制程序来解决。要先明确由谁负责，同时要对各种可能发生的情况采取适宜的补救措施；如果有可能造成损失则要暂停工作，并马上按程序报告；若已经造成损失，要评估危害的性质和程度，根据评估结果采取应急措施；要分析产生不符合项的原因和其可能的影响范围，及时采取应对措施；实验室需要针对不符合项产生的原因，进行新的风险评估，确定风险处理措施；需要通过试运行等方式，验证纠正措施的有效性，保证消除了不符合项发生的根本原因。对暂停工作的重新恢复，需要由指定的人员批准，实验室应事先规定不同类型工作审批的授权人和其责任。应记录每一个不符合项及其处理过程。

一般而言，任何事故都有先兆，对不符合项进行统计和分析，有助于发现系统问题，未雨绸缪，制止事故于萌芽状态。因此，实验室管理层要定期评审不符合项报告，以发现潜在风险并采取预防措施。

## （二）纠正措施和预防措施

纠正是指消除已发现的不符合项。纠正措施指的是为消除已发现的不符合项或其他不期望情况的原因所采取的措施。当发现不符合项或其他不期望情况的问题时，应立即纠正或采取补救措施，在纠正的同时或纠正后分析原因，采取相应的系统措施。

实验室应制定纠正措施控制程序，明确执行部门并规定相应的权力，以便在确定出现不符合项或管理体系、技术运作中出现偏离要求和程序的情况下予以执行。制定纠正措施应从确定问题的根本原因的调查开始，原因分析是制定纠正措施中最关键，有时也是最困难的部分。根本原因通常并不明显，也可能有多个，因此需要仔细分析产生问题的所有原因。只有找出根本的原因，采取适当的措施后才能防止再发生。

实施纠正措施可能会导致对原管理体系文件的修改，此时应遵循文件控制程序，按规定修订文件并经批准后发布实施。实验室应对纠正措施的实施结果进行跟踪验证和监控，以确保纠正措施的有效性。纠正措施的跟踪验证应从根本入手，主要跟踪验证有没有类似问题再发生，这可能需要实验室运行一段时间后才能进行客观的判断。如果类似问题仍在发生，就应重新分析原因或重新采取纠正措施，直到没有类似问题再发生，才能停止对该不符合项的整改。在实施纠正措施的过程中，可能会发现一些其他的潜在风险，如果发生的可能性较大，应采取预防措施。

预防措施不同于纠正措施，是针对未发生事件的主动措施，而不是对已发现问题的被动反应。如果没有科学的分析过程，预防措施就会无的放矢，不仅效果差，而且造成浪费。如果需要采取预防措施，也应遵循 PDCA 的原则，并对其效果进行评价。实验室应建立预防措施控制程序，包括启动、准备、实施与监控的程序。启动阶段可包括信息收集、信息分析、调查研究、策划、培训相关人员等，以及制定出预防措施方案，确保预防措施具有针对性并可取得预期效果。

## （三）持续改进

持续改进是提高满足要求能力的循环活动。持续改进要求实验室不断寻求对其过程改进的机会，以减少不满足相关要求的风险或适应新的要求或自我提高要求。寻求持续改进机会的意识和活动应始终贯穿于实验室的各项活动中，因此对持续改进的过程和活动须进行策划和管理。为促进持续改进，实验室应关注：

（1）通过安全方针建立一个激励改进的氛围与环境。

（2）通过安全目标明确改进方向。

（3）通过监督、检查、评审、数据分析、内审、管理评审、意见反馈、实验室间交流等不断寻求改进机会，并做出适当改进安排。

（4）通过纠正措施、预防措施以及其他适用措施实现改进。

（5）通过建立实验室的安全文化、继续教育、科研与学术活动等寻求新的改进目标。

# 主要参考文献

刘振伟，2021．构建科学合理健全的动物防疫法律制度——关于动物防疫法第二次修订[J]．中国人大，2021（7）：32-34

吕京，孙理华，王君玮，2012．生物安全实验室认可与管理基础知识　生物安全三级实验室标准化管理指南[M]．北京：中国质检出版社．

秦天宝，2020．《生物安全法》的立法定位及其展开[J]．社会科学辑刊，3（248）：134-147．

孙大伟，朱光沛，刘卓慧，等，2013．实验室资质认定工作指南[M]．北京：中国计量出版社．

孙佑海，2020．生物安全法：国家生物安全的根本保障[J]．环境保护，22（48）：12-17．

张益昭，张彦国，姜海，等，2004．对有关生物安全实验室规范的理解和体会[J]．建筑科学，6（20）：8-13．

Government of Canada，2015．Canadian biosafety standard（2nd ed.）[EB/OL]．https：//www. canada. ca/content/dam/phac-aspc/migration/cbsg-nldcb/cbs-ncb/assets/pdf/ cbsg-nldcb-eng. pdf[2021-10-7]．

United States Department of Health and Human Services/Centers for Disease Control and Prevention/National Institutes of Health，2020．Biosafety in microbiological and biomedical laboratories，6th ed[EB/OL]．https：//www. cdc. gov/labs/pdf/CDC-BiosafetyMicrobiologicalBiomedicalLaboratories-2020-P. pdf[2021-10-7]．

World Health Organization，2006．Biorisk management：Laboratory biosecurity guidance[EB/OL]．http：//www. who. int/entity/csr/resources/publications/biosafety/WHO ＿ CDS ＿ EPR ＿ 2006 ＿ 6. pdf？ua＝1[2021-10-7]．

World Health Organization，2020a．Laboratory biosafety manual，4th edition[EB/OL]．https：//www. who. int/publications/i/item/9789240011311[2021-10-7]．

World Health Organization，2020b．Laboratory biosafety manual，4th edition：Biosafety programme management[EB/OL]．https：//www. who. int/publications/i/item/9789240011434[2021-10-7]．

World Organisation for Animal Health，2018. Manual of diagnostic tests and vaccines for terrestrial animals[EB/OL]．https：//www. oie. int/en/produit/manual-of-diagnostic-tests-and-vaccines-for-terrestrial-animals-2018/[2021-10-7]．

# 动物病原微生物实验室标识管理

标识是用以表达特定信息的指示，一般由图形符号、安全色、几何形状（边框）或文字构成。按使用功能分，动物病原微生物实验室的标识可以分为两大类：一类是质量控制标识，如用于动物疫病检测的设备校准或检定状态标识，《检测和校准实验室能力的通用要求》（ISO/IEC 17025：2017）第 6.4.8 条款规定，"所有需要校准或具有规定有效期的设备是否使用标签、编码或以其他方式标识，使设备使用人方便地识别校准状态或有效期"。这类标识的有效使用，可以对设备等影响研究检测结果质量的因素进行实时控制，确保检测数据的良好溯源。另一类是安全状态控制标识。《检测和校准实验室能力认可准则》在微生物检测领域的应用说明中对病原微生物实验室提出了明确标识要求。《实验室　生物安全通用要求》（GB 19489—2008）对生物安全实验室的标识系统进行了更加详细的规定，要求实验室应将用于标示危险区、警示、指示、证明等的图文标识作为管理体系文件的一部分，纳入实验室运行管理。因此，动物病原微生物实验室在管理体系建立和运行过程中，应结合持续性风险评估工作主动识别标识系统需求，建立实验室标识系统规范设置、制作、应用和管理的良好政策及程序，避免因标识问题带来的实验室质量控制和安全管理风险隐患。本章重点从实验室生物安全角度，对动物病原微生物实验室常使用的标识类型、设置和制作原则以及使用和管理要求进行阐述。

## 第一节　动物病原微生物实验室标识的类型

实验室标识是在实验室出入口及实验室内的设施、设备上用以表达特定安全信息的标识，包括生物危害、火险及易燃、有毒、低温等安全提示。实验室应根据实验室生物安全级别、设施设备配置状况、风险源以及风险管理的要求设置适宜的标识。标识通常由图形符号、安全色、几何形状（边框）或文字构成。设置时，既不能过于烦琐，也不能过于单一或缺失。动物病原微生物实验室根据操作病原微生物危害程度的不同，可以分为 BSL-1/ABSL-1、BSL-2/ABSL-2、BSL-3/ABSL-3 和 BSL-4/ABSL-4 四个级别。实验室运行管理过程中，除了重点关注生物安全风险外，还应考虑化学、物理、辐射、电气、水灾、火灾、自然灾害等风险。涉及的危害包括生物危险、有毒有害、腐蚀性、辐射、刺伤、电击、易燃、易爆、高温、低温、强光、振动、噪声、动物咬伤、砸伤等。为防止这些危害发生，实验室通常使用的标识有警告标识、禁止标识、指令标识和提示标识四大类型。

## 一、警告标识

警告标识是提醒人们对周围环境或操作引起注意，以避免可能发生危害的图形标识。警告标识的基本形式是正三角形边框。动物病原微生物实验室常用的警告标识见表 5-1。

**表 5-1　动物病原微生物实验室常用的警告标识**

| 图　示 | 意　义 | 建议场所 |
|---|---|---|
| | 生物危害<br>当心感染 | 门、离心机、安全柜等 |
| | 当心毒物 | 试剂柜、有毒物品操作处 |
| | 小心腐蚀 | 试剂室、配液室、洗涤室 |
| | 当心激光 | 有激光设备或激光仪器的场所，或激光源区域 |
| | 当心气瓶 | 气瓶放置处 |
| | 当心化学灼伤 | 存放和使用具有腐蚀性化学物质处 |

（续）

| 图 示 | 意 义 | 建议场所 |
|---|---|---|
| | 当心玻璃危险 | 存放、使用和处理玻璃器皿处 |
| | 当心锐器 | 锐器存放、使用处 |
| | 当心高温 | 热源处 |
| | 当心冻伤 | 液氮罐、超低温冰柜、冷库 |
| | 当心电离辐射<br>当心放射线 | 辐射源处、放射源处 |

## 二、禁止标识

禁止标识是禁止不安全行为的图形标识。动物病原微生物实验室常用的禁止标识有禁止吸烟、禁止明火、禁止饮用等（表 5-2）。

表 5-2　动物病原微生物实验室常用的禁止标识

| 图 示 | 意 义 | 建议场所 |
|---|---|---|
| | 禁止入内 | 可引起职业病危害的作业场所入口处或泄险区周边，如可能产生生物危害的设备出现故障时，维护、检修存在生物危害的设备、设施时，根据现场实际情况设置 |
| | 禁止吸烟 | 实验室区域 |
| | 禁止明火 | 易燃易爆物品存放处 |
| | 禁止用嘴吸液 | 实验室操作区 |

（续）

| 图 示 | 意 义 | 建议场所 |
|---|---|---|
| | 禁止吸烟、饮水和吃东西 | 实验区域 |
| | 禁止饮用 | 用于标识不可饮用的水源、水龙头等处 |
| | 禁止存放食物和饮料 | 用于实验室内冰箱、橱柜、抽屉等处 |
| | 禁止宠物入内 | 工作区域 |
| | 非工作人员禁止入内 | 工作区域 |
| | 儿童禁止入内 | 实验室区域 |

## 三、指令标识

指令标识是强制人们必须做出某种动作或采用防范措施的图形标识。指令标识的基本形式是圆形边框。动物病原微生物实验室常用的指令标识有必须穿防护服、必须戴防护手套等（表 5-3）。

**表 5-3 动物病原微生物实验室常用的指令标识**

| 图 示 | 意 义 | 建议场所 |
|---|---|---|
| | 必须穿实验工作服 | 实验室操作区域 |
| | 必须戴防护手套 | 易对手部造成伤害或感染的作业场所，如具有腐蚀、污染、灼烫及冰冻危险的地点，低温冰柜、实验操作区域 |

（续）

| 图　示 | 意　义 | 建议场所 |
|---|---|---|
| | 必须戴护目镜<br>必须进行眼部防护 | 有液体喷溅的场所 |
| | 必须戴防毒面具<br>必须进行呼吸器官防护 | 具有对人体有毒有害的气体、气溶胶等作业场所 |
| | 戴面罩 | 需要面部防护的操作区域 |
| | 必须穿防护服 | 生物安全实验室核心区入口处 |
| | 本水池仅供洗手用 | 专用水池旁边 |
| | 必须加锁 | 冰柜、冰箱、样品柜，有毒有害、易燃易爆物品存放处 |

## 四、提示标识

提示标识是向人们提供某种信息（如标明安全设施或场所等）的图形标识。提示标识的基本形式是正方形边框。参照《病原微生物实验室生物安全标识》（WS 589—2018）对动物病原微生物实验室常用的提示标识，如紧急出口、通道方向、灭火器、火警电话等（表5-4）。

表5-4　动物病原微生物实验室常用的提示标识

| 图　示 | 名称/意义 | 建议场所 |
|---|---|---|
| | 紧急洗眼 | 洗眼器旁 |
| | 紧急出口 | 紧急出口处 |

（续）

| 图　示 | 名称/意义 | 建议场所 |
|---|---|---|
| | 左行 | 通道墙壁 |
| | 左行方向组合标识 | 通道墙壁 |
| | 右行 | 通道墙壁 |
| | 右行方向组合标识 | 通道墙壁 |
| | 直行 | 通道墙壁 |
| | 直行方向指示组合标识 | 通道墙壁 |
| | 通道方向 | 通道墙壁 |
| | 灭火器 | 消防器存放处 |
| | 火警电话 | |

# 第二节　动物病原微生物实验室标识的设置与制作要求

## 一、设置原则

　　动物病原微生物实验室使用的安全标识分警告标识、禁止标识、指令标识和提示标识四大类型。标识设置应遵守"安全、醒目、便利、协调"的原则。

（1）标识设置后，不应有造成人体任何伤害的潜在危险及影响开展实验活动。

（2）周围环境有某种不安全的因素而需要用标识加以提醒时，应设置相关标识。

（3）标识应设在最容易看见的地方。要保证标识具有足够的尺寸，并使其与背景间有明显的对比度。

（4）标识应与周围环境相协调，要根据周围环境因素选择标识的材质及设置方式。

实验室应随时检查标识的状态，发现有破损、变形、褪色等不符合要求的情形时，要及时修整或更换。实验室管理者应结合实验室内部审核、管理评审等活动，定期对实验室标识系统进行评审，需要时应及时更新，以确保其适用于现有的危险。

## 二、设置要求

### （一）便于视读
（1）标识的偏移距离应尽可能小，应放在最佳视觉角度范围内。

（2）标识的正面或其邻近不得有妨碍人们视读的固定障碍物，并尽量避免经常被其他临时性物体所遮挡。

（3）标识通常不设在可移动的物体上。

### （二）应将标识设在明亮的地方
如在应设置标识的位置附近无法找到明亮地点，则应考虑增加辅助光源或使用灯箱。用各种材料制成的带有规定颜色的标识经光源照射后，标识的颜色仍应符合有关颜色规定。

### （三）设置地点
（1）提示标识应设在便于人们选择目标方向的地点，并按通向目标的最佳路线布置。如目标较远，可以适当间隔重复设置，在分岔处都应重复设置标识。提示标识中的图形标识如含有方向性，则其方向应与箭头所指方向相一致。

（2）局部信息标识应设在所要说明（禁止、警告、指令）的设备处或场所附近醒目位置。

（3）设置禁止标识时，标识中的否定直杠应与水平线成 45°夹角。

（4）局部信息标识的设置高度可根据具体场所的客观情况来确定。

### （四）布置要求
（1）图形标识除单独使用外，常与其他图形标识、箭头或文字共同显示在一块标识牌上，或多个单一图形标识牌、方向辅助标识牌组合显示。图形标识、箭头、文字等信息一般采取横向布置，也可根据具体情况，采取纵向布置。

（2）图形标识之间的间隔，按照国家有关规定执行。

（3）导向性提示标识的布置。

①标识中的箭头应采用《图形符号　箭头及其应用》（GB 1252—1989）中的形式，箭头的方向不应指向图形标识。

②箭头的宽度不应超过图形标识尺寸的 0.6 倍。箭杆长度可视具体情况加长。

③标识中的箭头可带有正方形边框，也可没有该边框。没有边框时，箭头的位置可按有边框时的位置确定。

④标识横向布置应遵循以下几点。

a. 箭头指左向（含左上、左下），图形标识应位于右方。

b. 箭头指右向（含右上、右下），图形标识应位于左方。

c. 箭头指上向或下向，图形标识一般位于右方。

⑤标识纵向布置应遵循以下几点。

a. 箭头指下向（含左下、右下）时，图形标识应位于上方。

b. 除 a 的情况，图形标识均应位于下方。

⑥图形标识与文字或文字辅助标识结合应遵循以下几点。

a. 与某个特定图形标识相对应的文字应明确地排列在该标识附近。

b. 文字与图形标识间应留有适当距离。

c. 不得在图形标识内添加任何文字。

**（五）管理要求**

根据不同位置、不同附着物设定符合规范的标识，以提醒工作人员避免生物危险材料、火险、触电、极限温度等伤害。实验室标识在设置和管理中应满足以下要求：

标识设置后，不应有造成人体任何伤害的潜在危险。

周围环境有某种不安全的因素而需要用标识加以提醒时，应设置相关标识。

标识应设在最容易看见的地方。要保证标识具有足够的尺寸，并使其与背景间有明显的对比度。

要将导向标志和提示标识结合使用。在远离目标处使用导向标志，在目标位置处使用提示标识。

标识应与周围环境相协调，要根据周围环境因素选择标识的材质及设置方式。

实验室应随时检查标识的状态，发现有破损、变形、褪色等不符合要求的情形时，要及时修整或更换。实验室管理者应结合实验室内部审核、管理评审等活动，定期对实验室标识系统进行评审，需要时及时更新，以确保其适用于现有的危险。

## 三、标识规范

### (一) 标识制作的基本要求

(1) 各种图形标识必须按照规定的图案、线条宽度成比例放大制作，不得修改图案。

(2) 图形标识应带有衬边。除警告标识用黄色外，其他标识均使用白色作为衬边。衬边宽度为标识尺寸的 0.025 倍。

(3) 标识牌的材质应采用易清洁、不渗水、不易燃、耐化学品和消毒剂腐蚀的材料制作。有触电危险的作业场所应使用绝缘材料。

(4) 标识牌应图形清楚，无毛刺、孔洞和影响使用的任何瑕疵。

(5) 标识所用的颜色应符合《安全色》(GB 2893—2008) 规定的颜色要求。

红色——表示禁止和阻止。

蓝色——表示指令，要求人们必须遵守的规定。

黄色——表示提醒人们注意。

绿色——表示给人们提供允许、安全的信息。

用灯箱显示标识时，灯箱的制作应符合有关标准的规定。

### (二) 几种常用标识的制作

**1. 警告标识** 警告标识是提醒人们注意周围环境，以避免可能发生危险的图形标识。其基本形式是正三角形边框。

具体要求为：

(1) 背景，黄色。

(2) 三角形内带，黑色。

(3) 标识图，黑色。

(4) 三角形外圈，黄色或白色。

(5) 安全色至少应覆盖总面积的 50%。

**2. 禁止标识** 禁止标识是禁止人们不安全行为的图形标识。其基本形式是带斜杠的圆边框。

具体要求为：

(1) 背景，白色。

(2) 圆圈带和斜杠，红色。

(3) 标识图，黑色。

（4）外圈，白色。

（5）安全色至少应覆盖总面积的 35%。

**3. 指令标识**  指令标识是强制人们必须做出某种动作或采用防范措施的图形标识。其基本形式是圆形边框。

具体要求为：

（1）背景，蓝色。

（2）标识图，白色。

（3）外圈，白色。

（4）安全色至少应覆盖总面积的 50%。

**4. 提示标识**  提示标识是向人们提供某种信息（如标明安全设施或场所等）的图形标识。其基本形式是正方形或长方形边框。

具体要求为：

（1）背景，绿色。

（2）标识图，白色。

（3）外圈，白色。

（4）安全色（绿色）至少应覆盖总面积的 50%。

**（三）标识制作的其他要求**

色度性能：标识面的文字、符号、边框及衬底等各种色度均应符合《安全色》（GB 2893—2008）对材料颜色范围的规定。

字体要求：

（1）书写字体必须做到字体工整、笔画清楚、间隔均匀、排列整齐。字体高度（用 $h$ 表示）的公称尺寸系列为 1.8mm、2.5mm、3.5mm、5mm、7mm、10mm、14mm、20mm，并需注意：如需要书写更大的字体，其字体高度应按比率递增。

（2）汉字应写成黑体字，并应采用中华人民共和国国务院正式公布推行的《汉字简化方案》中规定的简化字。汉字的高度 $h$ 不应小于 3.5mm，字宽一般为 $\frac{2}{3}h$。

（3）其他要求应符合《技术制图  字体》（GB/T 14691—1993）的规定。

标识衬边：生物安全标识要有衬边。除警告标识边框用黄色勾边外，其余全部用白色将边框勾一窄边，即为安全标识的衬边。当背景色与衬边颜色一致时，可不用衬边。衬边宽度为标识边长或直径的 0.025 倍。

（4）标识材质。实验室生物安全标识应采用坚固耐用的材料制作，一般不宜使用遇水变形、变质或易燃的材料。

（5）表面质量。除上述要求外，标识应图形清楚，无毛刺、孔洞和影响使用的任何瑕疵。

### （四）标识型号选用

《安全标志及其使用导则》（GB 2894—2008）中对 4 种安全标识类型的标准尺寸给出了 7 种规格，分别为 1 型、2 型、3 型、4 型、5 型、6 型、7 型。其中，1 型的尺寸最小，7 型的尺寸最大，常用的为 1 型、2 型和 3 型。安全标识型号选用如下：

环境信息标识设 4 型、5 型、6 型和 7 型。

局部信息标识设 1 型、2 型和 3 型。

无论实验楼或实验室区域内，所设标识其指示范围不能覆盖全实验室楼或全实验室区域内时，可多设几个标识。

### （五）标识设置高度

设置高度要求如下：

与人眼水平视线高度大体一致。

标识的偏移距离应尽可能小。对位于最大观察距离的观察者，偏移角不宜大于 15°。如受条件限制，无法满足该要求，则应适当加大标识的尺寸。

局部信息标识的设置高度可根据具体场所的客观情况来确定。

### （六）标识使用要求

标识应用简单、明了、易于理解的文字、图形、数字的组合形式系统而清晰地标识出危险区，且适用于相关的危险。在某些情况下，宜同时使用标记和物理屏障标识出危险区。

应设在与安全有关的醒目地方，并使实验室人员或者相关人员看见后，有足够的时间来注意其所表示的内容。环境信息标识宜设在有关场所的入口处和醒目处；局部信息标识应设在所涉及的相应危险地点或设备（部件）附近的醒目处。

不应设在门、窗、架等可移动的物体上，以免这些物体位置移动后，看不见安全标识。标识前不得放置妨碍认读的障碍物。

标识的平面与视线夹角应接近 90°，观察者位于最大观察距离时，最小夹角不小于 75°。

标识应设置在明亮的环境中。

多个标识在一起设置时，应按警告、禁止、指令、提示类型的顺序，先左后右、先上后下地排列。

两个或更多标识在一起显示时，标识之间的距离至少应为标识尺寸的 0.2 倍；正方形标识与其他形状的标识，或者仅多个非正方形标识在一起显示时，标识尺寸小于 0.35m 时，标识之间的最小距离应大于 1cm；标识尺寸大于

0.35m 时，标识之间的最小距离应大于 5cm；两个引导不同方向的导向标识并列设置时，至少在两个标识之间应有一个图形标识的空位。

图形标识、箭头、文字等信息一般采取横向布置，也可根据具体情况，采取纵向布置。

图形标识一般采用的设置方式：附着式（如钉挂、粘贴、镶嵌等）、悬挂式、摆放式、柱式（固定在标识杆或支架等物体上）以及其他设置方式。尽量用适量的标识将必要的信息展现出来，避免漏设、滥设。

其他要求应符合《公共信息导向系统　设置原则与要求　第 1 部分：总则》（GB/T 15566.1—2020）的规定。

**（七）固定规范**

各种方式设置的标识都应牢固地固定在其依托物上，不能出现倾斜、卷翘、摆动等现象。

# 第三节　动物病原微生物实验室标识的使用与管理

标识系统是动物病原微生物实验室风险管理体系的重要组成部分。正确使用实验室标识不仅可以防止错误操作、对危险源实施警示、避免实验室安全事故发生，而且可以及时提示检测设备检定状态、样品在实验室流转状态，防止出现影响研究检测结果的情况。因此，实验室在建立管理体系过程中应主动识别标识系统需求，建立实验室标识系统设置、应用和管理的良好政策及控制程序，发挥标识系统在实验室运行管理过程中的质量控制和安全保障作用（王君玮等，2009）。动物病原微生物实验室的标识一般可以分为质量管理标识（例如，样品流转状态标识、移液器检定状态标识等）和安全管理标识（例如，实验室入口张贴的生物安全国际通用标识、分子生物学实验室 EB 污染警示标识、液氮设备防冻伤警示标识等）两大类别。本节侧重从生物安全风险管理角度阐述实验室标识系统的应用与管理要求。

我国对于不同行业、不同级别的生物安全实验室标识系统使用与管理已有标准规定。如《实验室　生物安全通用要求》（GB 19489—2008）、《医学实验室　安全要求》（GB 19871—2005）、《病原微生物实验室生物安全通用准则》（WS 233—2018）等均对标识系统使用管理进行了明确规定。兽医系统也于2010 年发布的《兽医实验室生物安全要求通则》（NY/T 1948—2010）中对生物安全标识制作、使用和管理进行了初步规定。动物病原微生物实验室运行管理过程中，可以参照上述国家标准和行业标准要求，加强实验室生物安全标识系统的规范使用和管理。

# 一、相关标准规范对实验室标识的使用和管理要求

## （一）《实验室 生物安全通用要求》（GB 19489—2008）

GB 19489—2008 第 7.4.7 条款对生物安全实验室的标识使用和管理提出了明确要求，归纳起来有以下几点需要读者充分理解：

（1）实验室标识系统属于安全管理体系文件，应符合文件控制程序要求。用于标示危险区、警示、指示、证明等的图文标识是管理体系文件的一部分，包括用于特殊情况下的临时标识，如"污染""消毒中""设备检修"等。

（2）为便于识别和理解，实验室应使用国际、国家规定的通用标识。

（3）标识既可以单独使用，也可以与物理屏障同时使用。

（4）对于需要验证或校准的设备，应使用标识（注明可用状态、验证周期、下次验证或校准的时间等信息），并需粘贴在设备的明显位置。

（5）生物安全实验室入口处应使用生物安全标识。明确说明该实验室的生物安全防护级别、操作的致病性生物因子、实验室负责人姓名、紧急联络方式和国际通用的生物危险符号。适用时，还应同时注明其他危险。

（6）实验室所有房间的出口和紧急撤离路线应有在无照明情况下也可清楚识别的标识。

（7）实验室的所有管道和线路应有明确、醒目和易区分的标识。所有操作开关也应有明确的功能指示标识，必要时还应采取防止误操作或恶意操作的措施。

（8）实验室标识系统粘贴后应定期（至少每 12 个月 1 次）评审，需要时及时更新，以确保其处于完好状态并适用于现有的危险。

## （二）《病原微生物实验室生物安全标识》（WS 589—2018）

该标准对标识的使用要求和管理分别进行了以下规定：

### 1. 标识的使用要求

①标识应用简单、明了、易于理解的文字、图形、数字的组合形式系统而清晰地标识出危险区，且适用于相关的危险。在某些情况下，宜同时使用标记和物质屏障标识出危险区。

②应设在与安全有关的醒目地方，并使实验室人员或者相关人员看见后，有足够的时间来注意其所表示的内容。环境信息标识宜设在有关场所的入口处和醒目处；局部信息标识应设在所涉及的相应危险地点或设备（部件）附近的醒目处。

③不应设在门、窗、架等可移动的物体上，以免这些物体位置移动后，看不见安全标识。标识前不得放置妨碍认读的障碍物。

④标识的平面与视线夹角应接近 90°，观察者位于最大观察距离时，最小

夹角不小于 75°。

⑤标识应设置在明亮的环境中。

⑥多个标识在一起设置时，应按警告、禁止、指令、提示类型的顺序，先左后右、先上后下地排列。

⑦两个或更多标识在一起显示时，标识之间的距离至少应为标识尺寸的 0.2 倍；正方形标识与其他形状的标识，或者仅多个非正方形标识在一起显示时，标识尺寸小于 0.35m 时，标识之间的最小距离应大于 1cm；标识尺寸大于 0.35m 时，标识之间的最小距离应大于 5cm；两个引导不同方向的导向标识并列设置时，至少在两个标识之间应有一个图形标识的空位。

⑧图形标识、箭头、文字等信息一般采取横向布置，也可根据具体情况，采取纵向布置。

⑨图形标识一般采用的设置方式：附着式（如钉挂、粘贴、镶嵌等）、悬挂式、摆放式、柱式（固定在标识杆或支架等物体上）以及其他设置方式。尽量用适量的标识将必要的信息展现出来，避免漏设、滥设。

**2. 标识的管理要求**

①标识必须保持清晰、完整。当发现形象损坏、颜色污染或有变化、褪色等不符合本标准的情况，应及时修复或更换。每年至少检查 1 次。

②修整和更换安全标识时应有临时的标识替换，以避免发生意外的伤害。

③管理者应结合实验室内部审核、管理评审等活动，定期或不定期对实验室标识系统进行评审，根据危害情况，及时增、减、调整安全标识。

**(三)《兽医实验室生物安全要求通则》**（NY/T 1948—2010）

NY/T 1948—2010 对实验室标识的使用规定主要包括：实验室制定的安全手册应考虑实验室标识系统。实验室管理层应每年都对安全手册进行评审和更新（通过安全手册的评审、更新，实现对标识系统的更新）。要求实验室应正确地使用各种标识，并要随时检查，发现有破损、变形、褪色等不符合要求的标识时，要及时修整和更换。

## 二、标识系统在动物病原微生物实验室的规范应用

动物病原微生物实验室一般在实验室总出入口处、核心工作间入口/出口处、实验设施设备等位置或区域需要张贴清晰醒目的状态标识。为保证标识系统的有效使用，实验室应将标识系统的定期评审纳入年度安全管理计划，以便随时掌握实验室标识的状态，必要时及时进行修整或更换。实验室管理层可以结合实验室日常安全检查、内部审核、管理评审等活动，定期对实验室标识系统进行检查评审，必要时及时更新以确保其持续适用于现有的风险管理要求。

## （一）实验室出入口

动物病原微生物实验室，一般属于生物安全二级或三级、四级防护水平实验室。实验室入口处应张贴明显的国际通用的生物危害标识（图5-1）。标识中应标明进入权限、实验室负责人和安全负责人及其联系方式。单个实验室核心区内的实验室，除了在实验室入口处张贴生物危险标识外，还应在标识中注明正在操作的病原微生物、生物安全水平、研究者姓名和联系电话，适用时还应包含需要在该级别实验室穿着的防护装备以及离开实验室时的要求等内容。

实验室出口标识相对简约。在实验室所有房间的出口以及防护区向辅助区、到实验室总出口均要求有在无照明情况下也可清楚识别的出口标识。

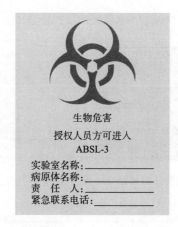

图 5-1　动物病原微生物实验室入口处张贴的国际通用的生物危害标识

## （二）实验室设备

动物病原微生物实验室的设备包括安全设备和科学研究设备两大类。实验室通过制定设备（包括个体防护装备）管理的政策和程序，对设备的完好性进行监控，并通过使用前核查、安全操作、使用限制、授权操作、消毒灭菌、禁止事项、定期校准或检定，以及期间核查、定期维护，以确保设备满足使用目的。

对安全设备，如生物安全柜、高压蒸汽灭菌器，应在实验室安全手册中对设备中存在危险的部位进行明确说明，并在设备上或者设备存放区域通过张贴警示标识和/或禁止标识等措施，防止生物安全危害发生或者降低危害发生风险。而对于具有计量要求的设备，包括安全设备和科学研究设备，如高压蒸汽灭菌器（压力表、温度指示装置）、核酸提取仪、PCR 仪、$CO_2$ 培养箱等，除了考虑可能的生物安全危害，需要增加相应生物安全标识外，还应考虑设备的计量检定状态标识。这些标识包括设备的唯一性编号、校准或验证日期，下次校准或验证日期，以及准用或停用状态等。

### （三）实验室设施

与实验室设施相关的标识系统包括紧急撤离路线标识、实验室设备夹层管道标识等。病原微生物实验室应加强实验室设施标识的应用和管理，在编制生物安全管理体系时，应结合实验室规模、人流物流流程、清洁水/污水流向、送排风气体流向等充分考虑应设置图文标识的种类、地点和数量，科学布设标识系统。在没有国际或国家、行业标准规定的通用标识情况下，实验室自行设计使用的标识应符合国家对标识图形、颜色等管理规定，满足明确、醒目和易区分的要求。病原微生物实验室常见的实验室设施标识如图 5-2 至图 5-4 所示。

图 5-2　病原微生物实验室紧急撤离路线标识　　图 5-3　病原微生物实验室洗眼设施标识

图 5-4　病原微生物实验室动物尸体处理设备标识

### （四）其他容器或附着物

除了实验室固定的设施、设备标识外，实验室日常运行管理中也应规范标识的应用。如《实验室　生物安全通用要求》（GB 19489—2008）第 7.19.7 条款规定，"危险废物应弃置于专门设计的、专用的和有标识的用于处置危险废物的容器内，装量不能超过建议的装载容量"。实验室根据盛装废弃物容器的不同，可以采取不同的标识方法，以便表明废弃物的真实状态。

除了上述生物安全有关标准对实验室设施设备的标识进行了使用和管理规定外，中国合格评定国家认可委员会（CNAS）对申请检测和校准实验室能力认可的机构也有标识使用评审要求。动物病原微生物实验室运行管理过程中可以根据自身实验室类别参阅相关条款执行。如《检测和校准实验室能力认可准则在动物检疫领域的应用说明》（CNAS-CL01-A013）（中国合格评定国家认可委员会，2018）"6.3.1 实验室布局应能够防止样品污染和造成人员危害。对无菌区域和/或污染区域要明显标识，对无菌区域进行监控、记录，对污染区域有效控制""6.4.3 实验室应对高压蒸汽灭菌器的灭菌效果进行有效监控和评价。实验室对接触病原体的仪器设备应进行有效生物安全控制，污染的仪器设备应有明确标识。实验室应有措施保证设备在维修或报废前消除其污染""6.3.4 a）实验室经过灭菌的器材要在专门区域存放并有明显标识"。《检测和校准实验室能力认可准则在微生物检测领域的应用说明》（CNAS-CL01-A001）（中国合格评定国家认可委员会，2018）"6.4.1.2 b）2.每一支标准菌种都应以适当的标签、标记或其他标识方式来表示其名称、菌种号、接种日期和所传代数""6.3.3.2 对需要使用的无菌工器具和器皿应能正确实施灭菌；无菌工器具和器皿应有明显标识以与非无菌工器具和器皿加以区别""6.3.4 a）不同的功能区域应有清楚的标识。实验室应正确使用与检测活动生物安全等级相对应的生物危害标识"。

## 三、实验室标识系统的检查与更新

实验室标识系统的管理是一个动态过程。实验室管理层应定期（至少每12个月）组织对实验室标识系统进行检查和评审，及时增加、调整安全标识，以确保其适用于现有的环境要求。为保证实验室对标识系统的及时检查和定期评审，实验室管理层可以将实验室标识系统审核工作纳入实验室制定的年度安全计划中，并结合内部审核、日常巡查、安全检查及时对标识系统进行查验和更新。对于检定/测量设备的标识，实验室还应在获得检定证书或符合要求的测量报告后，及时更换设备标识。

动物病原微生物实验室应充分认识标识系统对实验室生物安全保障的重要作用，结合内外部审核和安全检查等工作，定期审查、审视标识的功能状态，对过期的设备标识、模糊不清的各类标识、边缘卷起的标识（图5-5）等不符合标识规范要求的标识及时更新，确保发挥标识系统的功能。

图 5-5　高压蒸汽灭菌器粘贴的检定状态标识（边缘
卷起，同时贴有其他不规范标识）

# 主要参考文献

王君玮，王志亮，吕京，2009. 二级生物安全实验室建设与运行控制指南［M］. 北京：中
　国农业出版社.

# 第六章
# 动物病原微生物实验室
# 实验活动管理

## 第一节　高等级动物病原微生物实验室实验活动管理

### 一、高等级动物病原微生物实验室实验活动外部管理

高等级动物病原微生物实验室一般开展的都是高致病性动物病原微生物的病原分离培养、动物感染实验，属于活病原操作。高致病性动物病原微生物实验活动，事关重大动物疫病防控，事关实验室工作人员及广大人民群众身体健康和生命安全。因此，做好高等级动物原微生物实验室高致病性动物病原微生物实验活动管理至关重要。省级以上农业农村主管部门要高度重视高致病性动物病原微生物实验活动管理，认真贯彻实施《生物安全法》《病原微生物实验室生物安全管理条例》要求，按照《高致病性动物病原微生物实验室生物安全管理审批办法》《农业部办公厅关于做好高致病性病原微生物实验活动资格认定取消后事中事后监管工作的通知》（农办医〔2017〕40号）规定的条件，严格规范高致病性动物病原微生物实验活动的审批与监督管理。另外，高等级动物原微生物实验室设立单位及实验室要高度重视实验活动管理工作。

#### （一）高致病性动物病原微生物实验活动所需实验室生物安全级别

按照《生物安全法》《病原微生物实验室生物安全管理条例》《高致病性动物病原微生物实验室生物安全管理审批办法》规定，从事病原微生物实验活动应当在相应等级的实验室进行。低等级病原微生物实验室不得从事国家病原微生物目录规定应当在高等级病原微生物实验室进行的病原微生物实验活动。三级、四级实验室需要从事某种高致病性动物病原微生物或者疑似高致病性动物病原微生物实验活动的，应当经农业农村部或者省、自治区、直辖市人民政府兽医主管部门批准。经省级以上兽医主管部门批准的高致病性动物病原微生物实验活动，必须按照《动物病原微生物实验活动生物安全要求细则》的要求，在相应生物安全级别的实验室内开展有关实验活动。

### (二)高致病性动物病原微生物实验活动审批条件

三级、四级实验室从事高致病性动物病原微生物或者疑似高致病性动物病原微生物实验活动的，应当具备下列条件：①实验目的和拟从事的实验活动符合国务院卫生主管部门或者兽医主管部门的规定；②通过实验室国家认可；③具有与拟从事的实验活动相适应的工作人员；④工程质量经建筑主管部门依法检测验收合格。同时，实验活动仅限于与动物病原微生物菌（毒）种或者样本有关的研究、检测、诊断和菌（毒）种保藏等；科研项目立项前必须经农业农村部批准。

### (三)高致病性动物病原微生物实验活动审批主体及审批程序

**1. 审批主体**　从事下列高致病性动物病原微生物实验活动的，应当报农业农村部审批：一是猪水疱病病毒、非洲马瘟病毒、牛海绵状脑病病原和痒病病原等我国尚未发现的动物病原微生物；二是牛瘟病毒、牛传染性胸膜肺炎丝状支原体等我国已经宣布消灭的动物病原微生物；三是高致病性禽流感病毒、口蹄疫病毒、小反刍兽疫病毒等烈性动物传染病病毒。从事其他高致病性动物病原微生物实验活动的，由省、自治区、直辖市人民政府兽医主管部门审批。

**2. 审批程序**　实验室申请从事高致病性动物病原微生物实验活动的，应当向所在地省、自治区、直辖市人民政府兽医主管部门提出申请，并提交下列材料：一是高致病性动物病原微生物实验活动申请表一式两份；二是国家生物安全三级或者四级实验室认可证书和最近一次评审报告复印件；三是从事与高致病性动物病原微生物有关的科研项目，还应当提供科研项目立项证明材料。省级以上兽医主管部门按照职责分工，应当在收到申请材料之日起 15 日内做出是否审批的决定。

各省级兽医主管部门要严格依据规定要求，切实做好高致病性动物病原微生物实验活动审批，要组织开展技术评审，严格实验室标准和条件要求。对新取得国家生物安全实验室认可证书、首次申请从事高致病性动物病原微生物实验活动的，在技术评审时要开展现场评审，进行现场核查和人员考核。实验活动审批应确保实验室已取得国家生物安全实验室认可证书且在有效期内，拟开展的高致病性动物病原微生物实验活动符合国家政策，能保证实验室生物安全。

### (四)高致病性动物病原微生物科研项目申报

(1)《病原微生物实验室生物安全管理条例》第二十二条第二款规定，实验室申报或者接受与高致病性病原微生物有关的科研项目，应当符合科研需要和生物安全要求，具有相应的生物安全防护水平。与动物间传染的高致病性病原微生物有关的科研项目，应当经国务院兽医主管部门同意。

（2）《高致病性动物病原微生物实验室生物安全管理审批办法》第十二条规定，实验室申报或者接受与高致病性动物病原微生物有关的科研项目前，应当向农业农村部申请审查。

（3）申请条件。

①申请范围为拟申请承担涉及《病原微生物实验室生物安全管理条例》《动物病原微生物分类名录》规定的动物间传染的高致病性病原微生物的科研项目。

②实验室是否取得国家生物安全三级或者四级实验室认可证书并在有效期内；或者是否有取得国家生物安全三级或者四级实验室认可证书并在有效期内的实验室同意其使用。

③科研项目已由科技管理部门立项并发布指南。

④科研中拟采取的生物安全措施符合要求。

（4）禁止性要求。未获得国家生物安全三级或者四级实验室认可证书，或者未承诺在规定实验室开展相关实验活动的单位不得申报。

（5）申请材料目录。

①《高致病性动物病原微生物科研项目生物安全审查表》（申请人自备）。

②科研项目建议书（申请人自备）。

③科研项目研究中采取的生物安全措施（申请人自备）。

④国家生物安全三级或者四级实验室生物安全评审报告（申请人自备）。

**（五）从事高致病性或疑似高致病性动物病原微生物实验活动申请**

（1）《生物安全法》第四十五条第二款规定，从事病原微生物实验活动应当在相应等级的实验室进行。低等级病原微生物实验室不得从事国家病原微生物目录规定应当在高等级病原微生物实验室进行的病原微生物实验活动。第四十六条规定，高等级病原微生物实验室从事高致病性或者疑似高致病性病原微生物实验活动，应当经省级以上人民政府卫生健康或者农业农村主管部门批准，并将实验活动情况向批准部门报告。对我国尚未发现或者已经宣布消灭的病原微生物，未经批准不得从事相关实验活动。

（2）《病原微生物实验室生物安全管理条例》第二十二条规定，三级、四级实验室，需要从事某种高致病性病原微生物或者疑似高致病性病原微生物实验活动的，应当依照国务院卫生主管部门或者兽医主管部门的规定报省级以上人民政府卫生主管部门或者兽医主管部门批准。实验活动结果以及工作情况应当向原批准部门报告。

（3）《高致病性动物病原微生物实验室生物安全管理审批办法》第九条规定，三级、四级实验室需要从事某种高致病性动物病原微生物或者疑似高致病性动物病原微生物实验活动的，应当经农业农村部或者省、自治区、直辖市人民政府兽医行政管理部门批准。第十条第二款规定，农业农村部对特定高致病性动物病原微生物或疑似高致病性动物病原微生物实验活动的实验单位有明确规定的，只能在规定的实验室进行。

（4）《农业部关于进一步规范高致病性动物病原微生物实验活动审批工作的通知》（农医发〔2008〕27号），对审批工作提出全面要求，包括审批条件、审批程序、监督管理等，发布了《动物病原微生物实验活动生物安全要求细则》。

（5）申请条件。实验室申请开展高致病性动物病原微生物实验活动，应取得国家生物安全实验室认可证书且在有效期内，切实具备相应条件和能力，并经省级以上人民政府兽医主管部门批准；建立完善生物安全管理体系、应急处置预案等制度；实验室及其人员达到操作相应高致病性动物病原微生物的标准和条件，实验活动方案符合生物安全要求。实验室申请从事高致病性动物病原微生物实验活动时，应提供《高致病性病原微生物实验活动生物安全承诺书》，承诺严格按照国家有关法律法规和标准规定要求开展相应高致病性动物病原微生物实验活动。承诺书应由实验室主任、实验室所在单位法定代表人签字并加盖公章，并长期留存。各实验室在开展高致病性动物病原微生物实验活动期间，应当每季度向原批准部门报告相关情况，具体包括实验活动进展情况、出现的问题及处理情况等，重大事项和突发情况应及时报告。具体要求：

①申请从事该实验活动的实验室取得国家生物安全三级或者四级实验室认可证书并在有效期内。

②实验活动限于与动物病原微生物菌（毒）种、样本有关的研究、检测、诊断和菌（毒）种保藏等。

③申请范围为从事农业部公告第898号规定的高致病性动物病原微生物病原分离和鉴定、活病毒培养、感染材料核酸提取、动物接种实验等实验活动。

④经省级兽医主管部门签署审查意见。

⑤农业农村部对实验单位有明确规定的特定高致病性动物病原微生物或疑似高致病性动物病原微生物的实验活动（包括以合同、协议等形式明确承担的该特定病原微生物相关科研实验活动任务），申请人是上述规定的实验室所在单位。

（6）禁止性要求。未获得国家生物安全三级或者四级实验室认可证书的单位不得申报。

（7）申请材料目录。

①《高致病性动物病原微生物实验活动申请表》（申请人自备）。

②国家生物安全三级或者四级实验室认可证书和最近一次评审报告（申请人自备）。

③从事与高致病性动物病原微生物有关科研项目实验活动的，还应当提供

科研项目立项证明材料（申请人自备）。

④高致病性动物病原微生物实验活动生物安全承诺书。首次申请高致病性动物病原微生物或者疑似高致病性动物微生物实验活动的，还应当提交下列材料：

a. 实验室管理体系文件（申请人自备）。

b. 实验室设立单位的法人资格证书（申请人自备）。

c. 实验室工作人员学历证书或者技术职称证书（申请人自备）。

d. 实验室工作人员生物安全知识培训情况证明材料（申请人自备）。

e. 国家生物安全三级或者四级实验室生物安全评审报告（申请人自备）。

## 二、高等级病原微生物实验室实验活动内部管理

高等级病原微生物实验室的管理者和从业人员应按照《生物安全法》《病原微生物实验室生物安全管理条例》等法律法规的要求进行实验室实验活动的内部管理。实验活动，是指实验室从事与病原微生物菌（毒）种、样本有关的研究、教学、检测、诊断等活动。实验室应有计划、申请、批准、实施、监督和评估实验室活动的政策及程序。通过对科研项目的生物安全进行审核，以保证实验室安全。

### （一）实验项目的生物安全审批程序

**1. 项目的生物安全预审**

（1）对于批准立项的所有科研项目均需进行生物安全审批。

（2）由申请人填写《病原微生物科研项目生物安全审查表》，生物安全负责人和实验室主任审批，生物安全管理办公室审核，生物安全委员会审批，做出同意、不同意或修改的处理意见。

（3）生物安全委员会同意后按照农业农村部高致病性动物病原微生物科研项目生物安全审查要求，将所需材料提交省级兽医主管部门进行初审，审核后提交农业农村部进行生物安全审查。

**2. 申请和审批内容**

（1）研究内容。

（2）技术路线。

（3）项目人员名单及培训和获得上岗证书的情况。

（4）研究预计涉及的感染性材料和危险化学品名称。

（5）涉及感染性材料和危险化学品所用的技术是否为已经批准的 SOP 中记载的；若不是，是否已提供新的 SOP 并申请批准。

（6）涉及感染性材料和危险化学品实验的场所及防护设备是否符合要求。

（7）涉及感染性材料和危险化学品实验的操作人员是否经过培训和具备相

应岗位资质证书。

（8）项目内部的安全管理方案。

**3. 年度审核**

（1）年终项目负责人应提交项目运行实验室安全的情况。

（2）报告内容。

①参加人员名单。

②研究预计涉及的感染性材料、危险化学品和同位素名称。

③SOP 是否有更改。

④实验室意外事故和实验室感染情况。

⑤下一年度的计划。

（3）生物安全委员会应对其报告进行评审，并提出生物安全方面的整改意见。

### （二）实验活动的项目负责人

实验室负责人应指定每项活动的项目负责人，其负责制定并向实验室管理层提交活动计划、风险评估报告、安全及应急措施、项目组人员培训及健康监督计划、安全保障及资源要求。由生物安全负责人和实验室主任审核批准。

### （三）实验活动实施、监督和评估程序

（1）进行实验活动前由项目负责人提交申请，由生物安全管理负责人和实验室主任审核批准，生物安全管理办公室审核，生物安全委员会审批。

（2）实验室指定人员负责维护实验方法的有效性，生物安全委员会及生物安全管理办公室负责审定实验方法，实验人员按规定选用有效的实验方法。

（3）对批准立项的科研项目按照上述实验项目的生物安全审批程序进行生物安全审批。实验项目中涉及动物实验活动的需要填写实验动物使用与福利伦理审查表。审批通过后方可开展相关实验活动。

（4）拟进入实验室工作的人员，必须通过人员培训及能力评估考核，考核通过后方可获得进入实验室的资格。由申请人填写进入高等级生物安全实验室工作人员申请表，明确实验风险，填写风险知情同意书，并建立健康档案，由实验室主任批准，生物安全管理办公室审核批准，生物安全委员会同意后方可进入实验室工作。生物安全管理人员对人员培训档案、健康档案进行管理，并做好保密工作。

（5）拟进入实验室的人员需严格按照人员准入程序执行。在中控室填写实验室出入登记表，实验室管理人员确认其健康状况，进入实验室前必须测量体温并如实登记测量结果，确认一切正常后允许其进入实验室内开展工作，如对其健康情况存有异议，可暂时禁止其进入实验室，并将相应情况汇报实验室管

理负责人。

（6）实验人员所使用的实验方法必须以现行有效的标准操作规程为依据，实验活动必须按照标准操作规程记载的方法严格执行，任何人不得擅自修改。实验室生物安全管理人员和实验操作与管理人员有权制止实验人员采用对实验室生物安全带来潜在风险的操作。

（7）实验室及实验相关人员，对实验记录进行填写并相互督促检查，确保记录的真实性、完整性及可追溯性，由实验室生物安全管理人员负责对数据的完整性和保密性进行检查、监督及管理。

（8）实验室生物安全管理负责人和实验操作与管理负责人应对进入实验室工作的人员的行为进行监督，对于严重违反操作规程、屡教不改或造成严重后果的，可取消其进入实验室工作的资格。

（9）实验室负责人应定期对实验室工作人员的工作情况进行考核，不合格者应重新培训，考核合格方可重新获得进入实验室的资格。

（10）实验活动项目负责人应将实验活动开展情况定期向批准部门报告。

### （四）生物安全实验室良好行为规范

在开展活动前，应了解实验室活动涉及的任何危险，掌握良好工作行为；为实验人员如何在风险最小情况下进行工作提供详细指导，包括正确选择和使用个体防护装备。以下是《实验室　生物安全通用要求》（GB 19489—2008）规定的实验室良好工作行为操作规程，这些内容不一定满足或适用于特定的实验室或特定的实验室活动，应根据各实验室的风险评估结果制定适用的良好操作规程。

**1. 生物安全实验室标准良好工作行为**

（1）建立并执行准入制度。所有进入人员要知道实验室的潜在危险，符合实验室的进入规定。

（2）确保实验室人员在工作地点可随时得到生物安全手册。

（3）建立良好的内务规程。对个人日常清洁和消毒进行要求，如洗手、淋浴（适用时）等。

（4）规范个人行为。在实验室工作区不要饮食、抽烟、处理隐形眼镜、使用化妆品、存放食品等；工作前，掌握生物安全实验室标准的良好操作规程。

（5）正确使用适当的个体防护装备，如手套、护目镜、防护服、口罩、帽子、鞋等。个体防护装备在工作中被污染后，要更换后才能继续工作。

（6）戴手套工作。每当污染、破损或戴一定时间后，更换手套；每当操作危险性材料的工作结束时，除去手套并洗手；离开实验室前，除去手套并洗手。严格遵守洗手的规程。不要清洗或重复使用一次性手套。

（7）如果有可能发生微生物或其他有害物质溅出，要佩戴防护眼镜。

（8）存在空气传播的风险时需要进行呼吸防护，用于呼吸防护的口罩在使用前要进行适配性实验。

（9）工作时穿防护服。在处理生物危险材料时，穿着适用的指定防护服。离开实验室前按程序脱下防护服。用完的防护服要消毒灭菌后再洗涤。工作用鞋要防水、防滑、耐扎、舒适，可有效保护脚部。

（10）安全使用移液管，要使用机械移液装置。

（11）配备降低锐器损伤风险的装置和建立操作规程。在使用锐器时，要注意：

①不要试图弯曲、截断、破坏针头等锐器，不要试图从一次性注射器上取下针头或套上针头护套。必要时，使用专用的工具操作。

②使用过的锐器要置于专用的耐扎容器中，不要超过规定的盛放容量。

③重复利用的锐器要置于专用的耐扎容器中，采用适当的方式消毒灭菌和清洁处理。

④不要试图直接用手处理打破的玻璃器具等，尽量避免使用易碎的器具。

（12）按规程小心操作，避免发生溢洒或产生气溶胶，如不正确的离心操作、移液操作等。

（13）在生物安全柜或相当的安全隔离装置中进行所有可能产生感染性气溶胶或飞溅物的操作。

（14）工作结束或发生危险材料溢洒后，要及时使用适当的消毒灭菌剂对工作表面和被污染处进行处理。

（15）定期清洁实验室设备。必要时，使用消毒灭菌剂清洁实验室设备。

（16）不要在实验室内存放或养与工作无关的动植物。

（17）所有生物危险废物在处置前要进行可靠的消毒灭菌。需要运出实验室进行消毒灭菌的材料，要置于专用的防漏容器中运送，运出实验室前要对容器进行表面消毒灭菌处理。

（18）从实验室内运走的危险材料，要按照国家和地方或主管部门的有关要求进行包装。

（19）在实验室入口处设置生物危险标识。

（20）采取有效的防昆虫和啮齿类动物的措施，如防虫纱网、挡鼠板等。

（21）对实验室人员进行上岗培训并评估与确认其能力。需要时，实验室人员要接受再培训，如长期未工作、操作规程或有关政策发生变化等。

（22）制定有关职业禁忌证、易感人群和监督个人健康状态的政策。必要时，为实验室人员提供免疫接种计划、医学咨询或指导。

**2. 生物安全实验室特殊良好工作行为**

（1）经过有控制措施的安全门才能进入实验室，记录所有人员进出实验室的日期和时间并保留记录。

（2）定期采集和保存实验室人员的血清样本。

（3）只要可行，为实验室人员提供免疫接种计划、医学咨询或指导。

（4）正式上岗前，实验室人员需要熟练掌握标准的和特殊的良好工作行为及微生物操作技术与操作规程。

（5）正确使用专用的个体防护装备，工作前先做培训、个体适配性测试和检查，如对面具、呼气防护装置、正压服等的适配性测试和检查。

（6）不要穿个人衣物和佩戴饰物进入实验室防护区，离开实验室前淋浴。用过的实验防护服按污染物处理，先消毒灭菌再洗涤。

（7）Ⅲ级生物安全柜的手套和正压服的手套有破损的风险，为了防止意外感染事件，需要另戴手套。

（8）定期消毒灭菌实验室设备。仪器设备在修理、维护或从实验室内移出以前，要进行消毒灭菌处理。消毒人员要接受专业的消毒灭菌培训，使用专用个体防护装备和消毒灭菌设备。

（9）如果发生可能引起人员暴露于感染性物质的事件，要立即报告和进行风险评估，并按照实验室安全管理体系的规定采取适当的措施，包括医学评估、监护和治疗。

（10）在实验室内消毒灭菌所有的生物危险废物。

（11）如果需要从实验室内运出具有活性的生物危险材料，要按照国家和地方或主管部门的有关要求进行包装，并对包装进行可靠的消毒灭菌，如采用浸泡、熏蒸等方式消毒灭菌。

（12）包装好的具有活性的生物危险物除非采用经确认有效的方法灭活后，不要在没有防护的条件下打开包装。如果发现包装有破损，立即报告，由专业人员处理。

（13）定期检查防护设施、防护设备、个体防护装备，特别是带生命支持系统的正压服。

（14）建立实验室人员就医或请假的报告和记录制度，评估是否与实验室工作相关。

（15）制定对怀疑或确认发生实验室获得性感染的人员进行隔离和医学处理的方案并保证必要的条件（如隔离室等）。

（16）只将必需的仪器装备运入实验室内。所有运入实验室的仪器装备，在修理、维护或从实验室内移出以前要彻底消毒灭菌，如生物安全柜的内外表面，以及所有被污染的风道、风扇及过滤器等均要采用经确认有效的方式进行消毒灭菌，并监测和评价消毒灭菌效果。

（17）利用双扉高压蒸汽灭菌器、传递窗、渡槽等传递物品。

（18）制定应急程序，包括可能的紧急事件和急救计划，并对所有相关人员进行培训，并进行演习。

**3. 动物生物安全实验室的良好工作行为**

（1）适用时，执行生物安全实验室的标准或特殊良好工作行为。

（2）试验前了解动物的习性，咨询动物专家并接受必要的动物操作培训。

（3）开始工作前，实验人员（包括清洁人员、动物饲养人员、试验操作人员等）要接受足够的操作训练和演练，应熟练掌握相关的实验动物和微生物操作规程及操作技术，动物饲养人员和试验操作人员要有实验动物饲养或操作上岗合格证书。

（4）将实验动物饲养在可靠的专用笼具或防护装置内，如负压隔离饲养装置等。

（5）考虑工作人员对动物的过敏性和恐惧心理。

（6）动物饲养室的入口处设置醒目的标识并实行严格的准入制度，包括物理门禁措施（如个人密码和生物学识别技术等）。

（7）个体防护装备还要考虑方便操作和耐受动物的抓咬及防范分泌物喷射等，要使用专用的手套、面罩、护目镜、防水围裙、防水鞋等。

（8）操作动物时，要采用适当的保定方法或装置来限制动物的活动性，不要试图用人力强行制服动物。

（9）只要可能，限制使用针头、注射器或其他锐器，尽量使用替代的方案，如改变动物染毒途径等。

（10）操作灵长类和大型实验动物时，需要操作人员已经有非常熟练的工作经验。

（11）时刻注意是否有逃出笼具的动物，濒临死亡的动物及时进行妥善处理。

（12）不要试图从事风险不可控的动物操作。

（13）在生物安全柜或与其相当的隔离装置内从事涉及产生气溶胶的操作，包括更换动物的垫料、清理排泄物等。如果不能在生物安全柜或与其相当的隔离装置内进行操作，要联合使用个体防护装备和其他的物理防护装置。

（14）选择适用于所操作动物的设施、设备、实验用具等，配备专用的消毒灭菌和清洗设备，培训专业的消毒灭菌和清洗人员。

（15）从事高致病性生物因子感染的动物实验活动，是极为专业和高风险的活动，实验人员应参加针对特定活动的专门培训和演练（包括完整的感染动物操作过程、清洁和消毒灭菌、处理意外事件等），而且要定期评估实验人员的能力，包括管理层的能力。

（16）只要可能，尽量不使用动物。实验活动操作人员应具有丰富的病原微生物操作经验，并经培训考核合格后方能进入实验室开展实验活动。实验室生物安全管理人员通过现场实时监控、记录等方式监督实验活动开展情况，对不符合生物安全的行为及时制止，对实验室发生的事件事故要及时上报处理。

# 第二节　低等级动物病原微生物实验室实验活动管理

生物安全防护水平为一级和二级的动物病原微生物安全实验室统称为低等级动物病原微生物实验室，生物安全防护水平为一级的动物病原微生物安全实验室适用于操作在通常情况下不会引起人类或者动物疾病的微生物；生物安全防护水平为二级的动物病原微生物安全实验室适用于操作能够引起人类或者动物疾病，但一般情况下对人、动物或者环境不构成严重危害，传播风险有限，实验室感染后很少引起严重疾病，并且具备有效治疗和预防措施的微生物。

在开展活动前，应了解实验室活动涉及的任何危险，掌握良好工作行为；为实验人员提供如何在风险最小情况下进行工作的详细指导，包括正确选择和使用个体防护装备。

## 一、职责

（1）实验室主任负责实验活动的监督管理，实验活动安全性的检查、评价、改进工作。

（2）指定专人负责实验活动的日常管理，掌握科研实验项目的进展情况。

（3）指定专人负责制定并向实验室管理层提交活动计划、风险评估报告、安全及应急措施、项目组人员培训及健康监督计划、安全保障及资源要求，确保符合质量与生物安全要求。

（4）实验人员按照批准的实验活动的计划、方案及标准操作规程等开展工作，确保安全。

（5）生物安全负责人监督管理实验室内实验人员的安全行为。

（6）所有实验室实验人员在操作有害材料时应严格执行标准操作规程及规定。

## 二、要求

（1）应制定实验室活动管理程序，规范实验活动的管理，实验室活动管理程序内容应包括拟开展的实验室活动计划及申请、批准、实施、监督和评估等相关的要求。

（2）实验室负责人应指定每项实验室活动的负责人，并按其职责提供所需的适当权力和相应资源。

（3）实验室主任对进入实验区的所有人员资格及活动内容、实验活动项目进行认定和审批。

（4）实验项目负责人员组织实验人员按照审批的实验活动项目开展工作，严格执行操作规程。

（5）所有的实验室活动应具有标准操作规程，包括对涉及的任何危险以及如何在风险最小情况下进行工作的详细指导。

（6）实验室应指定专门的部门和人员承担实验室感染控制工作，定期检查实验室生物安全防护、病原微生物菌（毒）种和样本的保存及使用、安全操作、实验室废水、废气以及其他废物处理情况。

（7）涉及微生物操作的实验室活动，其操作规程应遵守良好微生物标准操作要求和/或特殊操作要求。

（8）所有具潜在感染性或毒性的物品均按未知风险材料进行操作。

（9）负责实验室感染控制的工作人员应有与该实验室中病原微生物有关的传染病防治知识，并定期了解实验室工作人员的健康状况。

（10）涉及病原微生物的动物实验应该在相应防护水平的动物实验室中进行。

## 三、实验动物管理

### 1. 实验动物的引进

（1）使用实验动物前须按要求获得当地政府部门颁发的《实验动物使用许可证》，实验动物提供单位须具有政府部门颁发的《实验动物生产许可证》，采购时应要求实验动物提供单位出具检疫或质量合格证明等相关资料（质量合格证、群体档案、购买发票等），并保证资料的真实性，引进时使用符合实验动物质量要求的包装。

（2）从国外进口作为原种的实验动物，应附有饲育单位负责人签发的品系和亚系名称及遗传和微生物状况等资料，无上述资料的实验动物不得进口和引进。

（3）实验动物引进后，应先放入检疫室进行相关病原和抗体检测，确定无相关特定病原后进行相关实验活动。

### 2. 实验动物的单纯饲育和感染试验管理

（1）实验动物分为普通动物、清洁动物、无特定病原体动物、无菌动物。对于不同等级的实验动物，应考虑动物饲养和操作过程中的生物安全问题和按照相应的微生物控制标准进行管理。

（2）饲养实验动物需在独立并符合标准的建筑物内，不允许将实验动物带到操作病原微生物的生物安全实验室饲养和操作。

（3）实验动物实验室要有科学的管理制度和操作规程。实验动物必须按照不同来源、不同品种、不同品系和不同实验目的，分开饲养。实验动物的单纯饲养管理包括动物健康外观检查、饲养环境、笼具、垫料、饲喂和饮水、工作计划、工作记录等内容。实验动物的感染试验管理中，应特别注意对感染动物以及可能受微生物污染的笼具、垫料、排泄物等进行安全防护。

（4）在生物安全实验室内，通常要使用特殊的笼具和垫料。实验室应根据动物特性、动物饲养要求、实验室生物安全因素来综合考虑所使用的笼具和垫料是否合适。

（5）实验动物必须饲喂质量合格的全价饲料，霉烂、变质、虫蛀、污染的饲料，不得用于饲喂实验动物。普通动物的饮水，应当符合城市生活饮水的卫生标准。

（6）当进行实验动物感染、采血、解剖等操作，其过程和检测数据应当有完整、准确的记录，保存时间不得少于5年，所属单位和个人应当对记录的真实性负责。

（7）实验动物发生传染性疾病以及人兽共患病时，相关人员应当依照有关法律法规的规定，立即上报并采取隔离等控制措施。涉及实验动物操作的难度和风险远远高于普通细胞学试验，特别是中大型或较凶猛的动物实验，试验前应提前制定实验动物研究方案，并制定相应的风险评估和风险控制措施，如动物咬伤、抓伤，实验动物逃逸，动物隔离器故障等，实验方案中涉及的所有操作应体现在标准的操作规程中，实验人员操作应严格按照标准操作规程执行。实验人员熟练的操作技能和良好的操作规范对于动物实验的顺利开展至关重要，所有开展生物研究工作的人员，在上岗之前必须接受岗前培训，以确保实验人员具备能独自按照规定开展相关科学研究的能力，保障实验室生物安全。

# 第三节 实验活动监督管理

## 一、外部监督

《生物安全法》第二章生物安全风险防控体制。

**第二十五条** 县级以上人民政府有关部门应当依法开展生物安全监督检查工作，被检查单位和个人应当配合，如实说明情况，提供资料，不得拒绝、阻挠。

涉及专业技术要求较高、执法业务难度较大的监督检查工作，应当有生物安全专业技术人员参加。

**第二十六条** 县级以上人民政府有关部门实施生物安全监督检查，可以依法采取下列措施：

（一）进入被检查单位、地点或者涉嫌实施生物安全违法行为的场所进行现场监测、勘查、检查或者核查；

（二）向有关单位和个人了解情况；

（三）查阅、复制有关文件、资料、档案、记录、凭证等；

（四）查封涉嫌实施生物安全违法行为的场所、设施；

（五）扣押涉嫌实施生物安全违法行为的工具、设备以及相关物品；

（六）法律法规规定的其他措施。

有关单位和个人的生物安全违法信息应当依法纳入全国信用信息共享平台。

《病原微生物实验室生物安全管理条例》第五章监督管理：

**第四十九条** 县级以上地方人民政府卫生主管部门、兽医主管部门依照各自分工，履行下列职责：

（一）对病原微生物菌（毒）种、样本的采集、运输、储存进行监督检查；

（二）对从事高致病性病原微生物相关实验活动的实验室是否符合本条例规定的条件进行监督检查；

（三）对实验室或者实验室的设立单位培训、考核其工作人员以及上岗人员的情况进行监督检查；

（四）对实验室是否按照有关国家标准、技术规范和操作规程从事病原微生物相关实验活动进行监督检查。

县级以上地方人民政府卫生主管部门、兽医主管部门，应当主要通过检查反映实验室执行国家有关法律、行政法规以及国家标准和要求的记录、档案、报告，切实履行监督管理职责。

**第五十条** 县级以上人民政府卫生主管部门、兽医主管部门、环境保护主管部门在履行监督检查职责时，有权进入被检查单位和病原微生物泄漏或者扩散现场调查取证、采集样品，查阅复制有关资料。需要进入从事高致病性病原微生物相关实验活动的实验室调查取证、采集样品的，应当指定或者委托专业机构实施。被检查单位应当予以配合，不得拒绝、阻挠。

**第五十一条** 国务院认证认可监督管理部门依照《中华人民共和国认证认可条例》的规定对实验室认可活动进行监督检查。

**第五十二条** 卫生主管部门、兽医主管部门、环境保护主管部门应当依据法定的职权和程序履行职责，做到公正、公平、公开、文明、高效。

**第五十三条** 卫生主管部门、兽医主管部门、环境保护主管部门的执法人员执行职务时，应当有2名以上执法人员参加，出示执法证件，并依照规定填写执法文书。

现场检查笔录、采样记录等文书经核对无误后，应当由执法人员和被检查人、被采样人签名。被检查人、被采样人拒绝签名的，执法人员应当在自己签名后注明情况。

**第五十四条**　卫生主管部门、兽医主管部门、环境保护主管部门及其执法人员执行职务，应当自觉接受社会和公民的监督。公民、法人和其他组织有权向上级人民政府及其卫生主管部门、兽医主管部门、环境保护主管部门举报地方人民政府及其有关主管部门不依照规定履行职责的情况。接到举报的有关人民政府或者其卫生主管部门、兽医主管部门、环境保护主管部门，应当及时调查处理。

**第五十五条**　上级人民政府卫生主管部门、兽医主管部门、环境保护主管部门发现属于下级人民政府卫生主管部门、兽医主管部门、环境保护主管部门职责范围内需要处理的事项的，应当及时告知该部门处理；下级人民政府卫生主管部门、兽医主管部门、环境保护主管部门不及时处理或者不积极履行本部门职责的，上级人民政府卫生主管部门、兽医主管部门、环境保护主管部门应当责令其限期改正；逾期不改正的，上级人民政府卫生主管部门、兽医主管部门、环境保护主管部门有权直接予以处理。

强化实验室生物安全监管，严肃查处违法违规行为。《农业部办公厅关于做好高致病性病原微生物实验活动资格认定取消后事中事后监管工作的通知》（农办医〔2017〕40号）要求，从事高致病性动物病原微生物实验活动的实验室应当建立实验档案，真实、完整地记录实验室使用情况和安全监督情况；建立完善相关制度，强化内部管理；按照有关国家标准、技术规范、操作规程及批复要求开展实验室活动；在实验活动结束后，将分离到的有关高致病性动物病原微生物及时送国家指定的菌（毒）种保藏中心保管或者销毁。县级以上地方人民政府兽医主管部门要依据《病原微生物实验室生物安全管理条例》规定，按照地方政府统一要求，建立"双随机一公开"制度，加强对辖区内有关实验室的监督检查；组织相关单位加强对国内外科技文献及有关数据库的检索，及时发现疑似未经批准开展高致病性动物病原微生物实验活动的线索，及时调查处理；加大对投诉举报的处理力度，严肃查处违法从事高致病性动物病原微生物实验活动的行为。

《农业部关于进一步规范高致病性动物病原微生物实验活动审批工作的通知》（农医发〔2008〕27号）强调，高致病性动物病原微生物实验活动管理是实验室生物安全监管的重点内容。各级兽医主管部门一定要认真贯彻实施《病原微生物实验室生物安全管理条例》的各项规定，采取切实有效措施，对高致病性动物病原微生物实验活动实行全程监管，确保实验室生物安全，确保实验室工作人员和广大人民群众身体健康。

（一）严肃查处违法从事实验活动的行为。各级兽医主管部门要严格执行高致病性动物病原微生物实验活动事前审批制度。对未经批准从事高致病性动物病原微生物实验活动的，要依法严肃查处，三年内不再批准该实验室从事任何高致病性动物病原微生物实验活动。

（二）加强实验活动监督检查。各级兽医主管部门要定期组织实验活动监督检查。重点检查实验室是否按照有关国家标准、技术规范和操作规程从事实验活动，及时纠正违规操作行为。要督促实验室加强内部管理，制定并落实安全管理、安全防护、感染控制和生物安全事故应急预案等规章制度。

（三）严格执行实验活动报告制度。经批准的实验活动，实验室应当每半年将实验活动情况报原批准机关。实验活动结束后，应当及时将试验结果以及工作总结报原批准机关。未及时报告的，兽医主管部门要责令改正，并给予警告处罚。

## 二、内部监督

实验室生物安全是实验室的生命，为最大限度杜绝实验室事件事故的发生，保证实验室生物安全，实验室及实验室所在单位应严格按照国家法律法规和部门规章制度要求制定好实验室内部监管制度，做好实验室内部生物安全监督管理工作。

### （一）对依法开展科研活动的监管

实验室要严把科研项目进入关，《生物安全法》第四章强调了生物技术研究、开发与应用安全应该符合伦理原则，对存在生物安全风险的实验活动项目应进行评估和管控。同时，不经主管部门批准不得开展相关实验活动，不得从事危及公众健康、破坏生态环境等危害生物安全的研究开发活动，不得超越国家生物技术研究开发安全管理规范从事生物技术研究开发活动。

### （二）对进入实验室区域人员的监管

**1. 监管原则**  所有申请进入高等级病原微生物实验室工作的人员必须经审查合格，所有人员均须签署知情同意书和保密承诺书，严格遵守"先培训后上岗"的原则，确保所有人员熟悉生物安全实验室的相关法律法规、工作岗位标准操作程序等，提高生物安全意识和操作技能，经考核合格后颁发上岗证，所有人员均须持证上岗。对于操作特种设备人员及特殊岗位人员，必须参加国家相关主管部门举办的相关培训，获得相应资格证书后方可从事特定工作。

高等级病原微生物实验室建立完善的人员技术档案和健康档案。高等级病原微生物实验室配有专人承担实验室感染控制工作，负责人员健康监护，每年均定期组织所有人员进行健康体检，所有人员均留存相应本底血清，离职或结束实验工作不再进入实验室的实验人员在离开实验室前均须再次采集、留存本底血清，凡是涉及人兽共患病的实验相关人员，每天报告个人身体状况、体温、活动地点和事项等一系列相关数据，通过对温度、身体状况等指标进行连续性监测，分析人员的身体状态并结合中控室观察每天人员进出实验室的精神状态和行为表现，进而判断该工作人员是否达到进入实验室开展实验活动的要求。

**2. 日常人员准入程序**　拟进入实验室工作人员，应由申请人填写《进入实验室工作人员申请表》，实验室负责人批准。在批准实验室人员进入实验室工作时，应规定其可以操作的生物因子种类和准许进入的实验室区域。

每天进入实验室前，应提前提交当天试验计划，包括进入时间、进入位置、进入人员、将要从事的实验活动类型、拟移入和移出物品。实验室生物安全管理人员核实相关信息，设施设备管理人员确认设施设备运行状态，由双人共同进入实验室。进入前，生物安全管理人员对进入人员测量体温、观察精神状态、对带入的物品进行检查。进入人员在实验室人员和物品进出表格上填写相应的信息，方可进入实验室。

生物安全管理人员对进入实验室工作人员的行为进行监督，对于违反操作规程的行为应通过对讲予以制止，不听劝阻或造成严重后果的，上报实验室负责人可取消其进入实验室工作的资格。

实验人员退出实验室前通知生物安全管理人员，生物安全管理人员对其消毒、淋浴情况进行监督；实验人员退出后填写退出时间等信息，由生物安全管理人员对每条记录进行确认签字。

实验室对实验室工作人员工作情况进行考核，不合格者应重新培训，考核合格方可重新获得进入实验室资格。

外来人员未经许可不得进入实验室工作区。外来人员（访问人员、进修生）、研究生（含联合培养研究生）和实习生等必须经过培训，考核合格并经过批准后方可进入实验室参加相应工作。

**3. 实验室环境监测**　为了掌握实验室污染情况，应由实验人员定期对房间的墙面、桌面、地面、生物安全柜、细胞培养箱、离心机、传递窗、冰箱、计算机等位置采样，进行实验室环境监测。如发现有病原微生物污染，应立即暂停相关房间实验活动，待清洁和消毒通过消毒效果验证后方可重新开启，并对阳性情况进行调查，进行相应记录。

# 第七章

# 动物病原微生物实验室人员管理

## 第一节 动物病原微生物实验室人员管理总体要求

实验室人员管理的有关要求，包括人员培训、准入资质、人员健康监测、人员评价。

人员培训是准入的准备，包括培训目的、培训对象、培训内容、培训方法以及培训效果评估。准入资质是准入的基本要求、人员类别及其准入的具体条件。人员健康监测是对人员工作期间的健康监护，开展实验活动前需留存本底血清，还包括日常健康状况监测、人员体检、人员暴露等特殊情况下的医学控制。人员评价是对人员技术能力和工作表现的综合评价，以做出合格/经培训后可上岗/不合格及授权工作范围等结论，确保实验室使用胜任其工作任务的人员，从而保证实验室生物安全和工作质量。

### 一、人员管理基本要求

（1）实验室必须有明确的人事政策和安排，留存包括审查、人员身体健康检查和相应人事档案等资料。

（2）实验室要有明确的岗位设置标准，并做好各个岗位的职责说明，包括人员的责任和任务，教育、培训和专业资格要求。

（3）在所有规定的领域，实验室人员在从事相关的实验活动时，应有相应的资格证明。

（4）所有人员（实验室工作人员/外来需进入实验室工作人员/外来维护人员），其中外来人员需提前提交申请，得到审批后方可进入所区，在进入实验室开展相关工作之前，实验室应根据其工作性质对其进行相关区域风险说明，并签订知情同意书。

（5）实验室应根据人员工作范围进行培训，考核员工独立工作的能力，并定期对其工作能力及表现进行评价。

（6）所有人员要熟悉并严格遵守实验室管理体系的所有要求。

## 二、人员资质审核、培训及考核

**1. 需要审核进入动物病原微生物实验室的人员资质** 包括但不限于以下内容：

（1）综合素质好、责任心强、态度认真、科学严谨。

（2）通过实验室通用培训和专业培训，考核合格。

（3）熟悉生物安全相关法律法规和标准及本实验室生物安全管理体系文件。

（4）熟悉与本专业相关的国家标准，能严格执行技术操作规范。

（5）经过生物安全培训，掌握实验室安全原理、生物安全防护知识、病原微生物和动物实验操作技能，考核合格。

（6）掌握实验室装备的技术参数和操作规范。

（7）熟记紧急情况下的正确应对措施。

（8）身体健康，同意签订知情同意书，进行过必要的免疫接种。

**2. 人员培训**

（1）培训计划和培训内容。实验室各个团队负责人根据工作需要，提出各自领域职工教育培训的计划和内容，同时提交实验室主任批准，统筹安排和组织落实相关培训活动。并且，各个团队负责人需在每年12月底之前提出下年度培训计划，实验室安全负责人审核、汇总并报实验室主任批准后，下达正式计划和组织实施。

实验室每年必须制定培训计划，应包括但不限于以下内容：

①上岗培训，包括对较长期离岗或下岗人员的再上岗培训。

②实验室管理体系培训。

③安全知识及操作技能培训。

④实验室设施设备（包括个体防护装备）的安全使用。

⑤应急措施与现场救治。

⑥定期培训（包括内部和外部）与继续教育。

（2）人员培训要求。

①培训讲师的要求。

a. 熟悉国家相关法律法规、行业标准等。

b. 了解实验室的布局、特点。

c. 具有实验室相关工作经验。

d. 接受过系统规范的生物安全及动物实验培训。

②培训对象。实验室全体人员（包含后勤保障人员）。

③培训记录。

a. 培训人员填写培训登记表。

b. 培训相关负责人员填写培训记录表，录入培训过程相关信息，收集培训对象的培训反馈，并对培训效果进行评价，相关责任人签字。

c. 档案管理员收集培训记录并整理归档，将培训人员的培训登记表连同其考核试卷、考核表格等存入人员档案。

（3）培训类型及其涵盖的领域。实验室主管主要负责其直管人员的良好微生物规范与规程培训。一项培训计划有效地落实，离不开实验室管理层的财务与管理能力的支持，只有有效地落实才能确保将实验室安全规范和规程整合到所有人员的培训中。

必须采取措施确保员工已阅读并理解培训指南，如签字页。需要对实验室人员开展的培训见表 7-1。

表 7-1    需要对实验室人员开展的培训

| 培训类型 | 涵盖的领域 |
| --- | --- |
| 一般了解和意识培训 | 针对所有人员的强制培训，主要介绍以下内容：<br>• 实验室布局、特点和设备<br>• 实验室操作准则<br>• 适用的实验室指南及规章制度<br>• 安全或操作手册<br>• 实验室相关风险评估<br>• 法律义务<br>• 紧急事件/事故响应规程 |
| 针对具体工作的培训 | • 根据工作职能确定的培训；培训要求可能在相同工作职位但执行不同职能的人员之间会有所变化<br>• 所有参与生物因子处理的人员必须接受 GMPP 培训<br>• 必须评估能力和熟练程度以确定所需的任何其他特定培训，如通过观察和/或资格认定<br>• 独立工作前必须验证对规程的掌握程度，可能需要一个指导阶段<br>• 必须定期开展技能考核，并接受进修培训<br>• 当可利用时，必须与适用人员就新规程、设备、技术和知识进行沟通 |
| 安全与安保培训 | 针对所有人员的强制培训：<br>• 对实验室存在危害及其相关风险的认识<br>• 安全工作规程<br>• 安保措施<br>• 应急准备与响应 |
| 定期培训和继续教育 | • 定期开展实验室内部培训，包括生物安全意识、法律法规、管理体系的内容更新<br>• 外部组织的相关生物安全内容培训，包括会议、培训班、讲座等<br>• 继续教育，了解和掌握相关领域的最新变化与进展，对已经掌握的知识、技能的复习巩固，对平时不常用的知识、技能的熟悉熟练 |

### 3. 人员考核及能力评价

（1）人员考核。对人员的工作岗位进行分类，并根据岗位职责和工作范畴有针对性地开展考核工作。考核合格者，颁发工作人员上岗证，允许进入实验室开展相关工作；不合格者，禁止进入实验室内从事任何工作，只有重新参加培训并通过考核后才能允许进入实验室开展相关工作。

考核的方式需包含笔试、面试及实操考核等，保证考核的全面性及可操作性。尤其针对实验室溢洒、病原微生物泄漏、人员暴露与伤害、菌毒种失窃、动物逃逸、火灾、水灾等事件事故的响应，要保持高度重视。

每个类别人员的考核内容和方式各不相同，具体考核内容和方式由各个团队负责人有针对性地提出并组织落实，并由负责人对其考核结果进行签字确认，最终完成个人考核情况表的汇总，综合考虑是否考核合格。根据不同岗位的考核内容做出培训及考核的效果评价，依据受训及考核人员在培训及考核中的表现及课后感受、反馈意见、通过率等进行培训活动效果评价，撰写评价报告，以确保培训及考核活动的意义（表7-2）。

表7-2　不同人员考核内容

| 人员类别 | 考核内容 |
| --- | --- |
| 管理人员 | • 国家相关法律法规、标准及条例<br>• 实验室规章制度、管理体系文件<br>• 生物安全相关理论知识<br>• 相关病原微生物存在危害及其风险和控制措施的认识<br>• 紧急事件/事故响应规程 |
| 运行维护保障人员 | • 实验室管理制度<br>• 关键防护设备的国家及行业相关规定与标准<br>• 生物安全相关理论知识<br>• 设施设备标准操作规程<br>• 废弃物处置相关风险的认识<br>• 相关紧急事件/事故响应规程 |
| 实验活动操作人员 | • 实验室管理制度<br>• 病原微生物国家及行业标准<br>• 生物安全相关理论知识<br>• 风险识别及控制<br>• 实验活动标准操作规程<br>• 关键设施设备标准操作规程<br>• 相关紧急事件/事故响应规程 |
| 安全保卫人员 | • 国家相关法律法规、标准及条例<br>• 实验室管理制度、管理体系文件<br>• 生物安全、生物安保相关理论知识<br>• 以上文件有关实验室安全保卫条款、进入审核制度、危险材料的管理方案 |

（2）人员能力评价。

①实验室要有计划地，至少每12个月需对实验室人员开展1次工作能力

评价，并按照工作的复杂程度定期评价所有员工的表现。

②能力评价依据。可以定期或者不定期组织人员考核，根据考核结果进行如实评价，考核合格者可以继续开展相应工作，不合格者得暂停工作和区域授权，重新参加人员培训考核，直至考核通过后重新授权，开展相关工作。

③素质评价依据。可以根据人员平时工作表现、领导及他人的评价、工作记录、违规违纪记录等进行综合评价，保证实验室整体工作素养，降低实验室运行安全风险。

## 三、人员健康监护

生物安全实验室的所有工作人员必须接受健康监测，用人单位必须建立相关的制度和程序，以确保实验室人员的健康得到充分的检查和报告，目的在于提供一个安全的工作环境，包括预防措施（如接种疫苗）和员工健康监测，能够在暴露或职业相关疾病或工作的任何其他方面影响员工的安全、健康、福利时采取适当措施。

（1）工作人员在录用前或开展试验前进行体检并记录个人健康历史，包括一份详细的病史记录和体检报告，建立个人健康档案。

（2）建立感染控制机制，对在生物安全实验室从事病原微生物研究的人员，做定期身体检查（包括每年1次全身体检），及时了解实验室工作人员的健康状况。

（3）当每做一项病原微生物试验研究前，必须保留本底血清样本，以供流行病学跟踪监测。

（4）实验室内配备有急救药箱和相应药品及急救手册供实验室所有人员使用。

（5）根据需要提供免疫预防接种，如无有效的特异性预防措施，应长期连续对人员进行医学监测。

（6）保留工作人员的疾病和缺勤记录，实验工作人员有责任通知实验室负责人和生物安全负责人所有因疾病而导致的缺勤。实验室工作人员出现与本实验室从事的病原微生物相关的感染症状和体征时：

①立即向实验室安全负责人报告。

②及时派专人陪同到定点合作医院就诊。

③随时向生物安全委员会报告就诊情况及结果，如果严重，必须由生物安全委员会报告当地卫生主管部门或兽医主管部门的行政监督机构。

（7）如有外来实验人员，应有二甲以上医院的体检报告，如必要，应进行相关免疫接种。

# 第二节　动物病原微生物实验室人员分类管理

目前开展动物病原微生物实验室工作的人员根据其工作职能及所属领域进行分类，大致包含以下几类（不同动物病原微生物实验室根据实际情况进行调整）：

- 动物病原微生物实验室的全体工作人员（可细化）。
- 需进入实验室开展实验活动的科研人员。
- 卫生清理、废弃物处置等其他保障人员。

根据实验室内部职能划分，还可以将属于本实验室的全体工作人员大致分为3个类别：一是实验室管理人员；二是设施维护保障人员；三是实验活动辅助人员（图7-1）。

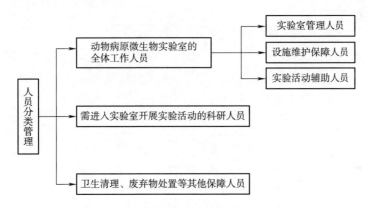

图7-1　动物病原微生物实验室人员分类

对人员职能进行划分后，从不同的职能角度对其进行针对性管理及考核，以保障动物病原微生物试验安全、高效、有序地进行。

除实验室人员外，针对外来人员要加强管控。

首先，外来人员进入实验室前要进行申请，表明进入的事由、时间、区域及联系人等，由实验室负责人审批同意后方可进入。其次，依据实验室的保密级别对外来人员进行人员背景审查并存档，告知其进入区域的风险并签署知情同意书，对相关风险导致的后果做出知情和同意的承诺。必要时，需要进行本底血清采样及健康监护。最后，由联系人陪同，按照规定做好个人防护工作，进行规定区域内的操作并离开实验室，保障实验室及外来人员的生物安全。

# 主要参考文献

武桂珍，2012. 实验室生物安全个人防护装备基础知识与相关标准［M］. 北京：军事医学科学出版社.

中国疾病预防控制中心病毒病预防控制所，2020. 实验室生物安全手册［M］. 北京：人民卫生出版社.

# 动物病原微生物实验室个体防护

## 第一节　动物病原微生物实验室个体防护总体要求

### 一、个体防护装备的概念

个体防护装备（PPE）是指防止人员个体受到生物性、化学性或物理性等危险因子伤害的器材和用品，包括眼镜、眼罩、听力保护器、口罩、过滤器、面罩、面屏、面具、帽子、实验服、防护服、隔离衣、围裙、手套、鞋套、靴子等，主要防护头面部（如眼睛、耳朵、呼吸道）、手、足、躯体等部位。在生物安全实验室，个体防护装备是一级防护屏障的重要组成部分，与生物安全柜、独立通风笼具、隔离器等防护设备共同构成一级防护屏障，防护设备主要对感染性样品起屏障作用，个体防护装备的使用目的是避免人员在实验活动过程中吸入感染性物质、直接或间接接触感染性物质，防止感染性事故发生。

### 二、个体防护装备的基本要求

在动物病原微生物实验室内，实验室人员开展实验活动时，应遵循以下基本要求选择、使用和维护个体防护装备。

（1）在风险评估的基础上，按不同生物安全级别的防护要求、防护目的和试验操作的需求，实验室选择适当的个体防护装备。

（2）实验室选择、使用的个体防护装备应符合相关国家标准或行业标准的管理要求与技术要求。除符合安全性能要求外，还应兼顾舒适、方便和美观等。

（3）实验室对个体防护装备的选择、使用、维护应有明确的书面规程和使用指南。

（4）实验室应定期组织实验室人员参加个体防护装备选择、使用和维护的相关培训、考核。

（5）实验室应对个体防护装备的使用情况与实验室人员正确使用个体防护装备的情况进行年度评估并记录。

（6）实验室内使用的个体防护装备均不得在穿戴的情况下离开实验室。防护区内使用的个体防护装备，应经消毒剂消毒、高温高压等有效清除污染。一次性个体防护装备应经消毒剂消毒、高温高压后才可运出实验室进行无害化处置。重复使用的防护装备在人员退出时要充分消毒，消除污染；可穿重复使用的工作服，使用后应高温高压后清洗。

（7）实验室应在专用存放处配备足够的清洁个体防护装备供使用。使用前，应仔细检查个体防护装备的完整性等，不使用标识不清、有破损的个体防护装备。

## 三、不同等级生物安全实验室的个体防护要求

**1.（A）BSL-1 实验室**　在（A）BSL-1 实验室，实验室人员操作有害材料时，应穿工作服、戴手套。根据风险评估结果，操作超声处理、细胞破碎处理等时，应戴防护眼罩、口罩、面屏等；在通风橱内操作腐蚀性或刺激性化学品时，应戴防酸碱手套、防酸碱围裙、面具等。离开实验室时，应脱下工作服、摘下手套等，不得将穿过的工作服带离实验室，定期对穿过的工作服进行清洁消毒处理。

**2.（A）BSL-2 实验室**　应符合（A）BSL-1 实验室的个体防护要求。

根据风险评估结果，穿工作服或医用防护服，戴医用外科口罩或 N95 医用防护口罩，应使用一次性手套，用过的手套不得清洗后再用。必要时，佩戴双层手套、面屏或护目镜以及穿鞋套等。

**3.（A）BSL-3 实验室**　应符合（A）BSL-2 实验室的个体防护要求。

根据风险评估结果，选择戴两层手套、穿一层或两层防护服、戴 N95 以上防护口罩（不得使用医用外科口罩等）、戴防护面屏或眼罩、穿工作鞋、穿鞋套等。必要时，使用防水围裙、正压空气净化呼吸装置（positive air-purifying respirator，PAPR），俗称正压头罩等。在防护服内，可穿重复使用的工作服（如棉质长袖分体工作服），使用后应消毒后清洗。

**4.（A）BSL-4 实验室**　根据风险评估结果，确定个体防护装备的选择。BSL-4 实验室分为生物安全柜型实验室和防护服型实验室。在生物安全柜型 BSL-4 实验室内，个体防护装备通常与（A）BSL-3 实验室的个体防护装备相同或相似。在防护服型（A）BSL-4 实验室内，个体防护装备主要是生命支持系统供气的正压防护服，在正压防护服内，应穿工作服、戴手套，根据风险评估结果增加其他防护装备。

# 第二节　动物病原微生物实验室个体防护装备的选择

## 一、动物病原微生物实验室个体防护装备的选择标准

个体防护装备（PPE）指工作人员穿戴的一套可穿戴设备或衣物（如手套），是操作人员与正在处理的病原微生物之间的一种屏障，可通过降低暴露可能性有效控制风险。个体防护装备经过近百年的发展，已形成较为完善的装备标准体系，特别是欧美发达国家，在个人生物防护装备方面，也给出了特定的标准要求。

防护服主要分为一次性实验服、隔离衣、连体服（上身下身连在一起，并包含帽子）和围裙等。防护服一般由防水透湿的功能性防护材料制成，起到防液体泼溅、渗透和气溶胶穿透的作用。

《感染性物质防护服技术要求和测试方法》（EN 14126：2003）详细规定了用于生物防护类的防护服结构特征、细菌病毒阻隔性能及测试方法。美国于1994年发布了《化学/生物恐怖袭击事件防护用品》标准（NFPA 1994），对各种生物防护场合和不同防护要求的个体防护装备的要求及测试进行了规定，并且包括手套和防护靴。《用 Phi-X174 噬菌体检测防护服抗血液和体液沾染（检测防护服材料对血源性病原体的穿透阻力）的方法》（ISO 16604：2004）则规定必须采用噬菌体作为标准检测物质。

呼吸防护装备主要分为口罩、面具和正压头罩等。呼吸防护装备的工作原理：利用空气过滤材料或过滤元件阻隔环境中的生物气溶胶，使佩戴者的口鼻部位或面部与周围污染环境隔离。

国际标准《呼吸器防护装置》（42CFR Part 84）系统地规定了口罩、过滤器、面具等呼吸防护装备的技术要求和检测方法。《呼吸保护装置　颗粒过滤器　要求　测试　标记》（EN 143：2000）规定了个人呼吸防护装备过滤元件的要求及测试方法。呼吸防护主要包括国家标准《自吸过滤式防颗粒物呼吸器》（GB 2626—2006）、《医用一次性防护口罩技术要求》（GB 19083—2009）和《呼吸防护动力送风过滤式呼吸器》（GB 30864—2014），对口罩、面罩和过滤元件的要求及测试方法进行了规定。防护服主要包括《医用一次性防护服技术要求》（GB 19082—2009）和《防护服一般要求》（GB/T 20097—2006）。《化学品及微生物防护手套》（GB 28881—2012）规定了防护手套的分级、要求、选择和测试方法。《个体防护装备　鞋的测试方法》（GB/T 20991—2007）、《足部防护　鞋（靴）材料安全性选择规范》（GB/T 31008—2014）、《个体防护装备　足部防护鞋（靴）的选择》（GB/T 28409—2012）等标准对

防护手套和防护靴进行了规范，但偏重于工业劳动防护，生物安全方面的标准较少，但可供借鉴。

在早期，生物安全四级实验室正压防护服标准通常与防化学正压防护服和防核沾染正压防护服共同发布，建立了从材料、零部件到整体性能的指标要求和检测检验方法。2002年，国际标准化组织（ISO）发布了《化学防护服分类、标志及性能要求》（ISO 16602：2002），2007年进行了修订。欧盟发布了系列正压防护服的标准，建立了较完善的标准体系。1994年，欧洲标准化委员会（CEN）发布了《呼吸防护装备 压缩空气式头罩技术要求》（EN 270：1994），对压缩空气式呼吸防护设备的要求、检验和标记进行了规范。同时发布了《气密型防护服气密性测试方法》（EN 464：1994），规定了气密型防护服的压力检测方法。1998年，欧盟发布了《放射性颗粒物送风式防护服》标准（EN 1073-1），特别对送风系统性能、进排气阀进行了规范。2002年，《化学防护服 气密型和非气密型化学防护服性能要求》（EN 943-1：2002）发布，针对气密型防化服（Ⅰ型和Ⅱ型）的材料、整体防护性能及检测方法进行了详细规定，检验方法部分引用了EN 270：1994。2003年，欧洲标准化委员会发布了《抗病毒防护服的性能要求和测试方法》（EN 14126）标准，对病毒防护服的性能要求和测试方法进行了规范，规定气密型正压防护服对应于EN 943-1：2002，检验方法与之保持一致，特别规定了防护服面料抗病毒渗透性的要求。美国于1994年发布了《化学/生物恐怖袭击事件防护用品》（NFPA 1994）标准，其中对正压防护服的压力、气密性、泄漏率、防护靴、手套等性能进行了规定，目前更新至2001版。2009年，中国国家标准化管理委员会和国家质量监督检验检疫总局联合发布了《防护服装 化学防护服通用技术要求》（GB 24539—2009），对应于ISO 16602：2007标准和EN 943-1：2002，其中详细规定了气密型防化服性能要求与检测方法。为适应中国生物安全四级实验室认可要求，2015年中国国家认证认可监督管理委员会发布了认证认可行业标准《实验室设备生物安全性能评价技术规范》（RB/T 199—2015），对正压防护服的外观、压力、供气流量、气密型和噪声的要求及检测方法进行了规定。正压防护服标准在2000年后趋向于稳定发展，对其生物安全要求逐渐明朗，但目前生物安全四级实验室正压生物防护服的专用标准仍处于起草制定阶段。

## 二、生物安全实验室个体防护装备的选择

动物病原微生物实验室防护装备依据所操作病原微生物的类别及实验室的防护等级进行选择。

## （一）实验服

实验室必须使用实验服，以防止个人衣服被生物因子污染。实验服必须有较长的袖子，最好有适当的袖口，穿戴时须保持封闭穿着，衣袖不得卷曲。实验服必须足够长，可遮住膝盖，但是不要拖到地板。实验服可重复使用或一次性使用，重复使用实验服必须定期洗涤，洗涤前应当考虑对有明显污染的实验服进行高压蒸汽灭菌。

实验服必须只在指定区域穿戴。不用时应当对其适当保存；不应将其挂在有个人物品的存物柜中或挂钩上，人员不得将实验服带回家。

## （二）鞋类

必须在实验室内穿鞋，且鞋类的设计必须尽可能防止滑倒和绊倒，并能够降低因物体坠落和生物因子暴露而引起损伤的可能性。鞋应当盖住脚的上部，而且型号应当匹配且舒适，使人员在进行工作时无疲劳感且不分散注意力。

## （三）手套

对于所有可能涉及接触血液、体液及其他具潜在感染性材料的操作，必须戴合适的一次性手套。不得对其灭菌后重复使用，因为消毒剂的暴露和长期使用将会减弱手套的完整性，并降低防护功能。手套在使用前应当检查，查看是否完整。

针对不同的用途，如热防护、锐器、生物因子或化学品防护等，可能需要不同类型的手套。手套应分大小、厚薄型号，确保手套与操作人员匹配。丁腈手套和乳胶手套经常用于防护生物因子。随时间推移，乳胶蛋白可能会引起过敏，选择低蛋白含量、无粉手套可最大限度降低过敏发生率。

## （四）眼面部防护装备

当需要保护眼睛和面部免受飞溅物、撞击物和紫外线辐射时，都必须戴防护眼镜、护目镜、面罩（头罩）或其他防护装备，必须对其进行定期清洁，如果发生喷溅，必须用适当的消毒剂对其进行消毒处理。

近视镜等不得用于眼睛的防护，因为它们未覆盖眼睛周围的全部面部区域，特别是头部侧面。市售的某些护目镜有凹槽，能够让用户在其下面戴处方眼镜。

## （五）呼吸防护装备

呼吸防护装备是防范病原微生物通过空气传播或直接接触传播等进入呼吸道的装备，在某些情况下，也可能需要对化学品或过敏源等非生物危害采取呼吸保护措施。按照风险评估需要，实验室一般会用到一次性医用防护口罩、N95 口罩、正压头罩等呼吸防护装备。一次性医用防护口罩和 N95 口罩要确保在有效期内，不能重复使用，必要时做个体适配性检查，受到液体喷溅后应尽快更换。正压头罩使用前要注意保证电量充足，防护面屏和正压头罩重复使用要消毒，过滤器要及时更换。

呼吸防护装备主要分为口罩、面具和正压头罩等。呼吸防护装备的工作原理：利用空气过滤材料或过滤元件阻隔环境中的生物气溶胶，使佩戴者的口鼻部位或面部与周围污染环境隔离。

**1. 口罩**  生物防护口罩的典型结构为 3 层结构组成的拱形口罩。最外层多为具有一定强度的针刺无纺布，起支撑作用；中间层为过滤效率高的熔喷聚丙烯非织造布或静电纺丝纳米材料，具有过滤微生物粒子的作用；最内层为柔软舒适的水刺无纺布，紧靠面部皮肤，无刺激性。

**2. 面具**  生物防护面具或口鼻罩与生物防护口罩最大的区别是具有单独的过滤元件，可以给口鼻和整个面部提供全面防护。其一般采用柔性橡胶折边结构，与佩戴者面部贴合度更好，具有更高的防护效果，且可重复使用。过滤元件是生物防护面具的核心部件，主要通过过滤元件中的高效过滤材料实现对生物气溶胶的吸附和过滤作用，为佩戴者提供洁净空气。

**3. 正压头罩**  正压头罩除对呼吸系统进行防护外，还可提供眼睛、面部和头部防护。

如图 8-1 所示，按照供气方式可将正压头罩分为电动式过滤式和压缩空气供气式两种类型。压缩空气和电动送风系统除可向头罩提供洁净的可呼吸气体外，还可使头罩内部气体压力高于外部环境，进一步阻止外部环境的生物污染物（气溶胶、液体）进入头罩内部，从而为佩戴者提供更高等级的防护。

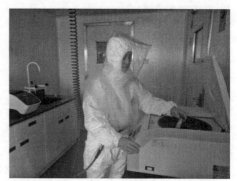

图 8-1  正压头罩
左，电动式过滤式  右，压缩空气供气式

如图 8-2 所示，从生命支持系统或电动送风系统向正压头罩提供压力和流量持续稳定的洁净空气，经过噪声消除装置后进入头罩内，在向佩戴者提供呼吸的同时，维持头罩内相对于外界的正压。半身式正压防护服为头部和呼吸提供高等级安全防护，克服了传统自吸过滤式防护口罩和面具由于密合不严而产生泄露的风险，大幅度提高了防护等级，而且有利于作业人员呼吸，减少湿热，减少身体负担。由于正压头罩无法像全身式防护那样通过化学淋浴系统洗消，也不能通过高压蒸汽灭菌的方式消毒，因此在实验室一般为一次性使用，或者放入气体熏蒸舱内灭菌。

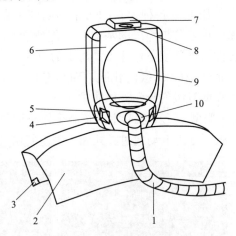

图 8-2　正压头罩结构原理

1. 送气管　2. 披肩　3. 尼龙搭扣　4. 脖套　5. 进气阀　6. 头罩
7. 排气阀罩　8. 单向排气阀　9. 视窗　10. 降噪装置

## （六）正压防护服

正压防护服需要配备压缩空气集中送气。正压防护服可对高致病性病原微生物提供防护作用。世界卫生组织出版的《实验室生物安全手册》中规定，对于正压防护服型生物安全四级实验室，人员进入必须穿着一体式的、可供给高效过滤空气的、内部为正压的防护服。防护服供气系统应有独立的来源和至少双倍于需求量的供应能力。除此之外，实验室还须配备供人员穿着正压防护服进行化学淋浴消毒的设备。正压防护服是生物安全四级实验室个人防护的核心装备，对正压防护服的材料、稳压、降噪及综合设计都有很高的技术要求。我国由于对此类装备的研究起步较晚，目前已建成和正在建设的生物安全四级实验室均采用了国外进口产品，存在采购周期长、成本高、限制条件多、后期维护困难诸多问题。"十二五"以来，在国家"863"等科技计划支持下，国家相关研究单位成功攻克了正压防护服关键技术问题，研制了符合国际标准和国家标准要求的个人正压防护装备，目前已在国内某生物安全四级实验室完成实用性评估。

正压防护服是生物安全四级实验室人员防护核心装备，是一种具有供气系统并能保持内部气体压力高于环境气体压力的全身封闭式防护服。它可以防止人体各部位及呼吸系统暴露于有害生物、化学物质与放射性沾染尘埃，对人员起到全面的保护作用。正压防护服可以防护来自固、液、气等有毒有害物质的威胁，给呼吸系统、皮肤、眼睛和黏膜提供最高等级的防护，适合污染环境中有害物质的成分和浓度都不确定、有可能对人体造成致命危害的场合。因其材料和结构气密，并具有供气系统，因此在使用时防护服内部压力始终高于外界环境压力，防护服内外压差对各种形式的污染物起到了良好的隔离作用。目前，正压防护服在保持足够防护等级的基础上，更加轻便、灵活，已成为高危生物污染环境和放射性污染环境下作业人员防护的重要装备。本部分所指正压防护服区别于自带气瓶气源的 A 级防化服，而是专指生物污染环境下使用的正压防护服，仅提供较低等级的化学液体防护。

正压防护服是防护服型 BSL-4 实验室的核心个体防护装备。如图 8-3 和 8-4 所示，正压生物防护服可分为电动式过滤式和压缩空气供气式两种类型。

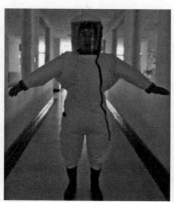

图 8-3　电动式过滤式正压防护服

图 8-4　压缩空气供气式正压防护服

目前，生物安全四级实验室通常采用压缩空气供气式正压防护服，该类防护服配有生命支持系统，配备提供超量清洁呼吸气体的正压供气装置，防护服内环境气压相对周围外环境为持续正压，适用于实验对象为高危险性病原微生物的操作。

正压防护服通常由头罩、连体服、拉链、手套与靴子、供气系统等部分组成。头罩通常由透明的高分子材料制成。连体服通常由具有较好阻隔性能、气密性能和力学性能的高分子材料，如 PVC 涂层复合材料，经高频热合工艺制作而成。拉链为气密型，通常由头部延伸到胯部以方便人员穿脱。手套与靴子通常为橡胶材质，通过特殊的结构与防护服密封连接，有些手套可更换。供气系统为防护服提供洁净空气并保持防护服内的正压。

如图 8-5 所示，防护服的气密性材料和气密结构设计使之成为一个封闭体系。当外接长管供气系统时，独立来源的压缩气体经过滤净化、调温、调压处理后由送气管送入防护服内。当自带动力送风系统工作时，空气经高效过滤除去有害微生物和颗粒物后由风机直接送入防护服内。送入防护服内的干净空气可供人体呼吸，当供给防护服的气体流量大于由泄压阀排出的气体流量时，防护服内相对外界环境为正压。防护服的内外压力差使之对外界的微生物污染物起到了很好的隔离作用，从而有效保护穿着人员。

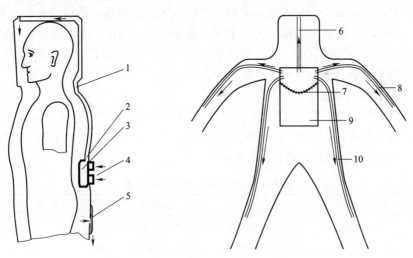

图 8-5　电动送风过滤式正压防护服示意

左，外部送风示意　右，内部气流分布示意

1. 内衬腔　2. 进气接头　3. 送风系统　4. 过滤器
5. 排气阀　6. 头部送气管　7. 拉链　8. 上肢送气管
9. 动力送风系统背包　10. 下肢送气管

全身正压防护服具有以下性能特点：①防护等级高。正压防护服采用高阻隔性的材料制成，且全身封闭，工作时防护服内部压力始终大于周围外环境压力，通常正压可达数十至数百帕，因此能为人员全身提供最高等级的防护，其防护系数高达 100 000 以上，可有效阻隔气体、液体和气溶胶形式的生物、化学有害物质及放射性沾染尘埃。②呼吸负担小。相对于非供气式防护服，正压防护服工作时大流量的洁净空气不断进入防护服内，使人员呼吸更顺畅、更轻松。③热舒适性好。正压防护服工作时大流量的洁净空气不断进入防护服内，意味着防护服与外界环境一直维持着较强的热量交换，因此可将人体产生的热量和水分及时排出防护服，使穿着人员不会产生明显的闷热感，热舒适性较好。

# 第三节　动物病原微生物实验室个体防护装备的评估

## 一、选用前评估

根据各项标准，可选用不同品牌的个体防护装备进行测评，考虑其在满足标准的基础上，评估个体防护装备的各项性能，择优选取，并留存测评记录以作为依据。

### （一）外观评估

个体防护装备外形应平整，表面应光洁，无明显划伤、污点、变色、毛刺、脱线、穿孔等。防护服拉链应完整牢固、贴条平顺。防护手套、防护靴/鞋应无褪色、穿孔、漏损或裂纹。正压防护服、正压防护头罩焊接、零部件连接应牢固、焊缝应平整、表面应光滑。各种标志等应正确、清晰、端正、牢固。

### （二）材料评估

个体防护装备所采用材料均应符合相关标准规定，制造商应在产品说明书中标明材料材质和主要参数。在所有个体防护装备中，正压防护服对材料的要求最为苛刻，正压防护服面料性能要求见表8-1。

表 8-1　正压防护服面料性能要求

| 序号 | 检验项目 | 标准要求 * |
|------|---------|-----------|
| 1 | 耐磨损性能 | 产生损坏所需循环次数＞500 次（即不低于 3 级） |
| 2 | 耐屈挠破坏性能 | 屈挠破坏循环次数＞15 000 次（即不低于 4 级） |
| 3 | 撕破强力 | ＞40N（即不低于 3 级） |
| 4 | 断裂强力 | ＞250N（即不低于 4 级） |
| 5 | 抗刺穿性能 | ＞50N（即不低于 3 级） |
| 6 | 耐高温性能 | 面料经过 70℃预处理 8h 后，断裂强力下降应不大于 30％ |
| 7 | 耐静水压性能 | a. 预处理前耐静水压＞1.0kPa（即不低于 1 级）；b. 预处理后耐静水压下降应不大于 30％ |

\*　指 EN 943-1：2002 要求，所列分级为该标准分级。

由于正压防护服可能会被化学气体、溶液沾染或洗消，材料应具有相应的化学物质耐受性。除表 8-1 所列项目外，对视窗进行了特别规定，要求能清晰辨认 6m 外的、高 20～100mm 的 4 个字母。

### （三）连接

有拉链、带、钩等附件连接时，个体防护装备相关标准中均给出了相应的连接强度要求。正压防护服材料接缝断裂强力不低于 500N，各部件连接强度不低于 100N 静拉力。防护服整体应能经受 1 000Pa 正压和 2 000Pa 峰值压力检测后无破裂和永久性材料变形。

### （四）听觉

正压头罩和正压防护服佩戴时会产生噪声，EN 1073-1：1998 规定最大流量下正压头罩和正压防护服内噪声不高于 80dB（A）。通常情况下，噪声高于 75dB（A）时，穿着人员应佩戴通信与噪声防护设备。

### （五）向内泄漏率

个人呼吸防护装备有气溶胶向内泄漏率的指标要求。对于压缩空气供气式正压生物防护服无向内泄漏率的要求，安全性主要取决于供气系统的空气品质和防护服气密性。对于电动送风过滤式全身式正压防护服向内泄漏率应小于 0.05％。正压头罩向内泄漏率应小于 0.05％。

生物防护口罩一般用过滤效率表示口罩的防护性能。不同地区根据口罩防护效率进行了分级，表 8-2 给出了中国、美国及欧盟 3 个地区的口罩防护性能分级。

表 8-2 生物防护口罩分级及对应效率

| 地区 | 标准号 | 级别 1 | 过滤效率 | 级别 2 | 过滤效率 | 级别 3 | 过滤效率 |
|---|---|---|---|---|---|---|---|
| 中国 | GB 2626—2006 | KN100 | ＞99.97％ | KN95 | ＞95％ | KN90 | ＞90％ |
| 美国 | 42 CFR Part 84 | N100 | ＞99.97％ | N99 | ＞99％ | N95 | ＞95％ |
| 欧盟 | EN 149：2001 | FFP3 | ＞99％ | FFP2 | ＞94％ | FFP1 | ＞80％ |

### （六）供气系统

压缩空气供气式正压防护服应能与供气系统快速连接，进气阀应能调节并安装在方便穿戴者操作的位置，进气阀最小调节流量应满足防护服设计的最小供气压力。防护服排气阀应能在整体气密性和向内泄漏率测试后正常工作，并保持向内泄漏率满足设计要求。排气阀的排气量应满足在供气流量 300L/min 条件下，防护服内正压差小于 400Pa。排气阀应设计为单向阀，且在 1 000Pa 反向压力条件下，排气阀所导致的压力衰减不应大于 100Pa/min。最大供气流量下，供气系统使防护服内平均压力不能高于 1 000Pa，峰值压力应小于 2 000Pa。供气流量和局部流量不应给穿戴者带来不适或局部过冷。

经过空气压缩机压缩的空气中往往存在许多污染物，包括颗粒物、水蒸气、油、有害气体（如 CO、$CO_2$）等，必须经过净化处理才能达到人体呼吸要求。针对生命支持系统的空气品质，《实验室设备生物安全性能评价技术规范》（RB/T 199—2015）规定了有害气体浓度范围：二氧化碳含量不超过 500mL/$m^3$，一氧化碳含量不超过 15mL/$m^3$，压缩空气应无明显气味，油含量应小于 0.5mg/$m^3$（衣颖等，2020）。

### （七）气密性

气密性是呼吸防护设备的关键指标，根据检测装置，检测防护口罩的过滤效率及气溶胶防护性能。每人在进入实验室之前都要做必要的气密性测试，确定适合的防护口罩型号，确保防护性能。

### （八）报警

某些电动送风过滤式正压防护服、正压头罩具有低电量、低风量报警功能。

## 二、使用后检测

个体防护装备，特别是正压防护服，是生物安全四级实验室人员防护的核心装备，定期检测是保证其质量和性能的关键，而检测的依据则是国家相关标准。以正压生物防护装备为例，医疗器械标准《正压生物防护装备》（YZB/津 1978—2014）是我国目前唯一的规定正压防护服出厂检验和型式检验的标准。《实验室设备生物安全性能评价技术规范》（RB/T 199—2015）规定了正压防护服检测时机、项目、评价方法、检测结果，具有很强的可操作性。

### （一）检测类型和检测时机

根据目的和要求不同，个体防护装备的检测类型可分为出厂检测、型式检测、现场检测和维护检测。

出厂检测是每一类个体防护装备生产、组装完毕后，出厂前的检测。出厂检测时，遵守有关国家或行业标准的一般要求，并按照企业标准的具体要求来进行，检测条目中出现一项不符合要求，即判定该装备出厂检测不合格。

型式检测的样品应在出厂检测合格的个体防护装备中随机抽取。型式检测由生产厂送样，检测必须在经过质量认证合格的机构进行。产品处于下列任一情况之一时，应进行型式检测：①新产品或老产品转厂生产的样品定型时；②正式生产后，如果结构、材料、工艺有较大改进，可能影响产品性能时；③正常生产时，定期或积累一定产量后；④产品长期停产后，恢复生产时；⑤出厂检测结果与上次型式检验的结果差异较大时；⑥国家质量监督机构提出进行型式检测的要求时；⑦产品有下列改变时：关键材料发生变化；送气阀、排气阀、呼吸阀、拉链等结构、安装位置发生变化；增加或减少辅助功能；正压防护服手套、防护靴选型发生变化。检测项目中出现一项不符合要求，即判定该个体防护装备型式检测不合格。

某些重复使用的个体防护装备投入使用前需进行现场检测，如面具、正压头罩和正压防护服。检测项目中出现一项不符合要求，即判定该装备现场检测不合格。

某些重复使用且需要频繁更换配件的个体防护装备，如正压头罩、面具、正压防护服等更换高效空气过滤器和内部部件维修后，需要进行维护检测。此外，正压防护头罩、面具、正压防护服等个体防护装备需定期进行维护检测。检测项目中出现一项不符合要求，即判定该装备年度检测不合格。

### （二）现场检测的有关要求

对于重复使用的个体防护装备，为了确保出厂合格的正压防护服，在前次使用后以及随后的使用过程中持续符合相关标准的要求，并最终确保其安全防护功能的实现，每套装备在使用前必须做现场测试。此外，每当更换高效空气过滤器、对内部组件进行保养维修时，都必须重新检测。有特殊危害或极限使用或工作时，应考虑更频繁地进行再检测。当正压防护服等装备符合所有现场检测标准时，通常要张贴性能合格的标志或做详细记录，并注明检测时间。

正压头罩现场检测主要包括：①头罩外观及破损情况；②送风系统电池状态；③进气管和排气阀安装连接是否正常，排气阀是否启闭正常；④送风系统启动是否正常；⑤送风量是否符合产品说明；⑥过滤器连接是否气密；⑦是否需要更换过滤器；⑧头罩内噪声是否异常。

生物防护面具现场检测主要包括：①密合橡胶圈是否老化、破损、变形；②视窗是否破损、变色、变形；③头带是否残缺、老化；④过滤器安装是否正确；⑤是否需要更换过滤器。

由中国国家认证认可监督管理委员会发布、2016年实施的《实验室设备生物安全性能评价技术规范》（RB/T 199—2015），规定了正压防护服的检测时机至少应包括：①投入使用前；②更换高效空气过滤器或内部部件维修后；③定期的维护检测。现场检测的项目至少应包括外观及配置检查和性能检测。外观及配置检查包括标识和防护服表面整体完好性；性能检测通常包括正压防护服内压力、供气流量、气密性、噪声。

国家生物防护装备工程技术研究中心根据正压头罩、正压防护服现场检测的相关要求，开发了便携式现场检测箱，能够实现正压防护装备的防护因子、气密性、流量、压差的现场快速检测，给正压防护装备现场检测提供了极大的便利性。

## 三、使用后综合评估

在长期使用和磨合中，实验人员会筛选出符合规定要求的个体防护装备。

在此基础之上，要综合评估舒适度、耐用性能以及市场供应量各个因素，选出广泛适用于实验室的防护装备，并要将合格供应商评价记录存档。

# 主 要 参 考 文 献

衣颖，2020. 生物安全四级实验室生命支持系统的研制 [J]. 暖通空调，50（2）：111-116.

# 第九章

# 动物病原微生物实验室
# 良好工作行为规范

## 第一节　兽医实验室与公共卫生

人类发展史是一部人类与疫病斗争的历史，伴随着农耕文化的发展、人口的增长、动物养殖量的扩张、人类接触野生动物的概率增大，动物病原微生物成为人类的病原微生物。研究资料表明，人类重要的传染病，其中白喉、甲型流感、麻疹、腮腺炎、百日咳、轮状病毒、天花、结核病是由动物传染而来；乙型肝炎可能源自猿类，鼠疫和伤寒由啮齿动物传染给人类；风疹、破伤风、伤寒来源不明（Wolfe N D, et al., 2007）。直至20世纪70年代，由于卫生条件的改善，以及有效疫苗和抗菌药物的开发与应用，发达国家的人类传染病发病率大幅度下降。但随之而来的是新型传染病的出现，如艾滋病、埃博拉病毒病、严重急性呼吸系统综合征（SARS）、中东呼吸综合征、高致病性禽流感、尼帕病毒病等，传播迅速、死亡率高、研发防控的药物或疫苗进展缓慢且成本高，这些病原微生物的出现均与环境的改变、人类活动行为和范围改变、人类与野生动物及野生动物与家畜相互作用有关，并随着人类全球流动和贸易而加剧，新发传染病逐渐成为公共卫生关注的焦点，同时家畜传染病也成为社会关注热点，如1994—1998年，澳大利亚以及东南亚的蝙蝠中出现了3种新的人兽共患病病毒，即亨德拉病毒、孟安格尔病毒和尼帕病毒，该病毒属于副黏病毒科病毒，可以感染马或猪等家畜而传播给人类（Lowenthal J, 2016）。

据统计，在自然传播条件下，对人类具有传染性并能够导致人类疾病的生物物种，即人类病原体有1 407种。病毒类病原体有208种，其中新发或再发病毒类病原体77种，约占37%，分属于20个病毒科，最多的为布尼亚病毒科、黄病毒科、披盖病毒科和呼肠孤病毒科的病毒，且以RNA病毒为多，体现了RNA病毒容易发生重组与变异的特性。细菌类病原体有538种，其中新发或再发细菌类病原体54种，约占10%，分属60多个细菌科，但大多数为肠杆菌和分枝杆菌。真菌病原体有317种，其中新发或再发真菌病原体有

22 种，约占 7%；原生生物病原体有 57 种，其中新发或再发原生生物病原体有 14 种，约占 25%。寄生虫病原体有 287 种，其中新发或再发寄生虫病原体有 10 种，约占 3%。在新发或再发病原体中，病毒的比例明显高于其他微生物，寄生虫占比最少。

在 1 407 种人类病原体中，人兽共患病病原 816 种，占 58%。在 177 种新发或再发病原体中，人兽共患病病原体有 130 种，占比高达 73%。大多数人兽共患病病原体不在人与人之间传播，如狂犬病病毒、裂谷热病毒、西尼罗病毒、布鲁氏菌和伯氏疏螺旋体（莱姆病的病原体），极少数人兽共患病病原体（约 10%）仅在人与人之间传播，如结核分枝杆菌、麻疹病毒，或从非人类宿主外溢到人类后，在人与人之间传播，如某些甲型流感、鼠疫耶尔森菌或严重急性呼吸综合征（SARS）冠状病毒等。相当一部分人兽共患病病原体（约 25%，即 200 种）由非人类宿主反复传入人类，断断续续在人与人之间传播，如大肠杆菌 O157、布氏锥虫、埃博拉病毒等。尽管大多数人兽共患病病原体在人群中不具高度传染性，也不会造成重大流行病，但环境生态的任何变化为病原体从非人类向人类传播提供了新的机会，宿主-病原体相互作用微小变化会导致严重的公共卫生问题，人类无法预测新发或再发病原体的行为，是否会像狂犬病，持续不断传入人群，但不会引发重大流行，或像艾滋病病毒不易传入人群，一旦传入能引起全球大流行（Woolhouse M E，et al.，2005）。

人类在地球上从事生产和贸易活动，造成了人兽共患病的出现与传播。易感人群接触感染了细菌、病毒、真菌和寄生虫等新病原体的家畜或野生动物，将病原体引入人类，感染的人类或动物宿主再经贸易改变活动范围，加速了疫病的传播。人类历史上鼠疫、黄热病、流感、炭疽和肺结核等疾病最初都是接触野生宿主感染而出现的。哥伦布横渡大西洋发现新大陆，将天花、伤寒和麻疹从欧洲传播到美洲，是由于探险活动而传播的。严重急性呼吸综合征（SARS）、中东呼吸综合征（MERS）、亨德拉病毒病和尼帕病毒病等一系列近年来首次发现的人兽共患疾病，预示着新发传染病出现和传播的加速。最近从两种人兽共患病天然宿主——果蝠和猕猴采集的样本中发现大量新病毒，揭示了未知病毒的多样性。根据推测，陆生哺乳动物和水鸟中含有人兽共患病的病毒家族中约 160 万种未知病毒。意味着可能有 65 万～84 万种未知人兽共患病等待出现。掌控传染病流行病学、生态和社会经济过程在发病和传播过程中的相互影响，协调公共卫生/生物安全制度，贸易活动、人类活动的经济分析，增强人类社会对新发或再发疾病暴发时的预警和应对能力是非常重要的（Jones K E，et al.，2008）。

尽管人们乐观地认为传染病战争在 20 世纪 70 年代已经结束，但人类仍然面临着传染病大流行，特别是新发和再发的传染病挑战，其中许多疾病起源于动物。人兽共患病不仅影响人类健康，而且会对家畜和野生动物的健康产生严重影响。有些人兽共患病病原体可感染多种家畜和野生动物；这些多宿主病原体引起野生动物死亡，经野生动物传染家畜，从而对畜牧业和农民生计、国民经济及环境造成毁灭性影响。随着土地开发、全球化和气候变化的复合效应，多宿主病原体逐渐引起人们关注。集约化养殖，畜禽养殖密度增加，加剧了家畜传染病的发生，导致疫病传播给野生动物，威胁濒危野生动物种群。野生动物栖息地不断压缩和消失，导致更多的多宿主病原微生物"溢出"，感染家畜和人类，对畜牧业和人类公共健康造成严重威胁。因此，人口的增加和对空间的需求增加导致人类、野生动物和家畜之间的接触增加，从而为病原体传播创造了更多机会。对抗传染病的战争显然还没有结束。

　　系统调查野生动物宿主中人兽共患病病原体生态以及溢出风险特征的长期、多学科研究，对于更好地预测和预防未来的流行病至关重要。马来西亚对尼帕病毒导致的人兽共患病进行分析研究后，通过采取清除养猪场的果树、将养猪场搬离林区，或将猪与蝙蝠分开等防控措施，马来西亚再也没有发生尼帕病毒病疫情。美国制定专项研究计划，开展了野生动物中新病原的鉴定，如蝙蝠、啮齿动物和灵长类动物中的新病毒，研究确定这些病毒对人类的潜在风险以及应对该风险的策略。计划实施了数年，从野生动物人兽共患病的病毒家族中识别了1 000多种新病毒，但还没有办法确定这些新病毒中哪些是最危险的病原，也无法快速诊断偶尔从野生动物宿主溢出的病原体，以便人类采取适当措施降低大流行的风险（Allen T，et al.，2017；Mishra C，et al.，2022）。

　　动物传染病的传播与早期动物研究有一定关系，动物研究为动物传染病的暴露传播提供了机会。早期，很多地方病性传染病在动物群体中比较常见，研究项目经常使用健康状况未知的动物，从而造成动物传染病向人传播。另外，动物饲养和使用场所的环境条件较差，兽医护理和职业健康安全计划很少或根本没有。随着时间的推移，动物研究的目的已经转变为更好地保护人类和动物健康。现如今，大多数研究机构严格监测实验动物种群的健康状况，以排除人兽共患病病原体和其他受关注的微生物，大多数动物是从建立了严格的动物健康监测计划的动物群体中获得的。强化兽医护理增强动物健康，兽医诊断也具有足够的灵敏度和特异性，可在出现临床症状或在群体内广泛传播之前检测出动物传染病病原体。此外，设计、建造和维护现代动物设施，为动物和人员提供受控的环境条件；隔离、控制和促进潜在污染区域的卫生防护（如动物检疫室或污染笼具和废弃物处理区域）；消杀寄生虫和有害昆虫。采用专门的实验动物饲养设备，如使用带有HEPA过滤器的IVC啮齿动物实验隔离器，以防止动物、人员和环境污染。同时，兽医实验室也加强职业健康和安全计划监控工作人员健康状况，以降低实验动物造成人兽共患病传播扩散的风险。

# 第二节　实验室获得性感染

微生物包括细菌、病毒、真菌、原生生物以及显微藻类等一大类，是体积微小但与人类关系密切的生物群体。兽医微生物教科书将其分为细菌、病毒、真菌、放线菌、立克次氏体、支原体、衣原体、螺旋体 8 类，其形态结构各异，有肉眼可见的真菌，如蘑菇；有仅由核酸蛋白组成的非细胞生物，如仅由蛋白组成的朊病毒。荷兰科学家列文虎克发明了显微镜，从而观察到了许多肉眼看不见的、微小的植物和动物。1931 年，恩斯特·鲁斯卡研制电子显微镜，科学家能观察到百万分之一毫米那样小的物体，并于 1986 年获得了诺贝尔奖。显微镜的发明使生物学发生了一场革命，推动了微生物学研究。法国微生物学家巴斯德和德国细菌学家科赫从形态学研究阶段转入生理学研究阶段，揭露了微生物是造成腐败发酵和人畜疾病的原因，并建立了分离、培养、接种和灭菌等一系列微生物技术，也就有了微生物实验室。将有益的或有害的微生物集中在有限的空间采用一系列微生物技术开展研究，实验室人员接触大量培养增殖的有害微生物直接威胁着工作人员的身体健康，就有可能发生实验室获得性感染（Laboratory-acquired infections，LAI）。Kisskalt 于 1915 年首次发表了 LAI 的调查报告，世界首例 LAI 是 1885 年的伤寒病例，1885—1915 年，发生了 50 例伤寒病例，其中 6 例死亡病例，主要经气溶胶、锐器损伤、饮食、用嘴移液以及溢溅黏膜而感染。此外，在 1887—1904 年多次发现布鲁氏菌病、破伤风、霍乱、白喉等的实验室病例。美国分别在 1915 年、1929 年和 1939 年有文献记录，微生物学家在实验室采用鸡胚分离培养鹦鹉热衣原体和贝氏柯克斯体，由于研磨病原体感染鸡胚组织和离心实验材料，发生气溶胶感染鹦鹉热和 Q 热病例（Petts D, et al., 2021）。

20 世纪 50 年代开始，微生物学实验室安全问题与实验室获得性感染引起人们的广泛关注。自 1961 年起，科学家连续进行了大量调查研究（Petts D, et al., 2021），发生 LAI 最常见的病原体为结核病（25.3%）、志贺氏菌病（27.4%）、肝炎（未指定型，20.0%）、沙门氏菌病（11.6%）、伤寒（3.2%）和布鲁氏菌病（2.1%）。据统计，1951—1978 年，美国和欧洲发生 LAI 7 068 例，造成 288 例死亡。比较研究发现，与普通人群相比，实验室工作人员患布鲁氏菌病比例为 64.1 例/10 万人，而普通人为 0.08 例/10 万人，大肠杆菌 O157 感染比例分别为 8.3 例/10 万人和 0.96 例/10 万人，脑膜炎球菌引起脑膜炎的比例分别为 25.3 例/10 万人和 0.62 例/10 万人，由此可知，实验室工作人员患病风险较高（Baron E J, et al., 2008）。英国研究发现 LAI，占优势的主要是结核病、肝炎、志贺氏菌病和沙门氏菌病（Grist N T, et al., 1987）。

德国科学家 1919 年发表了第一本实验室安全手册。该手册建议实验室工作人员使用长袖紧袖口实验室工作服，禁止在实验室内进食，避免使用口腔移液管以及对移液管进行消毒（Petts D，et al.，2021）。

根据已发表文献统计，发生 LAI 主要有 5 个途经，其中气溶胶感染是最主要的途径，35%～65% 的 LAI 病例是由气溶胶感染引起的。研究表明，50mL 印度沙雷氏菌（*Serratia indica*）肉汤培养物离心时试管破裂，10min 内房间内每立方英尺\* 空气中含有 118 个活菌，表明离心是造成气溶胶分散的主要方式之一。生物安全柜（BSC）是保护实验室工作人员免受气溶胶感染的主要防护措施之一。罗伯特·科赫于 1905 年首次描述了实验操作柜雏形，随后弗里克于 1915 年也有类似报道，直到 1919 年 BSC 才在德国首次商品化上市。Vander Ende（1940）发布了第一个正式的 BSC，到 1948 年才正式出现不锈钢柜体、前玻璃观察窗和排气扇，直到 20 世纪 60 年代末才广泛使用（Petts D，et al.，2021）。

Petts D 等（2021）调查医学实验室结核病发病率时发现，实验室熟练技术专家发病率最低，实验室非熟练技术人员和学生的发病率较高，尸体剖检工作人员发病率最高，远远超过前两类人员的发病率。调查发现，针刺伤造成的意外感染也比较常见，约占 LAI 的 25%。

移液操作是各种生物医学和化学实验里最常见的操作。现代很多人对这些实验操作的印象就是实验员手持移液枪操作的画面。但在不到 100 年前，实验室这类操作非常随意。美国商人马文·史东从用麦秆吮吸冰冻酒的习惯中获取灵感，制造出了纸吸管用以喝饮料。但不知道是谁想到了用吸管喝饮料的方法来移液。为了确保移液量精准，将一根有刻度的细长玻璃管的一端含在嘴里，另一端伸入液体中，看着刻度想吸多少就吸多少，用嘴巴解决了精确移液的问题，但也带来了新的麻烦。实验用的液体不是寻常的无害液体，万一不小心吸入，轻者腹泻，重者不省人事。随之有人就在吸管末端口塞上棉花，以降低吸入风险，但棉花团不耐腐蚀，吸取浓氨水、浓盐酸等腐蚀性液体仍然存在风险。Pike 研究表明，吮吸移液（mouth pipetting），尤其是用嘴吸移病原微生物液体培养、血液和血清等，导致大约 13%LAI 的发生。吮吸移液是最危险的一种移液方式，建议使用橡胶吸耳球，避免口腔接触，但直到 20 世纪 50 年代才被普遍接受。调查表明，在 20 世纪 60 年代，吮吸移液法仍然被广泛采用，约有 62% 的实验室仍然采用吮吸移液法，到 1977 年也没有得到有效改善。现今吮吸移液已经成为很多实验室里明令禁止的违规操作，但还没有绝迹。一些发展比较落后的国家因为管理不规范，实验室吮吸移液的现象仍旧时

---

\*　英尺（ft）为非法定计量单位。1ft＝0.304 8 m。——编者注

有发生。

调研证明，使用针头和注射器时，特别是有压力的注射器，会产生大量气溶胶，用镊子将针头取下时，易造成溢出和飞溅到眼睛与面部。吸管尤其是排出最后几滴液体时也会产生气溶胶（Phillips G B et al.，1966）。研究发现，有177例因针头和注射器事故引起的病例，占研究病例的1/4。培养物有意无意地溢洒到实验台表面，黏附在工作人员手与手指上，在无意间触碰口、眼而发生感染，约占研究病例的25%（Pike R M，1976）。早期在实验室进食、饮酒和吸烟曾被实验室视为正常行为，调查发现，有一些实验室感染病例与之有关，现在已被禁止。据记录，有一例实验室获得性炭疽感染病例，是由于该实验室工作人员在处理细菌培养物时吸烟引起的吸入性感染。标签的误用也可以造成LAI，历史上曾发生提交实验室检测的食品被错误地贴上安全标签，随后被工作人员食用而造成感染的事件。

20世纪60—70年代，英国发生了多起与实验室相关的严重感染事件，涉及医疗工作者和民众，引起了公众和立法界对LAI的高度关注。影响最大的是天花暴发和大量肾透析关联肝炎病例。1973年，一名从事天花研究的技术人员患病诊断为天花，在确诊之前，她的母亲和两名访问过这个实验室的人员感染了这种疾病。这位技术员和来访者都死了，仅其母亲活了下来。5年之后的1978年，伯明翰实验室附近的一位医学摄影师也染上了天花，但未确定其传播途径。

爱丁堡肾透析病房发生40例肝炎，分别为26名患者、12名工作人员和2名家庭成员接触者，这次事件造成其中11人死亡。调查发现是由于一名肝炎患者接受透析污染了透析机，机器消毒不充分将病毒传播给后来的病人。在处理被污染的机器时，由于针头刺伤以及气溶胶黏膜污染再传染给工作人员。这些事件的发生充分显示了微生物实验室不仅对实验室工作人员本身存在风险，而且对更广泛的周边人群存在潜在风险。1958年的汤姆林森报告重点关注了实验室和尸体解剖室工作人员结核病发病率过高，并提出了实验室、尸体解剖室和动物房应采取的预防措施。

经系列LAI事件与调查研究，逐步完善了英国实验室行业工作规范和立法工作。研究人员对亚太地区LAI情况进行了调研，位于西太平洋的亚太地区拥有45亿人口，占世界人口的近60%。区域内各国经济发展不平衡。既有高收入的发达国家，如日本、澳大利亚和新加坡等；中等收入国家，如马来西亚、韩国、菲律宾等；也有发展中国家，如中国和印度等；以及低收入的欠发达国家，如老挝、柬埔寨、缅甸等。亚太地区为热带、亚热带、温带季风性气候，由于人口高度密集，基本卫生条件不足，疫病发生后检验流程、样本采集、临床诊疗、病原分离培养等不规范、防护措施条件不足。所以，该地区是新发传染病的"热点"区域，存在大量实验室处理人类和兽医病原微生物样本，在疾病监测、诊断、预防、治疗、研究和维护人类及动物健康方面发挥着重要作用。1982—2016年，该地区实验室共报告发生了27起LAI，其中东亚15起（占56％）、大洋洲7起（占26％）、东南亚3起（占11％）、南亚2起（占7％）。按照国家或地区分，澳大利亚（26％，7/27）、日本（15％，4/27）、韩国（15％，4/27）、新加坡（4％，1/27）、中国（7％，2/27）、印度（7％，2/27）、马来西亚（7％，2/27）以及中国台湾（19％，5/27）。引起LAI的主要病原微生物分别为细菌（16/27）、病毒（9/27）、真菌（2/27），常见病原为登革热病毒、严重急性呼吸综合征冠状病毒（SARS-CoV）、布鲁氏菌、分枝杆菌、立克次氏体和志贺菌等，其中约81％为人兽共患病。52％发生在研究性实验室，26％发生在临床诊断实验室。虽然多数发生原因不明，但很多都与人为错误有关，如意外刺伤、割伤、溢洒污染表皮黏膜或蚊虫叮咬等（Singh K，2009；Sewell D，1995；Peng H，et al.，2018；Qasmi A S，et al.，2019）。

# 第三节　动物病原微生物实验室安全与良好操作规范

兽医实验室主要从事动物病原微生物实验活动，通过实验室规范操作，确保检测数据质量和结果可靠，提高动物疫病防疫水平，保障畜牧业健康发展，同时对于防控人兽共患病、保障公共卫生安全具有重要意义。

## （一）依法依规开展实验室活动

实验室从事任何实验活动都必须依法依规。有关实验室管理的相关法律法规主要有《中华人民共和国动物防疫法》《中华人民共和国生物安全法》《中华人民共和国传染病防治法》《中华人民共和国职业病防治法》《医疗废弃物管理条例》《实验动物管理条例》《病原微生物实验室生物安全管理条例》（国务院令第424号）、《实验室　生物安全通用要求》（GB 19489—2008）、《微生物和生物医学实验室生物安全通用准则》（WS 233—2017）、《兽医实验室生物安全要求通则》（NY/T 1948—2010）、《兽医实验室生物安全管理规范》（农业部公告第302号），等等。

国家对病原微生物实行分类管理，对实验室实行分级管理，国家实行统一的实验室生物安全标准。病原微生物实验室应当符合生物安全国家标准和要求。低等级病原微生物实验室不得从事国家病原微生物目录规定应当在高等级病原微生物实验室进行的病原微生物实验活动。生物安全三级、四级实验室，需要从事某种高致病性病原微生物或者疑似高致病性病原微生物实验活动的，应当依照国务院卫生主管部门或者兽医主管部门的规定报省级以上人民政府卫生主管部门或者兽医主管部门批准。实验活动结果以及工作情况应当向原批准部门报告；动物间传染的高致病性病原微生物有关的科研项目，应当经国务院兽医主管部门同意；出入境检验检疫机构、医疗卫生机构、动物防疫机构在实验室开展检测、诊断工作时，发现高致病性病原微生物或者疑似高致病性病原微生物，需要进一步从事这类高致病性病原微生物相关实验活动的，应当依照《病原微生物实验室生物安全管理条例》的规定经批准同意，并在具备相应条件的实验室中进行。专门从事检测、诊断的实验室应当严格依照国务院卫生主管部门或者兽医主管部门的规定，建立健全规章制度，保证实验室生物安全。

依法依规养成良好的科学理念与工作行为。生物技术具有两面性，可以带来人类文明，也可以威胁人类生存。生物技术谬用，将对人类健康、农业、环境造成威胁。有人说过，"这个世界不是毁在几个不懂法的流氓手里，要毁就毁在科学家手里"。可能被谬用的生物技术，包括病原微生物的改造与合成、基因编辑、种族基因武器、改造虫媒候鸟生物学、仿生生物学等。现代科学技术快速发展，只要是一个懂生物技术的人，随便在实验室就可以人工合成病原。小儿麻痹是由脊髓灰质炎病毒引起的一种病毒病，可以通过大家熟识的"糖丸"预防。美国纽约大学的实验室，就成功地人工合成了脊髓灰质炎病毒。加拿大学者人工合成了更大的类似天花的马痘病毒。先进的 DNA 合成和基因编辑技术让科学家们可以轻而易举地使有害细菌变得更致命：可以"白手起家"，从头开始合成那些已经绝迹的病毒；甚至可以将随处可见的微生物制造为武器，经过特定基因修饰的微生物一旦侵入人体就会快速产生致命毒素。2016 年，美国国家情报部门已将"基因编辑"技术列入"大规模杀伤性与扩散性武器"威胁清单中（赵启祖，2019）。从实验室的管理者到每一位实验操作人员必须学法懂法，必须清楚所在实验室能从事哪些病原微生物活动，能从事什么样的研究检验活动，怎么才能合理合法地、安全有效地开展实验室活动。

## （二）实验室良好的个人操作规范与防护

兽医实验室从无到有，实验室设备从简陋到复杂，实验活动及操作的微生物从简单到复杂、从少到多、致病力从弱到强在不断的变化中。从事诊断检测、教学和科学研究的兽医实验室主要是生物安全一级、二级实验室和少数生物安全三级和四级实验室。病原微生物的实验室工作，时时刻刻，有意或无意之中就会接触到微生物，甚至病原微生物，遵守并养成良好的实验室行为规范是实验室质量安全和公共卫生安全的基石。兽医微生物实验日常良好行为规范主要包括：实验室工作区内严禁进食、饮水、吸烟、接碰隐形眼镜，以及使用化妆品或药品；穿戴适当的个体防护装备，包括工作服、防护服、手套、口罩、头套、面罩、护目镜等，鞋不能露脚趾等，可以根据操作病原微生物的种类特性，经风险评估后穿戴适合的个体防护装备；操作病原微生物或不明特性生物学样本时，应在生物安全柜内操作；实验操作尽可能避免产生气溶胶；实验操作规范锐器使用与处理；严禁用嘴吸管吸取各种液体；实验操作结束后清洁、消毒实验台；实验结束废弃材料表面消毒打包，经评估后的消毒去污染措施处理后，如高压蒸汽灭菌器处理等方可移出实验室。如为高致病性病原微生物，则应按照实验室高致病性病原微生物规定执行；离开实验室时，必须脱去个体防护装备并洗手；熟识实验室存在的电、水、火以及易燃易爆危险化学品的风险点及处理措施；不随意出入有门禁系统的实验室。良好的实验室习惯是实验室工作人员的一种基本素质，不仅是保护自我，而且是保护他人和环境的行为，但习惯的养成非一日之功，良好的实验室习惯培养更为重要，习惯成自然，只有良好的实验室习惯贯彻于工作之中才能确保自身和环境的安全，提高整体实验室安全意识。个体防护装备作为防护屏障将暴露于气溶胶、溅洒和意外接触的风险降至最低，个体防护装备不能替代良好操作技术，坚决杜绝因使用个体防护装备而忽视个人防护和个人规范操作的要求。

### （三）实验室气溶胶产生与防护

生物气溶胶，通常是指空气动力学直径介于 $0.01\sim100\mu m$ 含有微生物或来源于生物性物质的气溶胶微粒。生物气溶胶颗粒包括病毒、细菌、真菌、花粉、过敏源、立克次氏体、衣原体、动植物源性蛋白，各种菌类毒素和它们的碎片及分泌物等。生物气溶胶在传染病、公共卫生、大气环境、食品安全、生态环境、气候变化、生物反恐、疾病检测以及环境与健康等方面均有重要影响（郑云昊等，2018）。近年的研究发现，生物气溶胶已对人类健康造成不容忽视的影响，生物气溶胶是布鲁氏菌病、流感等传染病传播的重要途径。

科研院所、卫生防疫及检测机构的生物实验室在对微生物样本、实验动物及患者的血液、唾液等分泌物样本进行离心、振荡、转移、灼烧等操作过程中，均产生生物气溶胶。气溶胶是微生物学实验室发生 LAI 的主要来源，实验研究过程防止气溶胶的产生和防护防止气溶胶感染的发生，是良好实验室操作的重要环节。例如，裂谷热是由裂谷热病毒引起的一种急性、发热性人兽共患病。主要危害绵羊、山羊、牛、骆驼等。临床上以坏死性肝炎和出血为特征，新生幼畜死亡率较高，成年孕畜大批流产。Daubney 等 1930 年在肯尼亚从发病绵羊中分离病毒时，4 名工作人员全部感染发病；分离标本送到英国伦敦后，又有 3 名工作人员发病。1977 年 11 月，美国驻埃及开罗的海军医学研究室的 7 名成员，到流行区采集病畜血液标本，穿防护服、戴橡皮手套，使用昆虫驱避剂，只未戴面具，其中 6 人进入疫区一小屋内，由 2 名当地人员割喉宰杀一只病羊。其中 1 名工作人员用试管收集羊血，其他 5 人并未接触到病羊。3d 后，6 名工作人员和 2 名屠宰工作人员均发病并确诊为裂谷热，而未进入屠宰小屋的人员未发病，表明裂谷热病毒具有很强的气溶胶传播力，很容易造成实验室感染。2017 年 4 月 3 日，荷兰脊髓灰质炎灭活疫苗生产厂车间管道破裂意外泄漏，房间内形成高浓度病毒气溶胶，导致 2 名工作人员接触了 2 型野生型脊髓灰质炎病毒，暴露 4d 之后，1 名工作人员粪便呈阳性，排水系统也检测到脊髓灰质炎病毒（WPV2-MEF1），随后居家隔离监测 29d 后不排毒为止，对另外一名员工进行粪便和喉拭子检测，对同居人员及环境样本进行检测均为阴性。2018 年 11 月 30 日，法国疫苗生产厂生物安全防护区装有浓缩 Sabin-PV3 病毒罐连接管道突发断裂，事故现场有 5 名操作人员，直接接触到泄漏病毒，操作人员穿戴个体防护装备，面罩、口罩和一体连体防护服，暴露之后进行去污染淋浴。12 月 3 日完成逐级上报，并开展风险评估，按照 WHO 有关要求 Sabin-PV3 接触感染人员进行处理。5 名直接接触人员粪便样品为阳性，随后细胞培养也分离出病毒，样品核酸检测持续 53d。此外，研究表明，在家禽饲养和批发市场周围的空气样本中可检测到禽流感病毒的 RNA，养殖场中的浓度为 $4.4 \times 10^5$ copies/m$^3$，下风向 100m 处浓度为 $2.6 \times 10^4$ copies/m$^3$。病毒在下风向的衰减速度较慢，且由于每天大量的家禽流通，即使没有直接接触的情况下，禽流感病毒可能通过空气传播给附近居民，带来感染风险。

实验室检测与研究活动中，养成良好的实验操作习惯，了解实验室气溶胶的产生原理和过程，减少实验过程中气溶胶的产生与扩散，创造安全的实验环境，做好个人防护，减少 LAI 发生机会，确保实验室生物安全是兽医微生物实验室良好安全操作的重要规范之一。

### （四）实验室菌毒种与样本管理

不论从事研究还是检验的实验室，均不可避免地接触到大量检测样本和菌毒种。应做好菌毒种及样本采购采集、信息收集、运输转运、接收登记、保藏与扩繁、检验与使用、交流与销毁系列闭环管理。兽医实验室日常工作中收到大量临床样本，往往为未知样本，可能含有人兽共患病或其他危险病原。实验室实验研究从人工感染动物采集的实验样本，往往是含有大量高度浓缩的致病病原。此外，菌毒种作为一种国家资源，国家对菌毒种保藏有专门条例规定，对一些高致病性病原微生物菌毒种的管理，特别是世界已经宣布消灭的疫病病原体的保藏管理有特殊规定，如 2011 年 6 月 28 日，联合国宣布牛瘟病毒在全球范围内被清除，全球只有 40 个实验室还保留着牛瘟病毒的生物样本，中国兽医药品监察所是其中之一，必须具有生物安全三级条件，并经过 FAO/OIE 的现场检查确认。天花是世界上恐怖的传染病之一，世界最后一次天花暴发是由于英国伯明翰的一次实验室事故，鉴于天花病毒的危险性，目前世界上只有两个号称"高度安全"的实验室储存了它的样本，一个在亚特兰大的美国

CDC 总部，另一个在俄罗斯科利佐沃国家病毒学和生物技术研究中心。但是，在 2014 年，美国国立卫生研究院（NIH）的员工曾在实验室打包搬家时从储藏室里发现了 6 瓶"天花"。2021 年 11 月，美国又在宾夕法尼亚州费城默克工厂发现了几个小瓶，瓶上标有"天花"。早在 1986 年，世界卫生组织就提议销毁所有天花病毒样本，不过由于美国与俄罗斯坚持反对，故 2002 年的世界卫生大会同意暂存一小部分病毒样本用于科研。而长期以来，科学界也都有声音担心天花病毒"散落在外"，可能还保留在了其他未被严格监管的地方，存在意外或有意释放的可能性。因此，实验室菌毒种的管理和检测样本的管理是动物病原微生物实验室良好操作的重要环节。

最著名的样品分发错误发生在科研技术和管理水平发达的美国。2005 年，美国病理学家协会为了对全球 3 700 家医学实验室进行例行的质量控制评估，委托一家名为"梅里迪安生物科技有限公司"的私营企业向各实验室发放了病毒样本。2005 年 4 月，梅里迪安生物科技有限公司把 H2N2 型流感病毒样本误发给了 18 个国家的 3 700 多个实验室，实验室大多数位于美国，仅有 14 家位于加拿大，另有 61 家分别位于欧洲、亚洲、中东和南美洲的 16 个国家及地区，其中包括中国香港和台湾的实验室。世界卫生组织与美国疾病与预防中心和其他医疗卫生机构紧密合作，以控制局面，要求实验室必须以书面形式确认他们收到了通知，确认他们已经销毁了全部样本，他们将会对实验室工作人员任何呼吸系统疾病进行监控，世界卫生组织呼吁有关实验室把这些流感病毒菌株样本全部销毁，以防止暴发大规模的流感。H2N2 型流感病毒是人流感病毒和禽流感病毒基因重组的产物，1957 年暴发的 H2N2 型流感造成 400 万人死亡，仅美国就有 7 万人死亡。所幸病毒后来渐渐销声匿迹，1968 年后已无病例报告，而病毒样本仍保存在高等级生物安全实验室。目前，流感疫苗对 H2N2 型流感病毒毫无作用。因此，凡是 1968 年以后出生的人都对这种致命的流感病毒缺乏免疫力。尽管目前还没有感染事件的报告，并且按照实验室的严格操作，感染概率并不高，但即便只有万分之一的可能，其引发的后果也极其严重。高危害的病毒毒株应当由国家有资质的实验室集中保管；科研人员的操作必须严格遵守生物安全规定和实验室专门的规则及程序；未经过培训的人不得接触毒株和样本。

总之，《生物安全法》实施以来，病原微生物菌（毒）种及样本的管理作为生物安全实验室管理的重要环节之一，实验室设立主体的生物安全责任更加明确，不同机构很难再回避自身须承担的管理责任和义务。兽医微生物实验室必须养成良好的菌毒种和实验样本的实验室操作规范，从接收、保存、保管、领用、转运、销毁等各个环节进行标准化管理，提高实验室管理效率与质量，防止生物安全事故发生，确保实验室科研与检验工作顺利开展。

### （五）兽医实验室布鲁氏菌安全防护

兽医微生物实验室面临较大的生物安全问题之一就是防范实验室人员感染布鲁氏菌事件发生。分析实验室发生生物安全事故的原因，吸取经验教训防止感染事件的发生，确保实验室人员、环境安全。充分认识布鲁氏菌及疾病的生物安全风险，提高实验室人员生物安全意识。建立健全实验室安全管理制度，特别是疑似布鲁氏菌生物样本及菌种的管理。提高与完善实验室防护标准，配备必要的生物安全柜等设备。检验健全操作规范程序，强化安全培训，严格按照程序开展实验研究与实验室检测工作，杜绝实验过程中气溶胶的产生，拒绝使用不合格的实验动物及实验耗材等。提高实验室人员自我保护意识，准确规范使用个体防护装备。加强疫苗生产企业的生物安全意识，提高其生物安全管理水平，确保布鲁氏菌疫苗的生产和使用的安全。

布鲁氏菌病是由布鲁氏菌引起的一种比较常见的人兽共患病，《中华人民共和国传染病防治法》法定乙类传染病，《中华人民共和国动物防疫法》法定动物二类传染病，也是《中华人民共和国职业病防治法》规定的生物因素所致职业病。分布于世界各大洲，约有 160 个国家和地区存在人兽布鲁氏菌病。我国 1905 年首次报道布鲁氏菌病以来，各省、自治区、直辖市均有不同程度的流行，20 世纪 50—60 年代在我国人畜中有较重流行，自 70 年代布鲁氏菌病发病率逐年下降，自 1993 年布鲁氏菌病疫情出现了反弹，1996 年我国部分省份布鲁氏菌病发病率明显回升。根据全国法定传染病疫情概况统计，2008—2020 年合计人布鲁氏菌病发病约 54.7 万例，年均人布鲁氏菌病发病 4.2 万例，2020 年与 2008 年相比增幅将近 50％。与此同时，世界部分地区布鲁氏菌病疫情也呈上升趋势，引起世界和我国有关部门的关注。根据 2015—2021 年 9 期共计 81 期《兽医公报》统计数据，牛羊发病数 23.556 万头（只），除天津、上海、海南和西藏未报发病数外，其他省份均有家畜布鲁氏菌病病例报告，其中报告发生病例月份数最多的有新疆维吾尔自治区（76/81 期）、陕西省（73/81 期）、内蒙古自治区（71/81 期）、河南省（70/81 期）、新疆生产建设兵团（69/81 期）和山东省（69/81 期）等，发病动物以羊为主。布鲁氏菌病病原主要是流产布鲁氏菌（牛种）、马耳他布鲁氏菌（羊种）、猪布鲁氏菌（猪种）以及犬布鲁氏菌（犬种），主要采取分区域疫苗免疫接种和检疫净化的防控措施，人用弱毒疫苗有 M104，但未普及使用，动物用疫苗有 S2、A19、M5 或 M5-90 等，国外弱毒疫苗有 S19、RB51、Rev-1 等。布鲁氏菌病临床表现多样，常见症状为波状热、肌肉痛、关节痛、盗汗、疲惫、流产等，不治疗或治疗不当转变为慢性。布鲁氏菌病不会发生人传人，主要是由于接触病畜以及细菌污染的材料，经皮肤伤口、口鼻眼黏膜、气溶胶等感染。布鲁氏菌病为畜牧业从业人员职业病，常发生于牧区牧民、皮毛处理工人、屠宰场工作人员、兽医人员、猎人等。此外，实验室和疫苗生产厂是比较常见的人感染布鲁氏菌的途径。

据已发表文献对畜牧业从业人员、屠宰场工作人员、兽医人员、实验室工作人员和猎人布鲁氏菌感染情况进行统计分析。农牧民和家畜养殖人员发病率最高，共870个病例；其次是屠宰场工作人员有292个病例，其中包括处理羊胎衣的药厂操作工；兽医人员有189个病例，居第3位，除工作需要接触染病动物外，用活疫苗免疫接种动物，因操作或防护不当也是重要的感染途径；实验室工作人员感染布鲁氏菌的报道也很多，该统计约有183个病例，主要由于未在BSC中进行操作，实验室发生操作事故、处理疑似阳性病料不当、分离培养操作不当等发生感染；实验室废弃物处理场人员因针头刺伤意外感染，如阿根廷S19疫苗厂21名工作人员感染（Wallach J C，et al.，2008）。法国对2004—2013年94.1%的布鲁氏菌阳性人员分离细菌分子进行特性鉴定发现，46%职业布鲁氏菌感染来自实验室感染。西班牙统计发现，在628例布鲁氏菌病病例中，有11.9%的病例是由于实验室感染布鲁氏菌而导致的。土耳其调查了677名实验室检测人员，发现其中5.8%检测人员曾感染过布鲁氏菌。80%实验室人员布鲁氏菌病由羊种布鲁氏菌感染引起（Traxler R M，et al.，2013）。

发生实验室感染布鲁氏菌病在国内也有不少事例报道。2007年9月，浙江省疾病预防控制中心接到杭州市第二人民医院报告，该院一检验人员出现发热、关节酸痛等症状后怀疑自身感染布鲁氏菌病，随后到浙江省疾病预防控制中心进行血清学检测，虎红平板凝集试验和试管凝集试验均为阳性，确诊为布鲁氏菌病。患者6月下旬曾对该院收治的1例布鲁氏菌病患者的脑脊液、血液在普通工作台进行划平板、接种、革兰氏染色等操作，当时仅用普通医用一次性口罩和一次性乳胶手套作个人防护。经调查，该患者无牛、羊等牲畜接触史，近期也无食用牛羊肉史。根据患者流行病学资料、临床症状、实验室检测结果及接触史确认为实验室感染布鲁氏菌病病例（徐卫民等，2010）。生物安全问题不容忽视，要加强医护人员个人防护工作，开展防病知识宣传，提高防病意识。2008年，北京市某医院检验科细菌室菌种保管人员因从事苛氧菌分离技术及鉴定方法课题研究，于2006年2月出现低热，于4月17日出现反复发热，体温多在37℃以上，伴有盗汗、乏力、头痛、肌肉酸痛；5月7日和13日出现2次高热。医院检验科细菌室对患者静脉血做血培养，布鲁氏菌阳性，高度怀疑是羊种马耳他布鲁氏菌；经中国疾病预防控制中心布鲁氏菌病检测室检测，血凝1：800，血培养布鲁氏菌羊3型。该医院2005年8月8日收治1名河北剪羊毛工人，采血2瓶，由实验室同事进行检验，细菌接种和涂片工作在生物安全柜中进行，染片和细菌菌落分离在普通环境中进行，结果为可疑马耳他布鲁氏菌，8 月 17 日保留于菌种冰柜内（-30℃）。患者于 2005 年 12 月至 2006 年 1 月购买试剂后将冷冻菌种复苏（2～3 周）并进行相关检测，试验过程中接触活菌，只有部分实验在生物安全柜中操作，多数在细菌室普通环境中进行操作，防护措施只有一次性口罩和普通白大衣。该菌种一直冷冻保存，直至 2006 年 5 月 15 日才全部销毁。患者具有实验室布鲁氏菌菌种暴露史，暴露环节包括冷冻可疑菌种、解冻菌种后 2 个月内在普通环境中多次从事活的布鲁氏菌菌种的实验操作，偶尔使用生物安全柜；患者发病后具有布鲁氏菌病的临床表现，且实验室血培养阳性，可以确定为布鲁氏菌病。患者实验室接触布鲁氏菌菌种的过程中没有全程使用生物安全柜，只有一次性口罩、普通白大衣等，没有采取必要的生物安全防护措施而造成感染（张海艳等，2008）。

2010 年 12 月，东北农业大学动物医学院相关教师，使用了从哈尔滨市香坊区某养殖场购入的 4 只山羊，共有 4 名教师、2 名实验员、110 名学生使用山羊进行了 5 次实验。购买实验山羊时，未要求养殖场出具相关《动物检疫合格证明》，同时实验前未对实验山羊进行现场检疫。在指导学生开展实验过程中，未能严格要求学生遵守操作规程、进行有效防护。2011 年 3 月 4 日，东北农业大学动物医学专业一男学生出现发热、头晕，并伴有左膝关节疼痛病症，经校医院诊治 2d 后效果不明显转院治疗。3 月 14 日，黑龙江省农垦总医院检验结果表明，该学生布鲁氏菌病血清学检验阳性。随后，该校动物医学院又有多名学生被检测出布鲁氏菌病血清学检验阳性。2011 年 3—5 月，学校 27 名学生及 1 名教师陆续确诊感染布鲁氏菌病。这是一起因学校相关教师在实验教学中违反有关规定造成的重大教学责任事故。事后，学校对已发生疫情的 2 个实验室进行了全面消毒，查封并停止使用。同时，学校对 2010 年 11 月 4 日至 2011 年 3 月 31 日期间，所有以山羊为实验动物以及在被污染的 2 个实验室做过实验的 181 名学生进行了布鲁氏菌血清学检测，均未感染布鲁氏菌。经黑龙江省定点医院布鲁氏菌病专科治疗，除 2 名学生因骨关节少量积液、医院建议住院观察或门诊随访外，25 名师生临床治愈、1 名学生好转（王帝等，2011）。

2011 年 4 月，苏州某医院检验科细菌室检验人员，病例 1，在处理 1 份来自内蒙古运输羊驾驶员的血培养标本后（后证实该患者患有布鲁氏菌病），于 10 月初先后出现严重乏力、多汗、头痛、双侧下肢髋关节疼痛、间歇性低热、腰部疼痛等症状。2012 年 2 月 24 日，血培养布鲁氏菌阳性，入院治疗，3 月 5 日出院，但是从发病到明确诊断间隔半年，失去急性期及时治疗的最佳时机，该患者病情进入慢性期。病例 2，于 2012 年 2 月处理（例 1）血培养标本后，5—7 月初反复出现乏力、低热、多汗、纳差、频繁呕吐、头痛、腰部疼痛、体重下降等症状。7 月 4 日血培养布鲁氏菌阳性，于 7 月 9 日住院，用多西环素、利福平、阿米卡星联合治疗，病情很快得到控制并治愈，于 8 月 2 日出院，未发展至慢性期。布鲁氏菌病院感的原因是医院感染科室对布鲁氏菌病传染性没有充分认识，医院内相关部门没有及时沟通并采取有效预防措施。

2014 年，江苏扬州报道，一发热病人先后误诊为病毒性感染，多次骨髓及血培养诊断为人葡萄球菌性脓毒症，治疗后体温恢复正常出院。2 个月后再次出现发热及左踝关节肿痛入院，此时接触该患者血培养标本的实验室人员也出现发热，对 2 例发热病例经布鲁氏菌血清学检验为阳性，血液分离培养出布鲁氏菌，确诊为布鲁氏菌病。采用利福平联合多西环素治疗痊愈。实验室人员应提高对布鲁氏菌的鉴定水平且注意自身防护。接到疑诊布鲁氏菌病的血标本时，所有操作应在 BSC 内进行，并注意戴手套及口罩，防止直接去嗅标本（刘杰等，2014）。

2017 年，四川报道，2016 年 4 月，成都市在国网报告系统中收到 2 例布鲁氏菌病报告，为四川某生物制药企业活疫苗生产线 2 名员工（1 男 1 女）。这 2 名员工因身体不适到医院就医。男性患者出现反复发热症状，女性无症状，做布鲁氏菌病试管凝集试验（SAT）检测，4 月 13 日实验室结果显示，男性患者抗体滴度≥1∶3 200，女性患者抗体滴度为 1∶800。接受门诊治疗后，患者病情好转，男性患者症状缓解，女性患者已无自觉症状。开展流行病学调查，四川某生物制药企业主要从事动物（禽、猪、牛、羊）疫苗研发生产，是布鲁氏菌病活疫苗（S2 株和 A19 株）定点生产企业。2 名患者为同车间同事，负责开种、制备一级、二级种子工作，在超净工作台上进行上述操作，个人防护用品有防护服（按照生物制品生产要求配备的防护服）、活性炭口罩、橡胶手套，2 例布鲁氏菌病患者均未参加过生物安全知识培训，存在新进人员未经培训就到高危岗位工作的问题。该企业员工共有 165 人，其中从事生产工作的员工有 85 人，行政管理人员 80 人，现场采集检测 7 名高危人群血样，5 名为阳性（杨媛等，2017）。疫苗生产企业在制苗过程中应做好工作人员个人防护。要求企业开展员工职业病防治和生物安全培训，生产操作在 BSC 进行，生产人员穿戴防护服、乳胶手套、口罩、防护眼镜等，手套出现破损时要及时更换；工作时禁止吸烟、喝水、吃零食、打手机等行为，避免经皮肤或黏膜感染；工作后应消毒、洗手、洗脸或洗澡；防护服、鞋等工作完毕后必须及时更换、消毒，用过的用具须消毒处理。

2019 年 11 月 28 日，中国农业科学院兰州兽医研究所一研究团队 2 名学生检测出布鲁氏菌抗体阳性，11 月 29 日阳性人数增加至 4 人，随后该团队学生集体进行了布鲁氏菌抗体检测，陆续检出抗体阳性人员，导致全所在读学生的担心，不少学生自行前往医院或疾病预防控制中心进行布鲁氏菌抗体检测。截至 12 月 25 日 16 时，兰州兽医研究所学生和职工血清布鲁氏菌抗体初筛检测累计 671 份，实验室复核检测确认抗体阳性人员累计 181 例。抗体阳性人员除 1 名出现临床症状外，其余均无临床症状、无发病。甘肃省由卫生健康和农业农村主管部门成立专门工作组，开展溯源调查、检测诊疗、流行病学调查、实验室检测、科普宣传、回应社会关切等工作，并关闭了兰州兽医研究所所有实验室，停止相关实验活动，为需治疗的抗体阳性人员提供规范化治疗。以国家、省市专家为主的调查组，对兰州兽医研究所及相邻的中牧兰州生物药厂的生物安全管理制度执行，设施设备运行维护，菌毒种和实验样本的采集、使用、保存、销毁，以及布鲁氏菌相关的科研生产等情况进行了全面调查，对兰州兽医研究所实验楼、实验动物、职工食堂、2016 年以来研究生入学时留存的血清标本，以及中牧兰州生物药厂周边区域环境、相关人员进行了抽样检测，综合各方面调查检测结果，专家组认为，2019 年 7 月 24 日至 8 月 20 日，中牧兰州生物药厂在兽用布鲁氏菌病疫苗生产过程中使用过期消毒剂，致使生产发酵罐废气排放灭菌不彻底，携带含菌发酵液的废气形成含菌气溶胶，生产时段该区域主风向为东南风，兰州兽医研究所处在中牧兰州生物药厂的下风向，人体吸入或黏膜接触产生抗体阳性，造成兰州兽医研究所发生布鲁氏菌抗体阳性事件。此次事件是一次意外的偶发事件，是短时间内出现的一次暴露。造成此次事件的中牧兰州生物药厂布鲁氏菌疫苗生产车间已于 2019 年 12 月 7 日停止生产。截至 2020 年 9 月 14 日，累计检测 21 847 人，初步筛出阳性 4 646 人，甘肃省疾病预防控制中心复核确认阳性 3 245 人（刘昌孝，2020）。

## （六）严格执行实验室标准操作程序

兽医微生物实验室，除了建立良好的实验室质量体系，确保实验室检测结果准确可靠，还要建立良好的实验室安全体系，确保实验室生物安全。实验室生物安全体系建设中，每个实验室根据自身安全防护条件、实验活动能力，依据国家法律法规制定了切合实验室实际情况的实验室标准操作程序，需认真培训宣贯，严格按照标准操作程序执行。著名的 1979 年叶卡捷琳堡"炭疽菌污染肉制品"导致发生人兽炭疽病的"食物传染"事件，后续在肯·阿里贝的回忆录《生化危机》中描述，该研究所隔绝炭疽菌与外部世界的唯一一道防线，就是干燥机上面排气管中的过滤网。每次换班时，干燥机都会被关闭，进行例行检修维护。3 月 30 日下午，技工在进行例行检修时发现一台干燥机的过滤网被堵住了，于是他们便将这个过滤网拆下来清洗，并且准备让晚班的同事将过滤网装回去。根据规定，当天下午的值班主管尼古拉中校，应该在记录本上记下过滤网已经被拆下。但是，这位中校看起来似乎非常急切地想要回家，或者只是他的确太累了，他忘记在记录本上记下关于过滤网的信息。当晚班的值班主管上工的时候，他没有在记录本上发现任何与过滤网相关的信息。于是，这位主管便让工人像往常那样启动机器、继续工作。就这样，武器级的炭疽病菌在干燥机的废气推动下，飞散到夜空之中。数小时后，操作干燥机的工人惊讶地发现，干燥机的过滤网居然还放在地上！尽管他们迅速地把过滤网装进了机器，但是大祸已经酿成了，一阵凉爽的晚风将致命的炭疽菌带到了附近的陶瓷制品厂，感染了在这里上班的夜班工人。生物学家将该炭疽菌泄露事件称为"生化版的切尔诺贝利事件"，该炭疽菌泄露事件再次为人类敲响了警钟，让人们体会到生化武器的强大威力，并且意识到严格履行《生物武器公约》的重要性，同时是典型的一例未按照标准操作程序执行的生物安全事故。

2003年暴发SARS之后，同年9月新加坡国立大学研究生在环境卫生研究院实验室感染SARS病毒，除实验室不具备生物安全三级实验室条件、仪器设备共用等硬件条件不足以外，研究者同时研究多种不同的病毒，增加了生物安全方面的复杂程度，因未按照标准操作程序操作病毒，导致SARS冠状病毒与同时研究的西尼罗病毒交叉污染而造成感染。2004年4月，安徽、北京先后发现新的SARS病例，经证实为在中国疾病预防控制中心实验室受到SARS感染的两名工作人员。调查认定，这次非典疫情源于实验室内感染，是一起因实验室安全管理不善、执行规章制度不严、技术人员违规操作、安全防范措施不力，导致实验室污染和工作人员感染的重大责任事故。采用未经论证和效果验证的非典病毒灭活方法，在不符合防护要求的普通实验室内操作非典感染材料，发现人员健康异常情况未及时上报。实验室要认真吸取教训，提高对生物安全重要性的认识，采取有效措施，切实加强实验室生物安全管理和疾病预防控制工作。广大科研人员要认真学习、自觉遵守实验室生物安全管理规定，严格按照操作规程和技术规范开展工作，既要发扬勇于探索的奉献精神，又要有求真务实的科学态度，提高安全意识和自我防护能力。

从以上几起事故中不难看出，发生感染的一个共同原因是工作人员主观上的麻痹大意，没有遵守实验室的安全操作规则和程序，即使具有完善的设备和标准的操作程序也不能杜绝事故的发生，因而加强实验室的安全监督管理是防止此类事件发生的首要任务。严格执行国家和有关部门的实验室生物安全规范与标准，严格遵守实验室的安全操作规则和程序。切实做到实验人员严格遵守实验室管理和操作规范，按照实验室的要求严格控制用于实验的微生物种类。

### （七）良好的实验动物操作规范

动物实验活动的发生发展历史悠久，早期动物实验不关注动物的来源、动物的饲养设施设备，很少或根本不关注动物饲养人员和兽医的职业健康。动物实验操作可以分为动物病原微生物操作和人兽共患病病原微生物操作。随着兽医微生物学发展，特别是现代比较医学的发展，更多人兽共患病的比较动物医学研究受到关注。人类和动物之间的疾病传播已数千年了，人兽共患病是指在脊椎动物和人之间自然传播的疾病及感染，已知传染病中60％、新发传染病中

75％为人兽共患传染病。动物学不仅研究动物的生产性能，为人类提供劳动力和动物源性食品，而且研究疫病和病原微生物，只为更好地保护人类和动物健康（Hankenson F C et al.，2003）。对于许多人兽共患病病原微生物，自然宿主（如蝙蝠或鸟类）与人类和哺乳类动物宿主之间的疾病症状存在差异。人兽共患病在自然宿主中表现为无症状和非致死性，但在人类或外溢其他宿主则诱发严重和致死性疾病。往往由于解剖结构、生理、代谢和行为特征，以及宿主免疫系统与病原因子相互作用的差异导致疾病表现不同。生物医学研究中常用的动物主要有小鼠、大鼠、猕猴、猪、犬、兔、绵羊、山羊、猫、雪貂、鸡和鸽子等，也有使用牛、马等大型动物的。因此，为了更好地认识新发传染病，需要选择不同的实验动物模型，研究病毒与宿主的相互关系，寻找防控措施，开发诊断治疗措施。兽医微生物实验室从事检测和科学研究离不开动物实验与实验动物。病原微生物的动物感染试验，是生物安全事故的重要风险防范点，也是动物病原微生物实验室良好行为规范的重中之重。感染动物携带的病原在实验过程中分泌排泄，在空气中形成气溶胶感染实验工作人员，外排污染环境造成疫病扩散。动物感染的操作过程中涉及动物麻醉、注射感染、采样、解剖、实验过程中的饲养管理、废弃物处理、实验动物安乐死等操作，会出现各种意外事故。规范微生物实验室动物实验操作是实验室工作人员必备的基本实验室素质，特别在高等级生物安全实验室尤为重要。在世界著名的生物安全四级实验室，如美国国家微生物实验室、加拿大国家微生物实验室（温尼伯）、英国皮尔布赖特研究所、美国国防科技大学的卫生科学（贝塞斯达）和CSIRO澳大利亚动物卫生研究所（吉隆），科研人员可以开展多种高致病性病原微生物的多种动物实验研究，包括雪貂、蝙蝠、家禽、猪、犬、羊驼和马，以及小型哺乳类实验室动物，特别是可以从事大量家畜和野生动物实验研究。研究疾病的发生以及宿主对病原体应答，为公共政策的决策提供创新技术支撑，研究新发疾病治疗药物与方法，以保护民众、社会经济和环境不受传染病的威胁（Colby L A, et al.，2018；McCormick-Ell J, et al.，2019）。

马尔堡出血热是由马尔堡病毒引起的严重高致病性疾病，其主要临床症状有高热、恶心、腹泻和呕吐等，主要通过体液传染，5～7d后会出现严重的出血症状，如果治疗不及时，病人会在1周内死亡。德国马尔堡位于法兰克福北部，这个小镇风景优美，拥有许多著名的历史古迹。1967年8月，当一个实验室里的工作人员突然发生高热、腹泻、呕吐、大出血、休克和循环系统衰竭时，这个小镇的宁静从此就被打破了。当地的病毒学家快速调查原因，发现德国法兰克福和南斯拉夫（现为塞尔维亚）贝尔格莱德实验室工作人员也有类似症状，这些实验室都曾经用过来自乌干达的猴子，用于脊髓灰质炎疫苗等研究。一共有37人，包括实验室工人、医务人员和他们的亲戚都感染上了这种莫名的疾病，其中有 1/4 的人死去。3 个月后，德国专家才找到罪魁祸首：一种危险的新病毒，形状如蛇行棒状，是由猴类传染给人类的，即马尔堡病毒，该病毒与埃博拉病毒为同一家族，却比埃博拉病毒厉害得多（Brauburger K，et al.，2014）。这是一例典型的未对实验动物猴子所携带病原进行检测，未遵守实验动物检验检疫和洁净级别的相关规定而将一种恶性病毒传染给人类的事件。虽然当时检验检测水平有限，对动物也无相关要求，但对目前实验动物研究工作具有重要警示意义。

　　总之，兽医微生物学实验室离不开动物实验操作。动物实验室操作是一个极其复杂的、系统化的工程体系，其中包括动物的来源、动物健康状况、动物饲养设施设备、动物隔离饲养、动物福利、动物饲养人员、实验操作人员、实验研究的类型、实验操作过程、废弃物的处理、饲养笼具的清洁消毒、饲养环境消毒等一系列问题，如 2022 年 1 月 21 日报道，美国宾夕法尼亚州一辆载有100 只实验用猴子货车，在高速公路上发生车祸，车内 4 只猴子当场脱逃。警方经过一夜追捕找到 3 只，目前仍然有 1 只猴子下落不明，导致实验长尾猕猴逃逸的安全事故。实验动物的运输及相关应急预案的制定和实施是防止类似事件发生的有效预防措施。

# 主要参考文献

刘昌孝，2020. 科学严谨处理兰州"布病事件"[N]. 中国科学报，09-22（001）.

刘杰，周良瑶，沈秀娟，2014. 实验室感染布鲁氏菌病 2 例报告 [J]. 中国工业医学杂志，27（6）：418-419.

王帝，翟璐，2011. 东北农业大学 28 名师生因动物实验感染严重传染病 [N]. 中国青年报，09-03.

徐卫民，王衡，施世锋，等，2010. 浙江 1 例实验室感染布鲁氏菌病病例及其警示 [J]. 中国地方病防治杂志，25（1）：58.

杨媛，王琳，彭琦，2017. 一起动物疫苗生产引起的疑似职业性布鲁氏菌病案例分析 [J]. 预防医学情报杂志，33（11）：1091-1094.

张海艳，马立宪，周艳丽，2008. 一例实验室感染布鲁氏菌病病例的流行病学调查 [J]. 首都公共卫生，2（2）：38-39.

赵启祖，2019.《生物安全法》对传染性疾病防控的重要意义 [J]. 北京航空航天大学学报（社会科学版），32（5）：29-31.

郑云昊，李菁，陈灏轩，等，2018. 生物气溶胶的昨天、今天和明天 [J]. 科学通报，63（10）878-894.

Allen T，Murray K A，Zambrana-Torrelio C，et al.，2017. Global hotspots and correlates of emerging zoonotic diseases [J]. Nat Commun, 8（1）：1124.

Baron E J, Miller J M, 2008. Bacterial and fungal infections among diagnostic laboratory workers: evaluating the risks [J]. Diag Microbiol Infect Dis., 60 (3): 241-246.

Brauburger K, Hume A J, Muhlberger E, et al., 2012. Forty-five years of Marburg virus research [J]. Viruses (4): 1878-1927.

Colby L A, Zitzow L A, 2018. Applied institutional approaches for the evaluation and management of zoonoses in contemporary laboratory animal research facilities [J]. ILAR J., 59 (2): 134-143.

Grist N R, Emslie J, 1987. Infections in British clinical laboratories, 1984—1985 [J]. J Clin Pathol, 40 (8): 826-829.

Jones K E, Patel N G, Levy M A, et al, 2008. Global trends in emerging infectious diseases [J]. Nature, 451 (7181): 990-993.

Lowenthal J, 2016. Overview of the CSIRO Australian animal health laboratory [J]. Journal of Infection and Public Health (9): 236-239.

McCormick-Ell J, Connell N, 2019. Laboratory safety, biosecurity, and responsible animal use [J]. ILAR J., 60 (1): 24-33.

Mishra C, Samelius G, Khanyari M, et al., 2022. Increasing risks for emerging infectious diseases within a rapidly changing High Asia [J]. Ambio, 51 (3): 494-507.

Peng H, Bilal M, Iqbal H M N, 2018. Improved biosafety and biosecurity measures and/or strategies to tackle laboratory-acquired infections and related risks [J]. Int J Environ Res Public Health, 15 (12): 2697.

Petts D, Wren M W D, Nation B R, et al., 2021. A short history of occupational disease: 1. Laboratory-acquired infection [J]. Ulster Med J., 90 (1): 28-31.

Phillips G B, Bailey S P, 1966. Hazards of mouth pipetting [J]. Am J Med Technol., 32 (2): 127-129.

Pike R M, 1976. Laboratory-associated infections: summary and analysis of 3921 cases [J]. Health Lab Sci., 13 (2): 105-114.

Qasmi A S, Khan B A, 2019. Survey of suspected laboratory-acquired infections and biosafety practices in research, clinical, and veterinary laboratories in Karachi, Pakistan [J]. Health Secur., 17 (5): 372-383.

Sewell D, 1995. Laboratory-associated infections and biosafety [J]. Clin. Microbiol. Rev., 8 (3): 389-405.

Siengsanan-Lamont J, Blacksell S D, 2018. A review of laboratory-acquired infections in the Asia-Pacific: Understanding risk and the need for improved biosafety for veterinary and zoonotic diseases [J]. Trop Med Infect Dis., 3 (2): 36.

Singh K, 2009. Laboratory-acquired infections [J]. Clin Infect Dis., 49 (1): 142-147.

Traxler R M, Lehman M W, Bosserman E A, et al., 2013, A literature review of laboratory-acquired brucellosis [J]. J Clin Microbiol, 51 (9): 3055-3062.

Wallach J C, Ferrero M C, Victoria Delpino M, et al., 2008, Occupational infection due to brucella abortus S19 among workers involved in vaccine production in Argentina［J］. Clin Microbiol Infect.，14（8）：805-807.

Wolfe N D，Dunavan C P，Diamond J，2007. Origins of major human infectious diseases［J］. Nature，447（7142）：279-283.

Woolhouse M E，Gowtage-Sequeria S，2005. Host range and emerging and reemerging pathogens［J］. Emerg Infect Dis.，11（12）：1842-1847.

# 动物病原微生物实验室实验动物管理

实验动物是动物学分类中非常特殊的一类动物，根据《实验动物管理条例》和《北京市实验动物管理条例》对实验动物的定义，实验动物必须符合4个条件：人工繁育，遗传背景明确或者来源清楚的，对其携带的微生物和寄生虫进行限定，用于科研、检定、教学和检验。并不是所有用于科学实验的动物都是实验动物，不能同时符合上述4个条件，但又用于科学实验的动物，称为实验用动物（孙德明等，2011）。

## 第一节　实验动物引入与检疫

动物病原微生物实验室可使用的动物品种很多，既有标准化的实验动物，也会用到非标准化的动物。实验动物根据微生物和寄生虫控制程度，质量由低到高依次为普通级实验动物、无特定病原体级实验动物和无菌级实验动物。普通级实验动物，是不携带所规定的人兽共患病病原、动物烈性传染病病原以及对科学实验有重大干扰的病原的实验动物（人兽共患病，是指在脊椎动物与人类之间自然传播的、由共同的病原体引起的、流行病学上又有关联的一类疾病，如布鲁氏菌病、结核病、狂犬病、高致病性禽流感等）；无特定病原体级实验动物（又称作SPF级实验动物），是除普通级实验动物应排除的病原外，不携带主要潜在感染或条件致病和对科学实验干扰大的病原的实验动物；无菌级实验动物，是在当前检验技术水平下不能检出一切生命体（包括原虫、细菌、真菌、支原体、立克次氏体、病毒、寄生虫等）的实验动物。目前，国内用于科学研究、医药研发、生命科学及医学研究使用数量最大的实验动物是无特定病原体级实验动物。国际上科学研究使用数量最大的实验动物也是无特定病原体级实验动物（李根平等，2010；贺争鸣等，2016）。

动物病原微生物实验室使用的实验动物品种繁多，国内有时不能完全满足动物病原微生物实验室对实验动物的需求，需要从国外引入实验动物。在从国外引入实验动物时，应该遵守中华人民共和国国家质量监督检验检疫总局发布的《进出境实验动物现场检疫监管规程》，监管规程步骤如下。第一步，报检单证审核。①核对报检的进境实验动物的种类、品种、数量、进境口岸、产地及合同/信用证、发票、提运单等是否与《中华人民共和国进境动植物检疫许可证》相符，《中华人民共和国进境动植物检疫许可证》不得涂改，除非修改后由政府授权兽医签字，否则涂改无效。②核对《中华人民共和国进境动植物检疫许可证》是否在有效期内，是否有实验动物供应商签发的实验动物品种、品系和亚系名称以及遗传和微生物状况等证明文件。③核对报检的实验动物是否来自注册登记或备案繁育场（我国检验检疫机构对进出境动物有注册登记或备案的要求）。④查阅相关双边协定（议定书、备忘录）和我国有关法律法规及相关检疫要求。第二步，进境现场检查。①登机（船、车）核查货证是否相符，包括输出国官方检疫部门出具的《动物卫生证书》（正本）及所附有关检测报告、饲育单位签发的品种、品系和亚系名称以及遗传和微生物状况证明是否与相关检疫要求一致。②实验动物品种、数量、起运时间、启运口岸、途经国家和地区是否符合《中华人民共和国进境动植物检疫许可证》要求。③查阅运行日志、贸易合同、发票、装箱单等，了解实验动物起运时间、起运口岸、途经国家和地区是否符合双边协定，是否符合许可证的规定和要求。第三步，进境现场检疫。进入货舱对实验动物逐头进行临床检查，检查内容包括实验动物健康状况、精神及运动状态，呼吸、饮食、行走及站立姿势是否异常，有无体表寄生虫或皮肤病，分泌物、排泄物是否异常，是否有疑似实验动物传染病或寄生虫病的临床症状，向随机（船、车）有关人员询问运输途中实验动物健康状况，查看相关记录。第四步，防疫消毒。①对进境车辆、船舶、飞机的停泊场地、接卸场地、卸载工具和中转运输车辆的用具、垫料及饲料装运设施与场所，由检验检疫机关认可、注册的熏蒸消毒单位，在检验检疫机构监督下使用检验检疫机关认可的药物消毒。②对上下运输工具或接近实验动物的人员在检验检疫机构监督下实施防疫消毒，在机（船、车）旋梯旁铺设消毒垫，消毒工作完成后出具《运输工具熏蒸/消毒证书》。第五步，现场调离。①经核查货证相符。②临床检查未发现异常。③检验检疫机关签发《入境货物通关单》。④同意卸离运输工具。⑤同群实验动物调离到《中华人民共和国进境动植物检疫许可证》指定的隔离场进行隔离检疫。第六步，临床观察。①在隔离检疫期间，应定期对实验动物群进行视察，做好记录。②发现实验动物表现异常或有传染病迹象时应立即隔离，并向上级报告，以便及时采取相应的措施。第七步，实验室检测。①在隔离检疫期间，对实验动物进行采样（采血以及毛发、皮屑、鼻咽拭子和肛拭子）和存放。②填写《出入境货物检验检疫样品送检单》并送实验室。③按照双边检疫议定书要求和合同要求确定检疫项目进行检测。④对于需要驱虫的可用批准的药物对实验动物进行体内外驱虫。第八步，检查各种记录。①临时隔离场饲养繁殖记录。②动物免疫记录。③防疫消毒记录。④疫病治疗记录。⑤无害化处理记录。⑥人员出入记录等相关记录。第九步，现场检疫发现实验动物死亡或有传染病临床症状时，应做好现场检疫记录，隔离有传染病临床症状的动物，对铺垫材料、剩余饲料、排泄物等进行无害化处理，对检疫不合格的动物出具《动物检疫证书》，对死亡动物出具《检验检疫处理通知书》。第十步，隔离检疫时间。①普通级实验动物隔离检疫 30d。②SPF 级实验动物隔离检疫 14d。第 11 步，放行。①对隔离检疫合格的实验动物出具《入境货物检验检疫证明》。②准予放行。③记录实验动物隔离检疫期满后的流向。④将从国外引入的动物转运到动物病原微生物实验室，观察 7d 无异常就可以做实验了。

2017 年 12 月 28 日发布的《农业部　科学技术部关于做好实验动物检疫监管工作的通知》（农医发〔2017〕36 号）规定，在国内跨省市引入实验动物，必须通过动物卫生监督部门检疫，在省内运输实验动物时可以免去动物卫生检疫。符合国家标准、行业标准或地方标准的 SPF 级和无菌级实验动物，在引入生物安全动物实验室时，必须采用无菌运输笼盒运输，所引入的动物没有隔离检疫的必要，但应当在新的环境设施中观察 2～3d，让实验动物熟悉、适应新的环境设施和饲养条件，缓解运输带来的紧张（梁春南等，2012）。

对于基因修饰动物模型的引入应特别引起注意。如果可能，尽量在引入基因修饰动物模型前，先进行微生物和寄生虫的质量检测，以了解基因修饰动物模型质量是否符合实验动物质量控制标准的规定。因为许多制作基因修饰动物模型的实验人员不太关注微生物对动物的污染，而特别关注的是基因是否敲入或敲出，甚至实验室操作环境条件严重低于实验动物环境标准要求。国内有些科研单位由于引入基因修饰动物模型，而导致整个屏障环境设施的污染，造成重大损失。生物安全动物实验室虽然属于负压屏障系列，但是也应该保证屏障内环境的洁净与稳定，以保障实验结果的准确性（周淑佩等，2012；栗景蕊等，2014）。

对于普通级实验动物和非标准化实验动物的引入，因为这一类动物没有进行严格的微生物和寄生虫控制，有可能携带对动物有危害、对科学研究有干扰的病原，应当进行一定期限的隔离、检疫，包括外观观察和取样检验等。同时，要求供应商提供所供动物的检疫证明和微生物检测报告。

# 第二节　实验动物管理

为了保证实验动物和动物实验的质量，适应科学研究、经济建设与社会发展需要，维护生物安全和公共卫生安全，必须加强实验动物的管理工作。国家科学技术行政部门主管全国实验动物工作，负责法律法规建设（如国家科学技术委员会发布的《实验动物管理条例》等文件），制定国家标准和全国实验动物发展规划。省、自治区、直辖市科学技术行政部门主管本行政区域的实验动物工作，负责实验动物的行政许可，制定地方标准，监督检查和日常管理。国务院各有关部门负责管理本部门的实验动物工作。通过制定《实验动物管理条例》依法管理实验动物。同时，通过制定国家标准、行业标准、地方标准，又从遗传学、微生物学、寄生虫学、营养学、病理学和环境设施方面对实验动物进行质量监测，保障实验动物和动物实验的质量。实验动物管理实行的是质量监督和许可证制度（贺争鸣等，2016）。

## 一、质量监督

实验动物的质量监控，执行国家标准；国家标准尚未制定的，执行行业标准；国家标准、行业标准均未制定的，执行地方标准。从事实验动物工作的单位和个人，必须根据遗传学、微生物学、寄生虫学、营养学、病理学和环境设施方面的标准，定期对实验动物进行质量监测。遗传学质量监测分为近交系动物的遗传质量监测和封闭群动物的遗传质量监测。近交系动物，在一个动物群体中，任何个体基因组中99%以上的等位位点为纯合时定义为近交系；经至少连续20代的全同胞兄妹交配培育而成。封闭群，以非近亲交配方式进行繁殖生产的一个实验动物种群，在不从外部引入新个体的条件下，至少连续繁殖4代以上的群体。实验动物生产群每年至少进行1次遗传学质量监测。微生物学和寄生虫学质量监测分为普通级实验动物质量监测、无特定病原体级实验动物质量监测和无菌级实验动物质量监测。微生物学和寄生虫学每季度至少进行1次质量监测。营养学质量监测分为生长繁殖饲料质量监测和维持饲料质量监测。生长繁殖饲料，适用于生长、妊娠和哺乳期动物的饲料。维持饲料，适用于生长、繁殖阶段以外或成年动物的饲料。每批饲料出厂前都要进行营养学质量监测。病理学质量监测分为兽医临床病理学诊断和兽医解剖病理学诊断。兽医临床病理学诊断，用生物化学、微生物学、血液学、细胞学及分子生物学等方法，分析动物的体液和组织等，对动物健康状况进行判断。兽医解剖病理学诊断，通过肉眼、显微镜、免疫学等方法对动物的机体、器官和组织进行形态学检查，对动物健康状况进行判断。病理学质量监测每年至少进行2次。环境设施质量监测分为普通环境质量监测、屏障环境质量监测和隔离环境质量监测。普通环境，符合实验动物居住的基本要求，控制人员和物品、动物出入，不能完全控制传染因子，适用于饲养普通级实验动物。屏障环境，符合实验动物居住的要求，严格控制人员、物品和空气的进出，适用于饲养无特定病原体级实验动物（卢选成等，2010）。隔离环境，采用无菌隔离装置以保持无菌状态或无外源污染物，隔离装置内的空气、饲料、水、垫料和设备应无菌，动物和物料的动态传递须经特殊的传递系统，该系统既能保证与环境绝对隔离，又能满足转运动物时保持与内环境一致。适用于饲养无特定病原体级实验动物和无菌级实验动物。环境设施质量监测每年至少1次，在静态申请实验动物许可证和动态换发实验动物许可证时，必须进行环境设施质量监测，并出具监测报告。设施内的温度、湿度和压差应每天24h进行1次动态监测。

各项作业过程和监测数据应有完整、准确的记录，并建立统计报告制度。

为保证实验动物和动物实验的质量，首先，建立国家实验动物种子中心，国家实验动物种子中心必须具备下列基本条件：①长期从事实验动物保种工作。②有较强的实验动物研究技术力量和基础条件。③有合格的实验动物繁育设施和检测仪器。④有突出的实验动物保种技术和研究成果。国家实验动物种子中心的主要任务：①引进、收集、保存实验动物品种品系。②研究实验动物保种新技术。③培育实验动物新品种、新品系。④为国内外用户提供标准的实验动物种子。种子中心科学地保护和管理我国实验动物资源；还负责实验动物的国外引种工作，确保实验动物种子质量，为实验动物生产单位提供实验动物种子。其次，建立国家级和省级实验动物质量检测机构。国家级实验动物质量检测机构是实验动物质量检测、检验方法和技术的研究机构，是实验动物质量检测人员的培训机构，是具有权威性的实验动物质量检测服务机构。其主要任务是开展实验动物及相关条件的检测方法、检测技术研究；培训实验动物质量检测人员；接受委托对省级实验动物质量检测机构的设立进行审查和年度检查；提供实验动物质量检测和仲裁检验服务。国家级实验动物质量检测机构每2年要接受国家科学技术行政部门组织的专家检查评估。省级实验动物质量检测机构负责本行政区域实验动物质量的检测服务。省级实验动物质量检测机构每年要接受国家级实验动物质量检测机构的检查。

## 二、许可证制度

实验动物的管理实行许可证制度，包括《实验动物生产许可证》《实验动物使用许可证》。

### (一)《实验动物生产许可证》

从事实验动物保种、繁育、供应、运输、经营以及实验动物相关产品生产、供应的单位和个人，必须取得科学技术部门颁发的《实验动物生产许可证》。必须按照《实验动物生产许可证》许可范围开展活动，提供合格的实验动物及相关产品。并提供实验动物及相关产品的质量合格证明。

申请《实验动物生产许可证》的单位和个人应具备以下条件：

（1）具有健全的实验动物管理组织机构。

（2）具有健全的质量管理制度和标准操作规程。

（3）具有维护实验动物福利、开展伦理审查、保障生物安全的能力。

（4）合理配备专业技术人员，并组织专业技能和职业健康培训。

（5）具有与生产实验动物和相关产品相适应的、符合法定标准和管理规定的生产环境设施，并具备相应的实验动物或相关产品质量检测能力，不具备检测能力的生产机构，应与具有检测能力的机构签订委托检测协议书。

（6）实验动物种子来源于国家实验动物资源库或者符合实验动物种源要求的单位，生产的实验动物质量符合法定标准，使用的实验动物饲料、垫料、笼器具等应当符合法定标准及要求。

（7）从业人员熟悉实验动物法规、标准和专业基础知识，经考试合格。申请《实验动物生产许可证》的单位和个人应当提交以下材料：《实验动物生产许可证申请书》；符合法定标准的实验动物环境设施检测报告；实验动物设施平面图；生物安全与实验动物应急管理制度；实验动物福利伦理审查制度；实验动物及相关产品质量检测用设备清单，质量检测人员名单。不具备检测能力的，提交委托检测的协议书。

申请人可以自行提交《实验动物生产许可证》申请材料，也可以委托他人代理申请。申请时应使用全国通用《实验动物生产许可证申请书》格式文本。申请人提交实验动物生产许可申请材料，应先在政务服务大厅的网上注册，上传电子版材料，待审查通过后，再到政务服务大厅受理窗口现场提交纸质材料。申请人应对提交材料的真实性负责。现场受理工作人员接到申请材料后当场审核材料是否齐全、是否符合法定形式，并即时向申请人出具行政许可受理或不予受理的决定书。出具不予受理决定书时，应一次性告知不予受理的理由和法律救济权利。科学技术部门受理申请材料后，向申请人出具行政许可专家现场评审通知书，在规定的时间内组织实验动物专家对实验动物生产许可申请人的条件进行现场评审。科学技术部门依据申请材料，结合专家现场评审意见，依法做出准予许可或不予许可的决定。做出准予许可的决定，发放《实验动物生产许可证》。《实验动物生产许可证》记载有许可证编号、单位名称、法定代表人、实验动物设施地址、适用范围（生产环境及对应生产动物品种）和有效期。科学技术部门做出不予许可的决定时，告知不予许可的理由和法律救济权利（贺争鸣等，2016）。

已取得《实验动物生产许可证》的单位和个人，应当按照许可范围生产实验动物及相关产品。供应实验动物及相关产品时，应当开具全国统一格式实验动物（或相关产品）质量合格证明，并附有3个月内的实验动物微生物学和寄生虫学质量检测报告或相关产品质量合格证。已取得《实验动物生产许可证》

的单位和个人不得转借、转让、出租该证，不得超出许可范围生产实验动物及饲料、垫料、笼器具等，不得代售无《实验动物生产许可证》的单位和个人生产的实验动物及相关产品。未取得《实验动物生产许可证》的单位和个人擅自从事实验动物及相关产品的生产、经营活动的，由科学技术部门依法予以查处，并给予罚款的行政处罚。涉及应由其他部门处理的违法行为的，科学技术部门应将违法线索移交其他部门依法处理。伪造《实验动物生产许可证》或全国统一格式实验动物（或相关产品）质量合格证明的，依法追究法律责任。

### （二）《实验动物使用许可证》

利用实验动物从事科研、检定、检验等活动，以及以实验动物为原料或者载体进行相关产品生产或者经营的单位和个人，必须取得科学技术部门颁发的《实验动物使用许可证》。必须按照《实验动物使用许可证》许可范围开展活动，使用合格的实验动物及相关产品。并索要实验动物及相关产品的质量合格证明。

申请《实验动物使用许可证》的单位和个人应具备以下条件：

（1）具有健全的实验动物管理组织机构。

（2）具有健全的质量管理制度和标准操作规程。

（3）具有维护实验动物福利、开展伦理审查、保障生物安全的能力。

（4）合理配备专业技术人员，并组织专业技能和职业健康培训。

（5）具有符合法定标准的实验动物环境设施。开展涉及公共安全的感染、放射、化学染毒等动物实验，或者直接使用野生动物的，应当符合国家和本行政区的有关规定。

（6）使用的实验动物及相关产品来自具有《实验动物生产许可证》的单位。

（7）从业人员熟悉实验动物法规、标准和专业基础知识，经考试合格。

申请《实验动物使用许可证》的单位和个人应当提交以下材料：《实验动物使用许可证申请书》；符合法定标准的实验动物环境设施检测报告；实验动物设施平面图；生物安全与实验动物应急管理制度；实验动物福利伦理审查制度。

申请人可以自行提交《实验动物使用许可证》申请材料，也可以委托他人代理申请。申请时，应使用全国通用的《实验动物使用许可证申请书》格式文本。申请人提交实验动物使用许可申请材料，应先在政务服务大厅的网上注册，上传电子版材料，待审查通过后，再到政务服务大厅受理窗口现场提交纸质材料。申请人应对提交材料的真实性负责。现场受理工作人员接到申请材料后当场审核材料是否齐全、是否符合法定形式，并即时向申请人出具行政许可受理或不予受理的决定书。出具不予受理决定书时，应一次性告知不予受理的理由和法律救济权利。科学技术部门受理申请材料后，向申请人出具行政许可专家现场评审通知书，在规定的时间内组织实验动物专家对实验动物使用许可申请人的条件进行现场评审。科学技术部门依据申请材料，结合专家现场评审意见，依法做出准予许可或不予许可的决定。做出准予许可的决定，发放《实验动物使用许可证》；《实验动物使用许可证》记载有许可证编号、单位名称、法定代表人、实验动物设施地址、适用范围（使用环境及对应使用实验动物品种）和有效期。科学技术部门做出不予许可的决定时，告知不予许可的理由和法律救济权利。

《实验动物使用许可证》的有效期为 5 年，到期重新审查发证。取得《实验动物使用许可证》的单位和个人，应当在有效期届满前 30 个工作日向科学技术部门提出申请换证。《实验动物使用许可证》实行年检制度，各许可单位根据年检工作要求，按许可范围不同，分别在网上填报年度工作报告，上传后由科学技术部门负责审核。报告内容符合实验动物法规、标准要求的，通过年检；报告内容不符合实验动物法规、标准要求或拒绝年检的，不通过年检。年检结果予以公示。

《实验动物使用许可证》颁发后，《实验动物使用许可证》登记事项发生变更的，被许可的单位和个人应当在变更后 30 个工作日内向科学技术部门提出变更申请。变更适用范围的，或改、扩建原有设施的，应当按照申请许可应具备的条件和申请许可应提交的材料，重新申请《实验动物使用许可证》。变更单位名称、法定代表人或设施地址门牌号的，可以直接向科学技术部门提出变更申请。停止从事实验动物工作的，应当在停止后 30 个工作日内向科学技术部门提出，并交回《实验动物使用许可证》。遗失《实验动物使用许可证》的应当及时向科学技术部门报失，并申请补领《实验动物使用许可证》。

已取得《实验动物使用许可证》的单位和个人，应做好工作记录、人员培训考核记录，落实职业健康、生物安全及动物福利规定。供应生产的实验动物，种子来源清楚、运输符合规定，生产和使用的实验动物专用饲料、垫料、笼器具符合法定标准。实验动物的尸体和废弃物进行无害化处理。

已取得《实验动物使用许可证》的单位和个人，应当按照许可证适用范围开展工作，不得转借、转让、出租该证，使用不合格实验动物和相关产品的，按照《实验动物管理条例》的相关规定，科学技术部门予以处罚。未取得《实验动物使用许可证》的单位和个人，可以委托具有《实验动物使用许可证》的单位和个人进行动物实验，但双方应当签订书面协议。未取得《实验动物使用许可证》的单位和个人擅自从事动物实验的，由科学技术部门依法予以查处，并给予罚款的行政处罚。涉及应由其他部门处理的违法行为的，科学技术部门应将违法线索移交其他部门依法处理。

科学技术部门对本行政区域内已取得《实验动物使用许可证》的单位和个人进行监督检查；对本行政区域内已取得《实验动物使用许可证》的单位和个

人的信用信息予以网上公告（贺争鸣等，2016）。

已取得《实验动物使用许可证》的单位和个人，有下列情形之一的，由科学技术部门依法注销《实验动物使用许可证》：①被许可的单位依法终止的。②被许可的公民死亡或者丧失行为能力的。③《实验动物使用许可证》被撤销、撤回或者《实验动物使用许可证》依法被吊销的。④因不可抗力导致实验动物许可事项无法继续实施的。⑤法律、法规规定的应当注销的其他情形。

## 三、实验动物从业人员

实验动物从业人员是指从事实验动物生产、供应、经营和动物实验的科技人员、专业管理人员及技术工人，以及从事实验动物相关产品生产的质量负责人。科学技术部门负责本行政区域实验动物从业人员专业培训与考核的管理工作；负责制定实验动物从业人员考试大纲，按照考试大纲编写上岗培训教材和设立考试题库，随机抽取考题进行考试，考生应严格遵守考场纪律，不得作弊，组织考试的管理人员应恪尽职守，严格执行考场纪律，考试合格者方可从事实验动物工作。从事实验动物相关工作的单位，应当组织本单位职工进行专业培训，取得上岗证书方可上岗，应加强实验动物从业人员的岗位管理，不得安排未通过培训考试的人员从事实验动物相应工作。从事实验动物工作的单位，定期组织从业人员进行实验动物学、规章制度、操作规程、安全管理条例等相关专业的继续教育。从事实验动物工作的单位，应当组织技术工人参加技术等级考试；对从事实验动物工作的专业技术人员，根据其岗位特点和专业水平评定、晋升专业技术职务。实验动物从业人员要热爱实验动物工作，遵守实验动物管理的各项规定，对实验动物小心护理，倍加爱护，不得戏弄或虐待实验动物。

从事实验动物工作的单位，应当采取防护措施，保证实验动物从业人员的健康与安全，每年组织实验动物从业人员到有体检资质的医疗机构进行常规体检，并根据实验动物从业人员的健康状况进行岗位分类管理，及时调整健康状况不宜从事实验动物工作的人员（徐鎏娴，2015）。

## 四、监督检查

省、自治区、直辖市科学技术行政部门要根据《中华人民共和国行政处罚法》和《实验动物管理条例》对本行政区域内从事实验动物工作的单位和个人进行监督检查。实验动物行政执法人员实行资格管理制度，在其经专业知识和法律、法规培训合格后，由政府部门颁发执法证持证上岗。实验动物行政执法人员应当严格遵守下列规定：①认真学习《实验动物管理条例》，熟悉国家和本省有关实验动物的法律、法规，保证在执法中严格依法办事。②严格执法，秉公办事，不得利用职务谋取不正当利益，不得利用职权之便接受被管理者提供的物品和服务。③文明执法，仪容整洁，言谈举止文明礼貌，尊重当事人，查处违法行为时，应当坚持先教育后处罚。④忠于职守，对违法行为应当依法及时查处，不得敷衍推诿，不得徇私枉法。

实验动物行政执法人员监督检查以下内容：①与实验动物相关的环境、设施未达到标准或者年检不合格的。②从事实验动物工作的人员未经专业培训上岗的。③生产药品及其他生物制品使用不合格实验动物的。④供应或者出售实验动物未提供合格证或者合格证填写内容不符合规定的。⑤运输实验动物不符合规定的。⑥未取得《实验动物许可证》擅自从事实验动物保种、饲养、繁育、供应和应用的。⑦检测机构伪造数据或者检测结论的。⑧实验动物管理工作人员玩忽职守、滥用职权、徇私舞弊的。⑨取得《实验动物使用许可证》的单位和个人，将《实验动物使用许可证》转借、转让、出租给他人使用的，代售无《实验动物许可证》单位和个人的动物及其相关产品的。⑩培训机构学籍管理混乱、发生冒名顶替、弄虚作假的，授课老师不胜任教学要求的，不按教学大纲进行教学，任意删减课程设置，教学质量低劣的。实验动物行政执法人员履行好以下职责：①受理接待来访、来信。②立案前的走访调查和立案后的执法检查。③提交立案报告、调查报告和处理意见。④主动检查、抽查本行政区域实验动物工作中的法律法规执行情况，每年至少检查2次。⑤严格遵守实验动物行政执法人员工作守则。

科学技术部门可以聘请实验动物质量监督员对本行政区域实验动物繁育、饲养、供应、使用等进行质量监督。实验动物质量监督员从本行政区域内从事实验动物管理和专业技术人员中聘任，经法律、法规培训合格后，由科学技术部门颁发质量监督员证。实验动物质量监督员积极配合实验动物行政执法人员对本行政区域内的实验动物质量进行监督检查。实验动物质量监督员主要监督检查以下内容：①实验动物生产或动物实验环境设施、使用的饲料和垫料及其他相关产品不符合国家标准的（国家尚未制定标准的，执行行业标准；国家、行业均未制定标准的，执行地方标准）。②从事实验动物工作的人员未经培训、未领取实验动物从业人员岗位证书擅自上岗的。③生产药品及生物制品、科学研究、产品检测和药品检定中使用不合格实验动物的。④未按规定使用《实验动物许可证》和合格证的。⑤未按规定运输实验动物的。⑥未按规定处理实验动物尸体及其废弃物的。⑦未取得《实验动物许可证》，擅自从事实验动物保种、饲养、繁育、供应和应用的。⑧实验动物检测机构伪造数据或者检测结论的。⑨实验动物管理工作人员玩忽职守、滥用职权、徇私舞弊的。⑩实验动物培训机构学籍管理混乱，发生冒名顶替、弄虚作假的，教学质量低劣的。实验动物质量监督员协助执法人员参与案件调查取证，并提出咨询意见；实验动质量监督员在监督检查工作中应仪容整齐，言谈举止文明礼貌，主动出示证件，尊重当事人；实验动物质量监督员在监督检查工作中，应由2名及2名以上监督员组成检查组，并做好监督检查记录；实验动物质量监督员在监督检查工作中，应秉公办事，不得利用职权谋取不正当利益，不得利用职权接受被监督者提供的物品和服务；实验动物质量监督员应积极主动参加科学技术部门组织的检查活动，定期汇报协助执法检查情况。实验动物质量监督员应积极参加科学技术部门组织的法律、法规、政策培训，及时掌握、调整执法重点，并保证在实验动物质量监督检查中依法办事。

实验动物行政执法人员和实验动物质量监督员联合对本行政区域内的已取得《实验动物许可证》的组织和个人进行监督检查。实验动物监督检查实行抽查与自查相结合的原则。检查的主要内容为：①单位实验动物管理组织机构工作记录。②单位实验动物福利伦理委员会的工作记录，实验动物福利伦理审查的科研项目和审查表。③实验动物从业人员的法规培训、专业培训和操作规程等继续教育的培训记录。④实验动物从业人员的健康检查记录。⑤生产或使用实验动物以及饲料、垫料、笼器具的来源是否有许可证和合格证以及各项质量检测报告。⑥实验动物环境设施运行、设备维护、温度、湿度等各项记录。⑦各项规章制度和操作规程落实情况。⑧生产安全、实验室安全、生物安全的管理制度和执行情况。每个单位每年监督检查1～2次，监督检查结果进行公示。科学技术部门聘请专家，成立实验动物专家委员会，为实验动物监督管理工作提供技术咨询和服务，协助科学技术部门制定本行政区域实验动物发展规划。科学技术部门聘请实验动物专家成立实验动物标准化委员会，负责制定地方标准，以解决本行政区域特有的实验动物及其他相关产品的标准问题。对本行政区域从事实验动物工作的单位和个人建立信用管理制度，科学技术部门及时公布实验动物许可单位和个人的信用信息。

## 第三节　实验动物福利伦理

随着人类社会的进步、生命科学技术的发展，实验动物作为医药研发、生命科学及医学研究的重要支撑条件日益受到人们的重视。基础医学研究、药物研发、医疗器械评价等均涉及实验动物和动物实验，动物病原微生物实验室使用的动物大部分是实验动物。国际上已经把实验动物的福利伦理作为衡量一个国家科学技术现代化水平的标志（Fox J G, et al., 2015; Graham K, 2002）。实验动物福利伦理贯穿于实验动物的饲养、运输、检疫、实验设计、实验过程及实验后处理等各个环节。善待实验动物既是人道主义的需要，又是科学研究的需要。实验动物福利伦理直接影响实验结果的准确性和可靠性。因此，实验动物福利伦理是一项非常重要的工作（艾瑞婷，2016）。

## 一、实验动物福利

实验动物福利是人类保障实验动物健康和快乐生存权利的理念及其提供的相应外部条件的总和。实验动物福利的核心是保障实验动物的健康和快乐状态。实验动物为人类健康做出了巨大的牺牲和贡献，理应享有应得的福利，得到人们的善待。当实验动物福利得不到保障时，实验动物的心理和生理都处于不正常的应激状态，影响生命科学、医学等实验结果，导致科学研究得不到真实的结论。因此，实验动物福利是保障实验结果科学性、真实性、一致性、可靠性和可重复性的重要保证。

实验动物是人工繁育的，没有在野外生存的能力，无觅食能力，皮毛无法御寒与防晒；对自然界里的病原微生物缺乏抵抗力，容易感染疾病；在自然界里无法繁殖下一代。实验动物有五大自由：①享有不受饥渴的自由，满足生理方面的需求，如营养均衡的配合饲料、符合实验动物等级的饮用水等。②享有生活舒适的自由，满足其环境方面的需求，如有足够的空间、适宜的温湿度、清洁松软的垫料等。③享有不受痛苦伤害和疾病威胁的自由，满足行为方面的需求，如清新的空气、合理的饲养密度、防止外伤等。④享有生活无恐惧、无悲伤的自由，满足心理方面的需求，如避免噪声刺激、恐吓、枯燥等。⑤享有表达天性的自由，满足社会性方面的需求，如独居、群居、求偶等。要遵循实验动物五大自由，根据实验动物品种品系的生物学特性和习性，以及微生物控制等级制定科学的实验动物福利规范。

## 二、实验动物伦理

实验动物伦理是人类对待实验动物和开展动物实验所遵循的社会道德标准与原则概念。实验动物与人类构成互惠关系的利益共同体，实验动物应该成为人类道德共同体的成员，并得到道德对待和道德关怀。充分考虑实验动物的利益，善待实验动物，防止或减少实验动物的应激、痛苦和伤害，尊重实验动物的生命，制止针对实验动物的野蛮行为（在国内发生过某医学院虐待犬的事件和社会上虐待猫的事件，在国内外造成了不好的影响），采取痛苦最少的方法处置实验动物；动物实验方法和目的必须符合人类道德伦理标准和国际惯例。在做动物实验时，采取合适的麻醉、止痛和镇痛方式来缓解手术中的疼痛、恐惧和焦虑。

## 三、实验动物福利伦理审查

实验动物福利伦理审查，是指按照实验动物福利伦理的原则和标准，对使用实验动物的必要性、合理性和规范性进专门审定与检查。从事实验动物工作的单位必须成立实验动物福利伦理委员会，对涉及实验动物的项目进行独立、公正、科学的福利伦理审查，并对实验项目进行监督（许虎峰等，2013）。

实验动物福利伦理委员会应由实验动物专家、兽医师、实验动物管理人员、使用实验动物的科研人员和社会公众代表等不同方面的人员组成。来自同一分支机构的委员不得超过3人，实验动物福利伦理委员会设主席1名、副主席和委员若干。副主席和委员数量根据福利伦理审查工作实际需要决定。实验动物福利伦理委员每届任期3～5年，由组建单位负责聘任、岗前培训、解聘和及时补充成员。所有福利伦理委员要承诺遵守法规、规定及标准，维护实验动物福利伦理。实验动物福利伦理委员会审查原则：①必要性原则，实验动物的饲养、使用和任何伤害性的实验项目应有充分的科学意义及必须实施的理由，禁止无意义滥养、滥用、滥杀实验动物，禁止没有科学意义和社会价值或不必要的动物实验。②保护原则，确有必要进行动物实验的项目应遵循"3R"原则［3R：替代（Replacement），使用低等级动物代替高等级动物，或不使用动物而采取其他方法达到与动物实验相同的目的；减少（Reduction），为获得特定数量及准确的信息，尽量减少实验动物的使用数量；优化（Refinement），对必须使用的实验动物，尽量降低非人道方法的使用频率或危害程度］，对实验动物给予人道的保护，在不影响科研项目实验结果科学性的情况下，尽可能采取替代方法、减少不必要的动物数量、降低非人道方法的使用频率和危害程度（程树军，2017）。③福利原则，尽可能地保证善待实验动物，实验动物生存期间，包括运输中尽可能多地享有动物的五大自由（梁春南等，2012），保障实验动物的生活自然及健康和快乐，各类实验动物管理和处置，要符合该种类实验动物的操作技术规程，防止或减少实验动物不必要的应激、痛苦和伤害，采取痛苦最少的方法处置实验动物。④伦理原则，尊重实验动物的生命和权益，遵守人类社会公德。制止针对实验动物的野蛮或不人道的行为，实验动物项目的目的、实验方法、处置手段应符合人类公认的道德伦理价值观和国际惯例，动物实验项目应保证从业人员和公共环境的安全（卢选成等，2019）。⑤利益平衡性原则，以当代社会公认的道德伦理价值观，兼顾动物和人类利益，在全面、客观地评估动物所受的伤害和人类由此可能获取的利益基础上，负责任地出具实验动物项目福利伦理审查报告。⑥公正性原则，实验动物福利伦理审查和监管工作应保持独立、公平、公正、科学、民主、透明、不泄密，不受政治、商业和自身利益的影响。⑦合法性原则，科研项目目标、实验动物来源、环境设施、人员资质、实验操作方法等各个方面不应存在任何违法违规或相关标准的情况。⑧符合国情的原则，实验动物福利伦理审查应遵循国际公认的准则和我国传统的公序良俗，符合我国国情，反对各类激进的理念和极端的做法（郭永昌等，2021；李闪闪等，2021）。

实验动物福利伦理委员会审查内容：

（1）人员资质。①实验动物从业人员应通过专业技术培训，获得《实验动物从业人员上岗证》。②实验动物从业单位应根据实际需要，制定实验动物福利伦理专业培训计划并组织实施，保证实验动物从业人员熟悉实验动物福利伦理有关规定和技术标准，了解善待实验动物的知识和要求，掌握相关种属动物的生物学特点和习性，能够正确掌握实验动物操作技术。③新来的工作人员和学生的技术培训，如需要活体动物及开展相关实验时，应有专业技术人员指导和监督，直到他们熟练掌握操作技术。④举办实验动物技术培训尽量不用实验动物或者少用实验动物。⑤实验动物从业单位应配有兽医，规模大的实验动物从业单位应配备专职的兽医人员，规模小的实验动物从业单位可以配备兼职的兽医人员，兽医人员负责实验动物福利伦理的落实和检查，负责动物的防疫工作，负责微生物和寄生虫的控制措施、制定防疫计划，负责动物实验的麻醉、止痛和安乐死的专业指导或实施工作（卢选成等，2019）。

（2）实验动物环境设施条件。①实验动物生产设施和实验动物实验设施的条件及其各项环境指标要符合 GB 14925 和《关于善待实验动物的指导性意见》的有关规定，并持有与动物相符合的《实验动物使用许可证》。②实验动物饲料、垫料、笼具质量应符合国家标准和实验动物福利标准以及我国善待实验动物的有关管理规定，设施设备应确保不会对实验动物造成意外伤害。③笼器具应定期更换、清洗和消毒，垫料应消毒灭菌、除尘、及时更换，保持清洁、舒适，动物的采食和饮水装置应安全可靠以及方便采食、饮水。④各类实验动物所占笼具的最小面积和高度必须符合国家标准，满足实验动物的生理及行为需求，满足实验动物表达天性的自由（转身、站立、伸腿、躺卧、行走、舔梳、做窝、求偶等自然习性）。⑤笼器具要满足不同种属实验动物孕、产期的需求，可提供适宜的产仔环境条件。⑥应增加实验动物生活环境的丰富度，适宜地放置供实验动物活动和嬉戏的物品，提高实验动物的心理幸福感，但不能危害实验动物和从业人员的健康及安全，也不能妨碍科学实验的正常进行。⑦对于非人灵长类、犬、猪等天性喜爱运动的大型实验动物，其种用动物和长期实验的动物应增设运动场地并定时遛放，运动场内应放置适于该种动物玩耍的物品，提高环境丰富度。

（3）实验动物来源。所用的实验动物必须来源于具有《实验动物生产许可证》的单位，所有实验动物都应有单独标识或集体标识，并附有质量合格证明和微生物检测报告；禁止使用来源不明的动物，禁止使用来源于偷盗或私自捕获的流浪动物及濒危的野生动物，使用非人灵长类时，必须先向有关部门报批，批准后方可购进并进行实验。

（4）技术规范。实验动物的饲养管理、设施管理、各类动物实验操作、实验动物环境的控制、实验动物项目的实施等都应符合实验动物福利伦理的要求。

（5）动物饲养。①饲养人员要善待动物，不得戏弄或虐待实验动物。②在抓取实验动物时，态度温和、方法得当、动作轻柔，避免引起实验动物的不安、惊恐、疼痛和损伤。③日常饲养管理中，应定期对动物进行观察，若发现异常，应及时查找原因，采取有针对性的必要措施予以改善。④饲养人员应根据各类实验动物的食性和营养需要，给予实验动物足够的饲料和饮水，饲料质量应符合国家标准，动物的饮水应符合相应的等级标准。⑤新进的实验动物在使用前需要一段时间的适应性饲养，才能达到生理和行为的稳定状态。⑥饲养和实验环境的卫生防疫条件应符合有关规定与标准要求，设施防疫和饲养管理应能够避免动物交叉感染和人员交叉传播等。

（6）动物使用。①在使用过程中，应将动物的数量减少到最小，实验现场避免无关人员进入。②保定动物时，应尽可能减少动物的不适及痛苦和应激反应。③在使用动物时，先对动物进行麻醉，在动物麻醉状态下进行手术或者实验。④处死动物应实施安乐死，处死现场不宜有其他动物在场，确定动物死亡后，方可妥善处置尸体。

（7）定期检查。实验动物福利伦理委员会对实验动物环境设施条件进行定期检查，每年至少进行2次环境设施条件的现场检查，检查内容包括实验动物项目实施的具体情况、动物饲养环境条件、设施的运行和安全状况、卫生防疫情况、笼器具及其他设备状况、饲养密度、动物健康情况、环境丰富度、实验操作及手术的规范性、从业人员健康及生物安全情况，以及实验动物福利伦理标准执行情况等（刘晓宇等，2021）。

实验动物福利伦理审查程序：

（1）申报材料。申请实验动物福利伦理审查项目负责人应向福利伦理委员会提交正式的实验动物福利伦理审查申请表和相关的举证材料，申请材料应包括以下内容：①实验动物或动物实验项目名称及概述。②项目负责人、动物实验操作人员的姓名、专业背景经历、实验动物从业人员上岗证书编号、环境设施许可证号。③项目的意义、必要性、项目中有关实验动物的用途、动物品种、动物数量、饲养管理或实验处置方法、预期出现的对动物的伤害、处死动物的方法、项目进行中涉及动物福利和伦理问题的详细描述。④遵守实验动物福利伦理原则的声明。

（2）实施方案审查。①在接到有关实验动物项目的申请文件后，由伦理委员会主席指定委员进行初审。②常规项目首次评审后，可由主席或授权副主席直接签发。③新开项目和有争议的项目应交伦理委员会审议，5个工作日内提出书面意见，负责任地出具实验动物或动物实验福利伦理审查报告。④伦理委员会对批准的动物实验项目进行日常的福利伦理监督检查（贺争鸣等，2011）。

# 主要参考文献

艾瑞婷，2016. 瑞典实验动物管理体系浅析［J］. 全球科技经济瞭望（11）：73-76.

程树军，2017. 动物实验替代技术研究进展［J］. 科技导报，35（24）：40-46.

郭永昌，王春芳，陈朝阳，等，2021. 高等医学院校实验动物福利伦理审查实践思考［J］.
医学与哲学，42（16）：18-21.

贺争鸣，李根平，李冠民，等，2011. 实验动物福利与动物实验科学［M］. 北京：科学出
版社.

贺争鸣，李根平，朱德生，等.2016. 实验动物管理与使用指南［M］. 北京：科学出
版社.

李根平，邵军石，李学勇，等，2010. 实验动物管理与使用手册［M］. 北京：中国农业大
学出版社.

李闪闪，郑小兰，张新庆，2021. 我国医学科研人员对实验动物伦理认知和态度分析［J］.
科学与社会，11（2）：110-122.

栗景蕊，贺争鸣，2014. 转基因动物应用的福利问题及欧盟的相关对策［J］. 实验动物科
学，31（6）：56-59.

梁春南，李明，黎绍明，等，2012. 实验动物运输中的福利保障［J］. 中国动物保健，14
（9）：20-23.

刘晓宇，卢选成，鹿双双，等，2021. 推进我国实验动物福利技术的研究和应用［J］. 实
验动物科学，38（2）：61-66.

卢选成，李晓燕，刘晓宇，等，2019. 美国兽医协会动物安乐死指南［M］. 北京：人民卫
生出版社.

卢选成，李晓燕，张奇，等，2010. 屏障环境动物实验设施的改建和使用［J］. 实验动物
科学，27（4）：49-54.

孙德明，李根平，陈振文，等，2011. 实验动物从业人员上岗培训教材［M］. 北京：中国
农业大学出版社.

徐蓥婳，2015. 实验动物从业人员职业伤害及自我防护的研究分析［D］. 杭州：浙江中医
药大学.

许虎峰，刘云波，李学勇，等，2013. 医院实验动物管理与使用委员会的筹建与运作［J］.
实验动物科学，30（1）：46-49.

周淑佩，郑振辉，贾光，2012. 人类疾病模型动物的管理要点［J］. 中华医学科研管理杂
志，25（2）：129-130，146.

Fox J G，Anderson L C，Otto G M，et al.，2015. Laboratory animal medicine［M］. New
York：Academic Press.

Graham K，2002. A study of three IACUCs and their views of scientific merit and alternatives
［J］. Journal of Applied Animal Welfare Science，5（1）：75-81.

# 第十一章

## 动物病原微生物实验室
## 菌（毒）种/样本管理

### 第一节　动物病原微生物菌（毒）种/样本管理要求

为加强动物病原微生物菌（毒）种保藏管理，农业农村部于 2020 年 9 月 17 日发布了第 336 号公告，指定国家动物病原微生物菌（毒）种保藏机构，在中国兽医药品监察所设立国家兽医微生物菌（毒）种保藏中心，在哈尔滨兽医研究所（以下简称哈兽研）、兰州兽医研究所（以下简称兰兽研）、上海兽医研究所（以下简称上兽研）、中国动物疫病预防控制中心（以下简称疫控中心）、中国动物卫生与流行病学中心（以下简称动卫中心）设国家兽医微生物菌（毒）种保藏分中心。

#### 一、国家兽医微生物菌（毒）种保藏中心

在中国兽医药品监察所设立国家兽医微生物菌（毒）种保藏中心。主要负责菌（毒）种和样本的收集、筛选、分析、鉴定、保藏与管理，以及各分中心和保藏专业实验室所保藏菌（毒）种的统一编目。

#### 二、国家兽医微生物菌（毒）种保藏分中心

在中国农业科学院哈兽研、兰兽研、上兽研、疫控中心、动卫中心，设立国家兽医微生物菌（毒）种保藏分中心，负责特定菌（毒）种的保藏和管理，定期向国家兽医微生物菌（毒）种保藏中心报送保藏目录。其中：

哈兽研分中心主要负责禽流感病毒、非洲猪瘟病毒、马鼻疽、马传染性贫血病病毒、牛传染性胸膜肺炎支原体等菌（毒）种的收集、保藏、供应和管理，以及有一定价值的菌（毒）种的收集、保藏和管理。

兰兽研分中心主要负责口蹄疫病毒、非洲猪瘟病毒、牛结节性皮肤病病毒、包虫、血液原虫、绦虫等菌（毒）种的收集、保藏、供应和管理，以及有一定价值的菌（毒）种的收集、保藏和管理。

上兽研分中心主要负责日本血吸虫、日本乙型脑炎病毒、伊氏锥虫、畜禽弓形体、鸡球虫、隐孢子虫等菌（毒）种的收集、保藏、供应和管理，以及有一定价值的菌（毒）种的收集、保藏和管理。

疫控中心分中心主要负责猪繁殖与呼吸综合征病毒、猪瘟（病毒）等菌（毒）种的收集、保藏、供应和管理，以及有一定价值的菌（毒）种的收集、保藏和管理。

动卫中心分中心主要负责非洲猪瘟病毒、牛羊朊病毒、小反刍兽疫病毒、牛结节性皮肤病病毒等外来动物疫病菌（毒）种，禽流感病毒、新城疫病毒、结核分枝杆菌、布鲁氏菌等菌（毒）种和动物源性食源性病原菌的收集、保藏、供应与管理，以及有一定价值的菌（毒）种的收集、保藏和管理。

## 三、国家动物病原微生物菌（毒）种保藏专业实验室

农业农村部指定国家兽医实验室（包括国家兽医参考实验室、专业实验室和区域实验室）为国家动物病原微生物菌（毒）种保藏专业实验室，负责相应的特定动物微生物菌（毒）种的收集、鉴定、保藏和管理，定期向国家兽医微生物菌（毒）种保藏中心报送保藏目录。

国家对兽医微生物菌（毒）种保藏机构实行动态管理，农业农村部第 336号公告是目前适用最新的保藏机构名单。除了指定保藏机构外，国家还陆续制定和完善了相关的菌毒种管理办法。

2008 年，农业部为了加强动物病原微生物菌（毒）种和样本保藏管理，依据《中华人民共和国动物防疫法》《病原微生物实验室生物安全管理条例》和《兽药管理条例》等法律法规，发布了《动物病原微生物菌（毒）种保藏管理办法》（中华人民共和国农业部令第 16 号），2009 年 1 月 1 日起实施，适用于中华人民共和国境内菌（毒）种和样本的保藏活动及其监督管理。2016 年 5月 30 日中华人民共和国农业部令（2016 年第 3 号），将第二十九条修改为："从国外引进和向国外提供菌（毒）种或者样本的，应当报农业部批准。"

依据 2008 年发布的《动物病原微生物菌（毒）种保藏管理办法》，动物病原微生物菌（毒）种，是指具有保藏价值的动物细菌、真菌、放线菌、衣原体、支原体、立克次氏体、螺旋体、病毒等微生物。样本是指人工采集的、经鉴定具有保藏价值的含有动物病原微生物的体液、组织、排泄物、分泌物、污染物等物质。菌（毒）种和样本的分类按照《动物病原微生物分类名录》的规定执行。农业部主管全国菌（毒）种和样本保藏管理工作，县级以上地方人民政府兽医主管部门负责本行政区域内的菌（毒）种和样本保藏监督管理工作。国家对实验活动用菌（毒）种和样本实行集中保藏，保藏机构以外的任何单位和个人不得保藏菌（毒）种或者样本。2020 年 2 月 9 日，农业农村部办公厅、

教育部办公厅、科学技术部办公厅、国家卫生健康委员会办公厅、海关总署办公厅、国家林业和草原局办公室、中国科学院办公厅七部门联合印发《关于加强动物病原微生物实验室生物安全管理工作的通知》中再次强调:"加强动物病原微生物实验监管,加强菌种保藏保存管理。"

2020 年为深入贯彻落实总体国家安全观,切实推进国家生物安全,进一步加强动物病原微生物实验室生物安全管理,依据《中华人民共和国动物防疫法》《中华人民共和国传染病防治法》《病原微生物实验室生物安全管理条例》(以下简称《条例》)《动物病原微生物菌(毒)种保藏管理办法》(以下简称《办法》)等有关法律法规和规章,农业农村部发布农办牧〔2020〕15 号文加强动物病原微生物菌(毒)种保藏保存管理,规定国家对具有保藏价值的实验活动用动物病原微生物菌(毒)种和样本实行集中保藏。除农业农村部指定的菌(毒)种保藏机构和相关专业实验室外,其他单位和个人不得保藏高致病性病原微生物菌(毒)种和样本。各保藏机构和相关专业实验室要严格按照《办法》规定要求,做好菌(毒)种和样本的收集、保藏、供应、销毁管理,建立健全生物安全和安保管理制度,确保菌(毒)种和样本安全。对于违规保存菌(毒)种和样本的,当地畜牧兽医主管部门应当监督其就地销毁或送农业农村部指定的保藏机构保存。

从事有关动物疫情监测、疫病检测诊断、检验检疫和疫病研究等相关实验室及其设立单位要切实履行实验室生物安全管理主体责任,加强菌(毒)种和样本的采集、运输、接收、使用、保存、销毁的全链条安全管理和对外交流管理。其中,对于运输高致病性动物病原微生物菌(毒)种或者样本的,应依据《条例》严格实施调运审批制度。需要运往国外的,由出发地省级畜牧兽医主管部门进行初审后,报农业农村部批准。其中,涉及《生物两用品及相关设备和技术出口管制清单》所列的菌(毒)种和样品的,申请单位还应依据《中华人民共和国生物两用品及相关设备和技术出口管制条例》及相关规章规定,获得商务部相应行政许可。从境外引进动物病原微生物菌(毒)种或者样本的,引进单位应当报农业农村部批准。其中,因科学研究等特殊需要,引进《中华人民共和国进出境动植物检疫法》第五条第一款所列禁止进境物的,还应向海关申请办理禁止进境物特许检疫审批手续。

各单位应严格按国家相关法律法规,明确单位内部管理部门和职责,制定具体的管理办法。

(1)高致病性动物病原微生物菌(毒)种/样本专库管理。低致病性动物病原微生物菌(毒)种及样本设专柜管理。双人双锁制度。实验室内的菌(毒)种及其相关实验材料需要保存在合适的条件下,并备有详细的保存和使用记录。菌(毒)种库应设监控系统,全时段运行,监控覆盖整个区域。

（2）高致病性病原微生物菌（毒）种和样本的管理必须建立一整套管理制度，包括管理文件、发放、使用和运输相关材料，保证对高致病性病原微生物菌（毒）种和样本的操作在可控条件下开展。高致病性动物病原微生物实验室培养及动物实验相关活动，须报农业农村部或省级主管部门审批后，按实验室管理体系要求开展实验活动。

（3）菌（毒）种的接收由2人同时在场进行，一般是实验人员和菌（毒）种管理员共同对收到的菌（毒）种及样本进行验收，应了解样品的有关背景资料、记录包装及样品的状况，在样品上标明唯一性样品编号。对任何异常均应记录，样品与提供的描述不符合时或对样品的适用性有疑问时，都应与送样人员联系妥善解决问题。接收后应在相应的防护条件下打开包装、分装及预处理。

（4）菌（毒）种库管理员负责将接收的菌（毒）种统一集中在菌（毒）种库进行保存，并建立详细的保存记录，保存菌（毒）种必须有完整的数据资料，包括种类、名称、编号、来源、数量、代数，以及主要鉴定结果、操作人员、鉴定人员姓名等，因分离、收集、鉴定、交换等获得的菌（毒）种和样本，均需入库登记。如为临床采集的样品，最好同时建立档案，详细记录动物的种类、品系、年龄、临床症状、发病/死亡情况、地理位置及疫苗接种情况等。

（5）菌（毒）种库须由专人管理，实行双人双锁制度，钥匙一般由实验人员与管理人员各执一把。菌（毒）种保存容器外表面应贴有标签，标明菌（毒）种编号、批号、日期等，并能与保存记录相对应。菌（毒）种库负责人需定期核对库存数量与保存记录的一致性。值得注意的是，在−80℃冰箱内保存的菌（毒）种要分门别类放好，并留有足够的空间，避免拥挤造成盛装菌（毒）种容器的破损。

（6）菌（毒）种在实验室与菌（毒）种库之间传递时，宜用运输车或生物安全运输专用转运盒，避免因人员操作不慎而掉落。

（7）对于实验和生产过程中需使用的高致病性病原微生物菌（毒）种和相关实验材料要跟踪管理，做好实验过程中的使用登记，尽量减少对高致病性病原微生物菌（毒）种和相关实验材料的使用剂量。实验结束及时将增殖的菌（毒）种或采集样本入库，剩余的高致病性病原微生物和相关实验材料及时消毒灭菌与无害化处理。

（8）菌（毒）种及样本销毁时，由使用人填写销毁毒种、产物登记表，阐明销毁的原因并提出销毁方式，经相关负责人批准后方可销毁，记录销毁的过程，如高压蒸汽灭菌温度、时间。使用的销毁方式必须符合所使用菌（毒）种灭活的标准或事先经过消毒效果验证。未经批准不得销毁。

（9）任何人未经批准，不得私自将菌（毒）种以及样品带出实验室，进行实物或公开信息的交流。

（10）实验室菌（毒）种及样本的保管人员，要经过严格的审查和相关的生物安全知识培训，高致病性病原微生物菌（毒）种保藏人员需具有从事高致病性微生物操作的资质。

# 第二节　动物病原微生物样本采集与防护

各有关单位和个人采集病原微生物样本，应当具备《条例》第九条规定的相应设备、人员、措施、技术方法和手段等条件。对于重大动物疫病或疑似重大动物疫病，应当由动物防疫监督机构采集病料。其他单位和个人采集病料的，应当具备《重大动物疫情应急条例》第二十一条第一款规定的相应条件。采集高致病性病原微生物样本的工作人员在采集过程中应当防止病原微生物扩散和感染，并对样本的来源、采集过程和方法等做详细记录。各地畜牧兽医（农业农村）主管部门要加强病料采集和使用的安全监管。各实验室及其设立单位应加强相关实验活动废弃物的处置监管，保证灭菌有效、流向可追溯。

在野外或在养殖场采集含有疑似病原微生物的样本前，要做好充分的风险评估，准备应对疑似病原微生物的消毒液和个人防护用品，确保采集时的生物安全。在进行样品采集时，应该由掌握相关专业知识和操作技能的工作人员配备个人防护用品（防护服、帽、口罩、鞋套、手套、防护眼镜）等防护材料、器材以及其他安全防护设备，严格遵循生物安全操作规范，严格做好个人防护与实验室和现场的生物安全工作，具备有效防止病原微生物扩散和感染的生物安全相关措施与应急预案，应该根据感染类型和特点，遵照相应级别生物安全的技术要求，选择实验室与相关实验设备进行采集，制定相应的应急事件处理方案。采集样本时尽量无菌操作，选择病原微生物较多的部位，盛放样本的容器和培养基应经过无菌处理并进行标识，样本采集后应立即送检，并在保持样本中病原微生物活性的条件下进行保存。对于疑似高致病性病原微生物样本，应该按照相应的规定进行明确标识，并根据病原微生物的种类，选择和使用合适的用具及方式包装样本后送检。采集过程中应当防止病原微生物扩散和感染，并对样本的来源、采集过程和方法等做详细记录。样本采集操作完成后，应严格按照生物安全要求妥善处理相关污染物品，以免造成人畜感染和环境污染。

## 一、采集病原微生物样本应当具备下列条件：

（1）具有与采集病原微生物样本所需要的生物安全防护水平相适应的设备。

（2）具有掌握相关专业知识和操作技能的工作人员。

（3）具有有效防止病原微生物扩散和感染的措施。

（4）具有保证病原微生物样本质量的技术方法和手段。采集高致病性病原微生物样本的工作人员在采集过程中应当防止病原微生物扩散和感染，并对样本的来源、采集过程和方法等做详细记录。

在实际采样过程中充分保定动物，在减少动物应激的同时，避免动物对采样人员构成威胁；做好环境消毒和动物尸体处理工作；防止污染环境，防止疫病传播；由具有丰富动物实验操作经验的实验人员根据不同采样目的，采集相应的样本；所采集的样本要及时标记并进行登记。

## 二、样本采集防护级别

样本采集在风险评估的基础上，可采用不同的防护级别。

（1）生物安全防护底线。医用普通口罩、防护服、手套。

（2）一级生物安全防护。医用外科口罩、乳胶手套、防护服，可戴医用防护帽。

（3）二级生物安全防护。医用防护口罩或 N95 口罩、乳胶手套、防护服、医用防护帽，必要时（如有喷溅风险）可加护目镜。

（4）三级生物安全防护。N95 口罩、单层或双层医用防护帽、防护面罩、护目镜、双层乳胶手套（条件许可时可用不同颜色）、防护服、鞋套。

## 三、样本采集防护用品选择和使用

个人防护用品是用于保护采样人员避免接触感染性因子的各种屏障用品，包括口罩、手套、护目镜、防护面罩、防水围裙、隔离衣、防护服等。防护用品必须符合国家相关标准，并在有效期内使用。

**1. 口罩的使用**　根据不同的操作要求，选用不同种类的口罩。从事非人兽共患病病原微生物现场采样工作时可戴医用外科口罩。从事人兽共患病病原微生物或可能携带人兽共患病病原微生物的动物采样时选用 N95 口罩进行现场采样工作。口罩应保持清洁，不得重复、交叉使用，发生污染时及时更换。应按照规范要求正确佩戴口罩。

**2. 护目镜、防护面罩的使用**　当采样过程中可能发生体液、血液、分泌物等喷溅时，应使用防护面罩。佩戴前应检查护目镜、防护面罩有无破损，佩戴装置有无松动；每次使用后应清洁与消毒；按照规范要求，正确佩戴护目镜、防护面罩。

**3. 手套的使用**　根据不同操作的需要，应选择合适种类和规格的手套，必要时应根据现场情况额外佩戴手套或防割伤刺伤的防护用品；应按照规范要求正确戴脱手套，一次性手套不得重复使用。

**4. 防护服的使用**　应根据采样工作需要，正确选用防护服，根据接触病原微生物传染性不同选用适当的防护服，并按照规范要求，正确穿脱防护服，一次性防护服不得重复使用。

**5. 鞋套的使用** 鞋套应具有良好的防水防滑性能，并限定为一次性使用。应在规定区域内穿戴鞋套，并在限定区域内脱掉鞋套，不得将采样区域内鞋套穿出，发现鞋套破损时应及时更换。

注意事项：佩戴医用外科口罩时，双手沿鼻压紧贴合；所有口罩戴上后确认密封，摘下时不要触碰正面。手套佩戴前须确认气密性，防护服穿脱符合规范。脱手套和防护服前全身喷雾消毒（有效氯浓度 $500 \sim 1\,000 \text{mg/L}$ 的消毒液或 75％乙醇），按标准流程依次脱去个人生物安全防护装备，污染面切勿接触内部衣物，手不接触外表面。

# 第三节 动物病原微生物菌（毒）种/样本包装运输要求

2004 年，国务院颁布第 424 号令《病原微生物实验室生物安全管理条例》（以下简称《条例》）。《条例》根据病原微生物的传染性、感染后对个体或者群体的危害程度，对病原微生物进行了分类，并在该《条例》中第一次对菌（毒）种或样本的运输提出了要求，为我国病原微生物菌（毒）种或样本的安全运输提供了重要依据和法律约束。此后，我国菌（毒）种或样本的安全运输，逐步走向了法制化、规范化轨道，加快了我国菌（毒）种或样本运输管理工作与国际接轨的进程，为保障菌（毒）种或样本运输过程的生物安全起到了积极作用。

运输高致病性病原微生物菌（毒）种或者样本，应当通过陆路运输；没有陆路通道，必须经水路运输的，可以通过水路运输；紧急情况下或者需要将高致病性病原微生物菌（毒）种或者样本运往目的地或国外的，可以通过民用航空运输。

运输高致病性病原微生物菌（毒）种或者样本，应当具备下列条件：

（1）运输目的、高致病性病原微生物的用途和接收单位符合国务院卫生主管部门或者兽医（农业农村）主管部门的规定。

（2）高致病性病原微生物菌（毒）种或者样本的容器应当密封，容器或者包装材料还应当符合防水、防破损、防外泄、耐高（低）温、耐高压的要求。

（3）容器或者包装材料上应当印有国务院卫生主管部门或者兽医（农业农村）主管部门规定的生物危险标识、警告用语和提示用语。

运输高致病性病原微生物菌（毒）种或者样本，应当经省级以上人民政府卫生主管部门或者兽医主管部门批准。在省、自治区、直辖市行政区域内运输的，由省、自治区、直辖市人民政府卫生主管部门或者兽医（农业农村）主管部门批准；需要跨省、自治区、直辖市运输或者运往国外的，由出发地的省、自治区、直辖市人民政府卫生主管部门或者兽医（农业农村）主管部门进行初审后，分别报国务院卫生主管部门或者兽医（农业农村）主管部门批准。

出入境检验检疫机构在检验检疫过程中需要运输病原微生物样本的，由国务院出入境检验检疫部门批准，并同时向国务院卫生主管部门或者兽医（农业农村）主管部门通报。

通过民用航空运输高致病性病原微生物菌（毒）种或者样本的，除取得以上批准外，还应当经国务院民用航空主管部门批准。

有关主管部门应当对申请人提交的关于运输高致性病原微生物菌（毒）种或者样本的申请材料进行审查，对符合《条例》第十一条第一款规定条件的，应当即时批准。

运输高致病性病原微生物菌（毒）种或者样本，应当由不少于 2 人的专人护送，并采取相应的防护措施。

有关单位或者个人不得通过公共电（汽）车和城市铁路运输病原微生物菌（毒）种或者样本。

需要通过铁路、公路、民用航空等公共交通工具运输高致病性病原微生物菌（毒）种或者样本的，承运单位应当凭批准文件予以运输。

承运单位应当与护送人共同采取措施，确保所运输的高致病性病原微生物菌（毒）种或者样本的安全，严防发生被盗、被抢、丢失、泄漏事件。

## 一、运输方式的选择

实际运输过程中，交通工具的选择至关重要。《条例》中提出，运输菌（毒）种或样本可以选择陆路运输、水路运输以及航空运输。考虑到所运输物质的特殊性及国内目前的运输现状，建议主要采用两种运输途径，即汽车陆路运输与航空运输。

对于距离较近的短途运输，无疑汽车陆路运输方式是首选。目前采用的是专人专车运输方式，即固定运输车辆，由经过生物安全培训的专业人员（不少于 2 人）陪同运输，避免选择公共汽车、出租汽车、铁路运输等人员流动性较大的公共交通工具。同时，车上须配备相应的防护装备、急救箱及消毒材料等，以便一旦发生泄露等生物安全事故，陪同运输人员可以保护自己，并且及时做好相应的处理，将危险降为最低。

对于距离远、行车不方便的区域，航空运输是目前运输菌（毒）种或样本最及时、最高效、最安全的运输途径。航空系统对于菌（毒）种或样本的运输要求极为严格。早在 1983 年，国际民用航空组织（ICAO）就针对危险性货物运输制定了《危险物品航空安全运输技术细则》（ICAO-TI）。该技术细则是一份法律性强制执行的文件。在 ICAO 发布 ICAO-TI 的同时，国际航空运输协会（IATA）颁布了一个新规则，名为《危险物品规则》（DGR）。这是世界航空运输领域通用的操作性文件，执行了 DGR，视同执行 ICAO-TI。DGR 将航空运输的危险品划分为九大类，其中第 6.2 类即为感染性物质，并根据其传染性和危险等级将其分为"A 类/B 类"感染性物质。通过航空运输菌（毒）种或样本，须遵守 DGR 里的所有条款，通过民航运输时，运送人员必须接受符合《中国民用航空危险品运输管理规定》和《危险物品航空安全运输技术细则》要求的危险品航空运输训练，并持有有效证书。目前，农业系统各单位每年派员完成危险品航空运输训练。

感染性物质是那些已知或有理由认为含有病原体的物质。病原体是指能使人或动物感染疾病的微生物（包括病毒、细菌、支原体、衣原体、立克次氏体、放线菌、真菌等）、寄生虫和其他因子。

A 类感染性物质是使人染病或使人和动物都染病的感染性物质，其联合国编号为 UN2814，运输专用名称为危害人的感染性物质；仅使动物染病的感染性物质，其联合国编号为 UN2900，运输专用名称为仅危害动物的感染性物质。

B 类感染性物质为不符合列入 A 类标准的感染性物质，其联合国编号为 UN3373，运输专用名称为生命物质 B 类。

农业部发布的《动物病原微生物实验活动生物安全要求细则》里对已知的动物病原微生物运输包装要求进行了详细规定，其中的运输包装分类就是与其相对应的。同一种病原微生物按实验样本的类别不同其运输包装要求也有差别，有些病原微生物培养物的运输包装要求要高于普通的实验样本。

## 二、运输包装材料的选择、包装、标识

包装材料易受压力、温度变化以及重物撞击作用等一系列因素的影响。运输包装材料的质量和性能直接决定着菌（毒）种或样本能否安全及时抵达目的地。因此，在运输包装材料的选择上，须严格按照相关要求，采购合格的包装材料。目前，运输包装材料均以航空运输所要求的包装材料（航空运输对于包装材料的要求最为严格）为标准进行采购及使用。包装材料必须选择使用 3 层包装系统，这一包装系统由 3 层组成：内层容器、第 2 层包装以及外层包装。对于一份合格的包装材料，首先须通过质检部门或海关的所有相关检验，如喷水跌落试验、击穿试验、温度变化试验、堆码试验及外观检验等。通过各种检验的包装材料，方可投入生产和使用。

通过航空运输的菌（毒）种或样本，须统一按国际标准进行包装、标识、贴标签，A 类与 B 类感染性物质对于包装材料的选择与标识是不同的，对于在运输过程中采取冷藏或冷冻条件（内含冰、冷冻剂、干冰）进行运输及合成

包装件也有其明确的包装与标识（图 11-1）。

A类感染性物质的包装与标签：

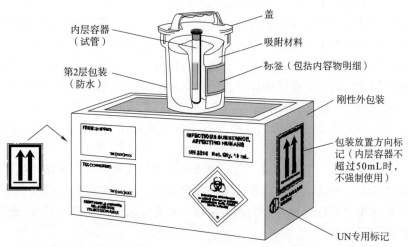

B类感染性物质的包装与标签：

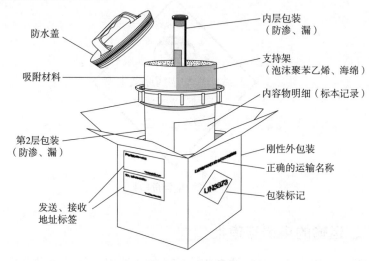

图 11-1　3 层包装系统实例

（图片由 IATA，Montreal，Canada 提供）

　　A 类传染性物质包装要求：

　　包装系统包括防水的主容器，防水的辅助包装，强度满足其容积、质量及使用要求的刚性外包装。

　　除固体感染性物质外，必须在主容器和辅助包装之间填充足量的能够吸收所有内装物的吸附材料。多个易损坏主容器装入一个辅助包装时，或者将它们分别包裹或者隔离，以防止它们彼此接触。

B类传染性物质包装要求：

包装系统包括主容器、辅助包装和刚性外包装。

包装材料必须能承受运输过程中的震动与负载。容器结构和密封状态能防止在运输过程中由于震动、温度、湿度或压力变化而造成的内容物漏失。

主容器必须装在辅助包装中，使之在运输过程中不被破损、刺穿或将内容物泄漏在辅助包装中。必须使用适当的衬垫材料将辅助包装安全固定在外包装中。内容物的任何泄漏都不得破坏衬垫材料或外包装的完好性。

A类和B类传染性物质均须在主容器的表面贴上标签，标明菌（毒）种或样本类别、编号、名称、数量等信息。相关文件，如菌（毒）种或样本数量表格、危险性声明、信件、菌（毒）种或样本鉴定资料、发送者和接收者的信息等应当放入一个防水袋中，并贴在辅助包装的外面。外包装应当印上生物危险标识并标注"高致病性动物病原微生物（非专业人员严禁拆开）"的警告语。生物危险标识见图 11-2。

图 11-2　生物危险标识

## 三、运输的申请与审批

按照《高致病性动物病原微生物实验室生物安全管理审批办法》（农业部令第 52 号）规定，运输高致病性动物病原微生物菌（毒）种或样本的，应当经农业部或者省、自治区、直辖市人民政府兽医（农业农村）行政主管部门批准。按照要求，运输菌（毒）种或样本之前，无论采取何种运输方式，运输单位须向当地省级以上兽医（农业农村）行政部门提出申请并获得相关审批方批准，未经批准，不得运输。

运输高致病性动物病原微生物菌（毒）种或样本的，应当具备以下条件：

①运输的高致病性动物病原微生物菌（毒）种或样本仅限用于依法进行的

动物疫病的研究、检测、诊断、菌（毒）种保藏和兽用生物制品的生产等活动。

②接收单位是研究、检测、诊断机构的，应当取得农业部或者省、自治区、直辖市人民政府兽医（农业农村）行政管理部门颁发的从事高致病性动物病原微生物或者疑似高致病性动物病原微生物实验活动批准文件；接收单位是兽用生物制品研制和生产单位的，应当取得农业部颁发的生物制品批准文件；接收单位是菌（毒）种保藏机构的，应当取得农业部颁发的指定菌（毒）种保藏的文件。

③盛装高致病性动物病原微生物菌（毒）种或样本的容器或者包装材料应当符合农业部制定的《高致病性动物病原微生物菌（毒）种或样本运输包装规范》。

申请运输需要提交以下材料：

①运输高致病性动物病原微生物菌（毒）种或者样本申请表，一式两份。

②高致病性动物病原微生物实验活动批准文件复印件。

③接收单位同意接收证明材料，但送交菌（毒）种保藏的除外。

在省、自治区、直辖市人民政府行政区域内运输的，省、自治区、直辖市人民政府兽医（农业农村）行政管理部门应当对申请人提交的申请材料进行审查，符合条件的，即时批准，发给《高致病性动物病原微生物菌（毒）种或者样本准运证书》；不予批准的，应当即时告知申请人。

需要跨省、自治区、直辖市运输或者运往国外的，由出发地省、自治区、直辖市人民政府兽医行政管理部门进行初审，并将初审意见和有关材料报送农业农村部。农业农村部应当对初审意见和有关材料进行审查，符合条件的，即时批准，发给《高致病性动物病原微生物菌（毒）种或者样本准运证书》；不予批准的，应当即时告知申请人。

申请人凭《高致病性动物病原微生物菌（毒）种或者样本准运证书》运输高致病性动物病原微生物菌（毒）种或者样本；需要通过铁路、公路、民航等公共交通工具运输的，凭《高致病性动物病原微生物菌（毒）种或者样本准运证书》办理承运手续；通过民航运输的，还需要经过国务院民用航空主管部门批准。

# 第十二章

# 动物病原微生物实验室
# 设备配置与运行维护

　　动物生物安全实验室的设备通常为防护设备与科学研究用实验、检测设备。防护设备可分为初级防护屏障设备，如生物安全柜、动物隔离设备、独立通风笼具（IVC）等；个体防护装备，如正压头罩、正压防护服、生命支持系统、化学淋浴消毒装置等；二级防护屏障设备，如物品传递设备，传递窗、渡槽等，消毒灭菌设备，高压蒸汽灭菌器、气（汽）体消毒设备、污水消毒设备、动物残体处理设备等，以及其他二级防护屏障设备，气密门、高效空气过滤装置等。防护设备用于保护环境、人员和实验对象。科学研究设备用于科学研究用实验、检测等实验活动，是实验室必须使用的设备。实验室在选用防护设备和科学研究用实验、检测设备时要充分考虑实验室的实验活动以及所操作病原体的特点，尽可能选用生物安全型的科学研究设备（如生物安全型离心机、生物安全型流式细胞仪、移液辅助器、接种环电子灭菌器、培养箱等），以提高实验室安全性（赵四清等，2017）。

　　实验室防护设备尤其是关键防护设备需要按照实验室管理要求进行检测及运行维护。运行维护管理关系到实验室设备的正常使用及安全保证，要及时、合规地实施运行维护相关评价工作。

## 第一节　动物病原微生物实验室设备配置基本要求

　　动物病原微生物实验室的设备是确保实验室安全的基础，可实现操作人员与操作对象之间的隔离，减少或消除有害生物材料的暴露。

　　实验室设备的配置与实验室的生物安全息息相关，设备选型配置至关重要，既要保证设备的性能良好、操作方便、投资减少，又要符合生物安全要求。

　　实验室设备配置一般遵循以下原则：在设计上应最大限度地阻止或限制操作人员与感染性物质之间的接触，尽可能实现最大限度的物理隔离；布局、安装及使用应便于操作、维护及清洁；设备性能、技术指标等必须满足开展实验活动和生物安全要求；对于与实验室基础建设密切相关的设备需要在实验室设计、施工阶段就明确其工艺参数、安装要求等，与实验室设计、施工同步进行选型。

不同防护级别动物生物安全实验室对于设备的配置有不同的要求。

生物安全实验室设施设备管理的原则是优先满足生物安全要求，同时考虑社会效益和经济效益。

## 一、动物生物安全一级实验室

没有特殊要求，可配置生物安全柜、高压蒸汽灭菌器等。

## 二、动物生物安全二级实验室

需要配置生物安全柜、高压蒸汽灭菌器、生物安全型离心机、负压安全罩以及动物隔离设备。

生物安全柜宜选用Ⅱ级生物安全柜。

高压蒸汽灭菌器宜选用具备排气 HEPA 过滤器和冷凝水高压灭菌的生物安全型设备。

实验室进行高浓度、大量病原微生物离心试验操作时，建议使用生物安全型离心机；在生物安全柜内进行操作，或将离心机放置在负压安全罩内。

饲养感染动物宜采用 IVC、动物隔离设备（非气密型动物隔离设备、手套箱式动物隔离器），饲养笼具排风经 HEPA 过滤器过滤后连接管道排入实验室系统排风管道或直接排至室外。

## 三、动物生物安全三级实验室

动物生物安全三级实验室需要配置的设备常规为在动物生物安全二级实验室配置的基础上，根据《实验室　生物安全通用要求》（GB 19489—2008）中相关条款对于动物生物安全三级实验室的特殊要求，配置气（汽）消毒设备、污水消毒设备。

IVC、动物隔离设备（非气密型动物隔离设备、手套箱式动物隔离器）、动物残体处理设备，也有实验室根据实验操作需求配备负压解剖台（柜）等。

对于大型动物生物安全三级实验室，即《实验室　生物安全通用要求》（GB 19489—2008）条款中"不能有效利用安全隔离装置操作常规量经空气传播致病性生物因子的实验室"。饲养大型感染动物（猪、牛、羊、马等）通常采用开放式饲养围栏（图 12-1）。

房间围护结构的气密性应满足《实验室　生物安全通用要求》（GB 19489—

图 12-1　大型动物生物安全三级实验室的动物围栏

2008）第 6.5.3.18 条款中"适用于 4.4.3 的动物饲养间及其缓冲间的气密性应达到在关闭受测房间所有通路并维持房间内的温度在设计范围上限的条件下，若使空气压力维持在 250Pa 时，房间内每小时泄漏的空气量应不超过受测房间净容积的 10％"。从事可传染人的病原微生物活动时，应根据风险评估确定实验室的生物安全防护要求。

## 四、动物生物安全四级实验室

国内已建动物生物安全四级实验室均为正压防护服型实验室，即《实验室　生物安全通用要求》（GB 19489—2008）条款中"利用具有生命支持系统的正压服操作常规量经空气传播致病性生物因子的实验室"。这类实验室在动物生物安全三级实验室设备配置基础上还需配备生命支持系统及正压防护服、化学淋浴消毒装置。

生命支持系统为穿戴正压防护服的工作人员持续提供新鲜、舒适和可呼吸的压缩空气，并始终维持正压防护服内相对于实验室为正压状态。

化学淋浴消毒装置在穿戴正压防护服的工作人员退出实验室核心工作间前提供对正压防护服表面的彻底消毒处理；正压防护服经化学淋浴消毒后的水必须进入实验室污水处理系统经消毒处理后排出实验室。

正压防护服型实验室的小型动物饲养可使用 IVC，中型动物使用非密闭型动物隔离器，隔离器排风经高效过滤后直接排出室外或接入系统排风管道，但要保证两级高效过滤处理；饲养大型动物与大型动物生物安全三级实验室一样采用动物围栏。

房间围护结构的气密性应满足《实验室　生物安全通用要求》（GB 19489—2008）第 6.5.4.6 条款中"动物饲养间及其缓冲间的气密性应达到在关闭受测

房间所有通路并维持房间内的温度在设计范围上限的条件下，当房间内的空气压力上升到 500Pa 后，20min 内自然衰减的气压小于 250Pa"。

## 五、科学研究用实验、检测设备

生物安全实验室科学研究用实验、检测设备是构成生物安全实验室的基本要素，也是确保实现实验室安全、完成科学研究工作的必要条件。实验室在选择科学研究用实验、检测设备时要充分考虑实验室风险，尽可能选择符合实验室安全性能要求的设备。

常见的科学研究用实验、检测设备有离心机、培养箱、冰箱、组织研磨机、液氮罐、摇床、显微镜、锐利器材（注射器、剪刀等）以及流式细胞仪等。实验室可根据自身需要选择相适应的科学研究设备，这里就不再一一描述。

# 第二节　动物病原微生物实验室关键防护设备总体要求

动物病原微生物实验室关键防护设备根据其使用功能可分为初级防护屏障设备、个体防护装备、二级防护屏障设备。本节主要对不同类别的防护设备选型、安装要求描述。

## 一、初级防护屏障设备

包括生物安全柜、动物隔离设备、IVC 等设备，应根据实验室实际运行需求选择相应防护级别的防护屏障设备。

### （一）生物安全柜

生物安全柜是指具备气流控制及高效空气过滤装置的操作柜，可有效降低实验过程中产生的有害气溶胶对操作者和环境的危害。

生物安全柜是为了保护操作人员及周围环境安全，把处理病原微生物时发生的污染气溶胶隔离在操作区域内的第 1 道隔离屏障，通常称为一级屏障或一级隔离。

生物安全柜作为生物安全的一级屏障，其工作原理主要是通过动力源将外界空气经高效空气过滤器过滤后送入安全柜内，以避免处理样品被污染。同时，通过动力源向外抽吸，将柜内经过高效空气过滤器过滤后的空气排放到外环境中，使柜内保持负压状态。该设备能够在保护实验样品不受外界污染的同时，避免操作人员暴露于实验操作过程中产生的有害或未知生物气溶胶和溅出物。因此，被广泛应用于各级医疗机构检验科室、各级疾病/疫病预防控制中心、各类高等级生物安全实验室及各类药品制造企业（曹国庆等，2019）。

生物安全柜是实现第 1 道物理隔离的关键产品，是病原操作实验和科学研究的第 1 道屏障，也是最重要的屏障之一。生物安全柜的质量直接关系到科研和检测人员的生命健康，关系到实验室周围环境的生物安全，同时也直接关系到实验结果的准确性。

动物病原微生物实验室通常使用的生物安全柜主要为Ⅱ级生物安全柜，又细分为 A1 型、A2 型、B1 型和 B2 型等多种型号生物安全柜（图 12-2），Ⅲ级生物安全柜很少使用。Ⅱ级生物安全柜在选型时候要注意 A2、B2 型生物安全柜的选型问题：B2 型生物安全柜为全排型安全柜，对操作人员相对安全，但B2 型生物安全柜排风量较大，需要补风，能耗大、运行费用高，且存在排风、补风的连锁控制问题，对自控系统要求较高。在实际工程项目中，应根据工作需求来选型，不宜过度选择。

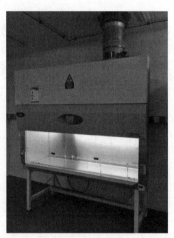

图 12-2　Ⅱ级 A2 型生物安全柜和Ⅱ级 B2 型生物安全柜

国家标准《生物安全实验室建筑技术规范》（GB 50346—2011）对生物安全实验室选用生物安全柜提出相应的选型原则，实验室可根据自己的实际使用情况选择相适用的生物安全柜。对于放射性的防护，由于可能有累积作用，即使是少量的，建议也采用全排型生物安全柜。

生物安全柜的现场安装应符合下列原则：生物安全柜安装位置宜能保证前面板前有足够的人员活动空间；生物安全柜背面、侧面与墙面或其他设备间宜有不小于 300mm 的距离，顶部与实验室顶板的距离不应小于 300mm，以便排风高效空气过滤器的完整性测试和更换；生物安全柜应尽量避免安放在实验室内人员的行走通道附近，以避免人员走动影响生物安全柜前面板气流；生物安全柜的位置应避免前面板距离送风设备过近，以避免影响生物安全柜前面板气流；生物安全柜的现场位置应避免送风口对生物安全柜吸入水平气流造成横向或纵向干扰，核心工作间定向气流应与生物安全柜操作窗口吸入气流方向一致；生物安全柜应尽量避免放置于实验室的门口等（曹国庆等，2019）。

《生物安全实验室建筑技术规范》（GB 50346—2011）中相关条款规定了不同级别、种类生物安全柜与排风系统的连接方式（表 12-1）。A2 型生物安全柜为 30％外排，常见问题为安全柜排风方式问题。A2 型生物安全柜可以外接排风管（风管直连）；也可以向室内排风，此时要求 A2 型生物安全柜的排风口紧邻房间排风口。外接排风管通过连接排风管的局部排风罩（即喇叭口）的形式罩住安全柜排风口，采用套管式排风罩连接方式，可有效减少建筑物外部气流波动对生物安全柜运行工况的影响。

**表 12-1 不同级别、种类生物安全柜与排风系统的连接方式**

| 生物安全柜级别 | | 工作口平均进风速度（m/s） | 循环风比例（％） | 排风比例（％） | 连接方式 |
|---|---|---|---|---|---|
| Ⅰ级 | | 0.38 | 0 | 100 | 密闭连接 |
| Ⅱ级 | A1 | 0.38～0.50 | 70 | 30 | 可排到房间或套管连接 |
| | A2 | 0.50 | 70 | 30 | 可排到房间或套管连接或密闭连接 |
| | B1 | 0.50 | 30 | 70 | 密闭连接 |
| | B2 | 0.50 | 0 | 100 | 密闭连接 |
| Ⅲ级 | | — | 0 | 100 | 密闭连接 |

B2 型生物安全柜由于涉及控制、安装方式等多方面的内容，读者可以参考其他书籍资料，这里不再赘述。

**（二）动物隔离设备**

动物隔离设备是指动物病原微生物实验室内饲育动物采用的隔离装置的统称。该设备的动物饲育内环境为负压和单向气流，以防止病原微生物外泄至环境并能有效防止动物逃逸。常用的动物隔离设备有隔离器、层流柜等。

动物隔离设备按腔体内的正负静压差可分为正压型动物隔离设备、负压型动物隔离设备两大类。正压型动物隔离设备是指相对于外部环境，其内部为正压的动物隔离设备；负压型动物隔离设备是指相对于外部环境，其内部为负压的动物隔离设备。生物安全实验室主要使用负压隔离器，通常高等级生物安全实验室安装负压隔离设备进行感染动物的饲养和实验（曹国庆等，2019）。

动物隔离设备按腔体密封程度可分为非气密型动物隔离设备、手套箱式动物隔离设备两大类。非气密型动物隔离设备是指在封闭送、排风口的状态下，围护结构为非密闭结构的动物隔离设备；手套箱式动物隔离设备是指在封闭送、排风口的状态下，围护结构为密闭结构且符合相关气密性能要求的动物隔离设备（曹国庆等，2019）（图12-3）。

图12-3 非气密型动物隔离设备和手套箱式动物隔离设备实物

　　动物隔离设备在实验室安装应注意的问题与生物安全柜类似，即现场安装位置、预留排风接口等问题。有关现场安装位置要求可参照生物安全柜的安装位置要求，其安装位置应位于排风口侧，即核心工作间的污染区。动物隔离设备的排风连接方式一般为外接排风管方式，应关注动物隔离设备排风之后（软连接）管道的气密性问题；对于围护结构严密性高的实验室，使用排风量大的动物隔离设备还需关注其排风量对于房间风量、压差波动的影响。

　　动物隔离设备的参数、性能要满足生物安全相关标准及规范要求。

### （三）独立通风笼具（IVC）

　　独立通风笼具是一种以饲养盒为单位的独立通风的屏障设备，洁净空气分别送入各独立笼盒，使饲养环境保持一定压力和洁净度，用以避免环境污染动物（正压）或动物污染环境（负压），一切实验操作均需要在生物安全柜等设备中进行。该设备用于饲养清洁、无特定病原体或感染（负压）动物。IVC主要用于小型啮齿类实验动物（小鼠、大鼠等）的饲养，具有节约能源、设备维护和运行费用低、防止交叉感染等优点，已越来越多地应用在动物实验室中。

　　IVC具有独立的饲养笼具及送、排风系统，能为饲养动物提供相对独立的生存环境，IVC系统主要由动物饲养笼盒，笼架，IVC控制系统，温湿度、风量及静压差等监控系统，送风系统及排风系统等组成（图12-4）。

　　对于IVC而言，生物安全实验室建设阶段需要考虑的主要问题有IVC类型选择、排风连接方式、设备安装位置、HEPA过滤器的检漏等。

　　动物病原微生物实验室主要使用负压IVC隔离笼具，笼盒气密性应符合

图 12-4　独立通风笼具（IVC）设备实物

《实验室设备生物安全性能评价技术规范》（RB/T 199—2015）的要求，在实际实验室项目中，有的实验室在采购 IVC 时，并未对设备供货商提出笼盒气密性要求，致使 IVC 不能通过检测验收和认证认可，需关注此类问题。IVC排风连接方式，一般为外接排风管方式，其应安装于排风口侧，即核心工作间的污染区。与动物隔离设备排风管连接相似，应关注独立通风笼具排风之后（软连接）管道的气密性问题。由于实验动物饲养环境需要，IVC 系统的温度控制问题越来越受到关注，实验室在选型、使用时需关注。

## 二、个体防护装备

包括正压生物防护头罩、正压防护服、生命支持系统、化学淋浴消毒装置等设备。应在风险评估的基础上，正确选择适当的个体防护装备，所选用个体防护装备性能应满足相关产品标准要求。

### （一）正压生物防护头罩

如图 12-5 所示，正压生物防护头罩是通过电动送风或外部供气系统将过滤后的洁净空气送入头罩内并在头罩内形成一定正压，对人员呼吸和头面部提供有效防护的生物防护装备。

正压生物防护头罩作为一种方便使用的防护装备，在生物安全实验室、高生物安全风险生产车间被越来越广泛地使用。在选择该设备时，需注意其外观及配置、送风量、过滤效率、头罩内噪声、连续工作时间、低电量报警等性能与参数。需检查电量、排气阀（适用时）、过滤器、密封垫圈等结构和功能件的齐全性；电池电量低于设定电量时，能否触发声光报警等。

图 12-5　正压生物防护头罩外观

## （二）正压防护服

　　如图 12-6 所示，正压防护服是指将人体全部封闭、用于防护有害生物因子对人体伤害、正常工作状态下内部压力不低于环境压力的服装，主要用于正压防护服型的生物安全四级实验室。主要特点是防护服内的气体压力高于环境的气体压力，以此来隔断在污染区内实验人员暴露在气溶胶、放射性尘埃，以及喷溅物、意外接触等造成的危害。

　　对于正压防护服而言，由于正压防护服价格高昂、对实验室压差影响较大等问题，因此正压防护服选型要注意正常工作状态时，所需供气量的压力和流量、向室内排风量的大小等。正压防护服的选用还应考虑自身材质耐腐蚀性、气密性、待穿人员身材等，数量应与实验室规模相适应。正压防护服的选型和数量，是生命支持系统供气能力、通风系统及自控系统设计的重要参数。在设计生物安全实验室通风系统及自控系统时，应考虑正压防护服排气对室内压力梯度的影响，应有自动控制调节措施。

图 12-6　正压防护服外观

### （三）生命支持系统

生命支持系统主要指供给正压防护服的呼吸气体保障系统。呼吸气体保障系统主要由空气压缩机系统、紧急支援气罐、不间断电源、气体浓度报警装置、空气过滤装置、储气罐及相应的阀门、管道、元器件等组成。为以防万一，实验室还应配备紧急支援气罐。其中，空气压缩机吸收空气，经过压缩为系统提供一定压力的压缩空气；紧急支援气罐是为了在系统不能正常供给所需气体时，短时间内维持系统正常供气所配置的；不间断电源是为了在主电源故障时维持系统正常运行所配置的；气体浓度报警装置可以实时监测系统供给的压缩空气的主要成分浓度，来保证实验室操作人员正常使用正压防护服；空气过滤装置及储气罐等可以保证供给实验室气体的主要成分浓度及储备（吕京等，2010）。

生命支持系统在选型、设计时需要考虑的主要问题包括空气压缩机冗余设计、紧急支援气罐、不间断电源、气体浓度报警装置、储气罐、减压阀设置等。生命支持系统风险控制的关键点为空气压缩机可靠性、紧急支援气罐可靠性、气体浓度报警装置可靠性、不间断电源可靠性、供气管道气密性（图12-7）。

图12-7　生命支持系统和紧急支援气罐

紧急支援气罐是另一套备用的保障系统，实验室应根据自己实验室的特点，合理分配生命支持系统供气量和紧急支援气罐的供气量。需要通过评估来确定总备用量。通常可按实验室发生紧急情况时可能涉及的人数估算，包括可能的救急支援人员的需求，与实验室的总人数无关。假如某ABSL-4实验室的最大工作人员数为36人，经评估认为发生与生命支持系统相关的紧急情况时，涉及的人员数最大为18人，紧急支援气罐的供气时间可按18人×60min/人计算。当经济原则与安全原则冲突时，应以安全第一为原则（吕京等，2010）。

为了保证工作人员的职业安全，供呼吸用的气体压力、流量、含氧量、温度、湿度、有害物质的含量等应符合相关职业安全的要求。

### （四）化学淋浴消毒装置

化学淋浴消毒装置是高级别生物安全实验室中一个关键的防护设备，适用于身着防护服的人员消毒，在人员离开高污染区防止可能产生的污染。《实验室　生物安全通用要求》（GB 19489—2008）中对化学淋浴系统做出明确要求，其中第 6.4.4 条款指出"适用于 4.4.4 的实验室防护区应包括防护走廊、内防护服更换间、淋浴间、外防护服更换间、化学淋浴间和核心工作间。化学淋浴间应为气锁，具备对专用正压防护服或传递物品的表面进行清洁和消毒灭菌的条件，具备使用生命支持供气系统的条件"。《生物安全实验室建筑技术规范》（GB 50346—2011）中也对化学淋浴间提出了一些具体要求。

如图 12-8 所示，化学淋浴消毒装置的结构组成主要包括水箱、互锁式气密门（一般为充气式气密门）、加药系统、喷淋系统、控制系统、送排风系统、排水系统及供气系统（提供给正压防护服）。化学淋浴消毒装置为独立的一套装置，其给排水防回流措施、液位报警装置、箱体气密性、送/排风高效过滤器性能等应由设备供货商确保质量符合标准要求。

图 12-8　化学淋浴消毒装置

化学淋浴消毒装置是正压防护服表面消毒灭菌、人员安全离开防护区和避免生物危险物质外泄的关键设备与重要屏障，应具备高可靠性。在化学淋浴系统中，将化学药剂加压泵设计为一用一备是被广泛采用的提高系统可靠性的有效手段。系统还应具有在无电力供应情况下仍可以使用的特性，在紧急情况下（包括化学淋浴系统失去电力供应的情况下），可能来不及按标准程序进行化学淋浴或者化学淋浴消毒装置发生严重故障丧失功能，因此要求设置紧急化学淋浴设备。这一系统应尽量简单可靠，在极端情况下能够满足正压防护服表面消毒的最低要求；通常采用重力自流紧急淋浴系统，保证在所有情况下离开实验室时均可以对正压防护服表面进行消毒灭菌。

消毒灭菌剂储存器的容量应满足所有情况下对消毒灭菌剂使用量的需求并确保其消毒灭菌的活性。根据《实验室 生物安全通用要求》（GB 19489—2008）中第 6.3.8.10 条款的要求，应监测并记录化学淋浴消毒灭菌装置的运行状态、消毒灭菌剂的储存量、消毒灭菌剂的有效浓度或有效期等关键指标，并可进行报警（吕京等，2010）。

此外，实验室应建立化学淋浴消毒装置在无电力供应（手动应急消毒）情况下的操作规程和消毒效果验证方案；设有预防箱体或阀门等漏水的围挡或地漏。

## 三、二级防护屏障设备

二级防护屏障设备主要分为物品传递设备、消毒灭菌设备及其他二级防护屏障设备。

### （一）物品传递设备

主要包括但不限于传递窗、渡槽等设备。物品传递设备结构承压力及密闭性应符合所在区域的要求，并具备对传递窗内物品进行消毒灭菌的条件。

**1. 传递窗** 安装在房间隔墙上，用于物料传递，并具有隔离墙体两侧房间空气的基本功能的一种箱式装置。

传递窗按照使用功能分为基本型、净化型、消毒型、负压型、气密型 5 类（图 12-9）。

图 12-9 不同类型的传递窗现场安装

传递窗选择、使用需注意的问题：应首先根据《实验室 生物安全通用要求》（GB 19489—2008）和《生物安全实验室建筑技术规范》（GB 50346—2011）的要求、风险评估结果，由生物安全实验室围护结构的严密性、传递窗使用功能等确定传递窗的选型。

使用生物安全三级实验室和大型动物三级实验室核心工作间的传递窗时，首先考虑其气密性要求，传递窗是围护结构的一部分，对其气密性要求与所在实验室区域围护结构的要求一致；作为物品传料传递的设备，有些场合需注意其消毒功能；对于消毒型传递窗，需对其消毒效果进行验证。

**2. 渡槽**　渡槽是安装在房间隔墙上，用于物料经消毒液浸泡后的传递，并具有隔离墙体两侧空气的基本功能的一种密闭装置。

通过渡槽可以将非污染的空间与污染的空间隔离。同时，渡槽内的消毒液可以对从风险高的区域向风险低的区域传递的物品进行浸泡消毒（图 12-10）。

渡槽的主要部件：可盛消毒液的内舱体、物品传递结构、带可视窗的气密门、消毒指示灯及照明、机械和电子互锁装置、超时报警装置、液位显示及报警装置。

渡槽在大型动物生物安全三级实验室与生物安全四级实验室被广泛使用，主要用来传递生物活性样品。

在实验室设备选择、建设中需要注意的问题：渡槽气密性要求，渡槽和传递窗一样也是围护结构的一部分，对其气密性要求与所在实验室区域围护结构的要求一致；尽可能配置与气体消毒设备对接的标准接口，通气消毒；渡槽的消毒效果验证等。

国内已建成的动物病原微生物实验室有一种做法值得借鉴。把传递窗和渡槽集成在一个安装面板上，这样在实验室设计、建设施工期间减少了围护结构开洞数量，对围护结构的气密性影响较小，也可以在安装面板上集成一些实验室消毒接口等（图 12-10）。

图 12-10　渡槽传递窗一体设备

## （二）消毒灭菌设备

包括高压蒸汽灭菌器、气（汽）体消毒设备、污水消毒设备、动物残体处理设备等。

**1. 高压蒸汽灭菌器**　高压蒸汽灭菌器是动物病原微生物实验室必备的设备之一，也是重要的生物安全装备，主要用于对实验室操作病原微生物过程中产生的生物危险废物进行灭菌处理。生物安全实验室中常用的高压蒸汽灭菌器通常分为立式高压蒸汽灭菌器和双扉高压蒸汽灭菌器。立式高压蒸汽灭菌器通常在实验室核心工作间配置，容量较小，适用于就地对生物危险废物进行消毒灭菌。双扉高压蒸汽灭菌器通常设置于实验室防护区和非防护区之间，用于对实验室所有污染物进行灭菌处理，确保实验室产生危险废物离开实验室达到有效灭菌，对环境进行保护。《实验室　生物安全通用要求》（GB 19489—2008）第 6.3.5.1 条款规定，应在实验室防护区内设置生物安全型高压蒸汽灭菌器。宜安装专用的双扉高压蒸汽灭菌器，其主体应安装在易维护的位置，与围护结构的连接之处应可靠密封。

高压蒸汽灭菌器选择、安装应注意的问题：高压蒸汽灭菌器类型选择、设备安装位置等。

高等级生物安全实验室内使用的高压蒸汽灭菌器必须选择生物安全型高压蒸汽灭菌器，而非一般高压蒸汽灭菌器，这一点需特别予以注意。

设备安装位置应按照《实验室　生物安全通用要求》（GB 19489—2008）对压力蒸汽灭菌器安装位置的相关条款要求执行。对于大型动物生物安全三级实验室而言，高压蒸汽灭菌器穿墙处应采用生物密封方法可靠密封，保证实验室整体结构的气密性（图 12-11）。

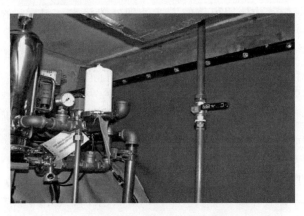

图 12-11　高压蒸汽灭菌器穿墙处的生物密封措施
（引自《兽医生物安全设施——设计与建造手册》）

此外，还需注意高压蒸汽灭菌器的排气和冷凝水处理措施的安全问题，应根据风险评估结果采取适宜的措施，如对排气过滤器进行原位消毒灭菌和检漏等措施（吕京等，2010）。

**2. 气（汽）体消毒设备**　实验室在一个实验周期完成后或需要维修保养关键防护设备前，需要对整个实验室空间或部分关键防护设备进行消毒灭菌，可靠的消毒灭菌方式能够有效杀灭病原微生物，对于保证实验室的生物安全相当重要。生物安全实验室空间消毒采用的方法主要为化学气体熏蒸消毒，使用的消毒剂有甲醛、过氧化氢、二氧化氯等。由于甲醛对人体危害大、难清除且消毒周期长，目前国内高等级生物安全实验室主要采用汽化过氧化氢、二氧化氯进行消毒（吕京等，2021）（图 12-12）。

图 12-12　国内某实验室使用的气（汽）体消毒设备

**3. 污水消毒设备**　《实验室　生物安全通用要求》（GB 19489—2008）第6.3.5.8 条款规定，应使用可靠的方式处理处置污水（包括污物），并应对消毒灭菌效果进行监测，以确保达到排放要求。

动物生物安全实验室产生的污水、废液中常常含有各种病原微生物，如细菌、病毒等，存在比较大的生物风险，如不进行消毒灭菌处理，将有可能污染外界环境，引发传染病流行，严重危害公共卫生安全。

生物安全实验室常见的活毒废水的处理方法主要有物理（加热高温）、化学、生物处理法。高温灭活处理法原理是利用高温对病原微生物等的灭活致死作用，为生物安全实验室处理活毒废水广泛采用的方法。

根据处理废水的方式，高温灭活处理法又分为序批式处理方法和连续流式处理方法。对于动物生物安全实验室，一般采用序批式处理方法。连续流式污水处理设备在动物实验室中不常使用。

序批式系统一般由功能相同的两个或两个以上消毒处理罐、泵阀、输送管道及控制系统组成。由于动物饲养间有粪便、毛发等会流入废水收集管道和消毒罐，通常在排水地漏设过滤网和在消毒罐内部设过滤网框。另外，序批式系统应具备化学消毒系统及化学加药设备（图 12-13）。

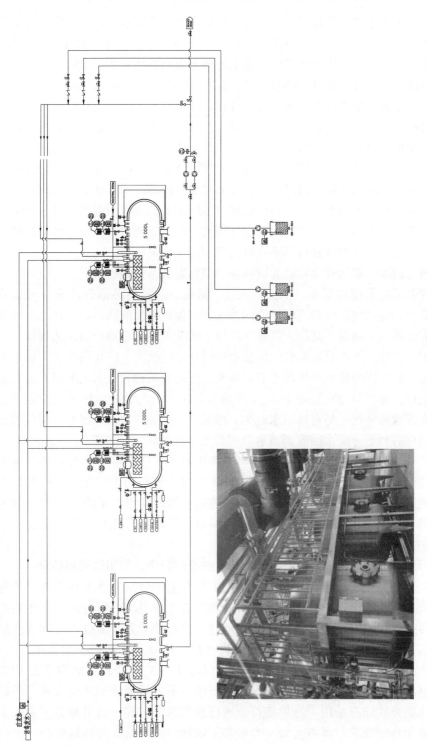

图 12-13　序批式废水处理系统原理及设备

系统工作原理：动物房内产生的含病原微生物的废水经管网收集，收集管线分为有压和无压，进入带过滤网框温控灭活罐，当水位达到设定的高度后，通入工业蒸汽，在温控灭活罐内将废水加热至要求温度，在此温度下停留一定时间（保温时间可调），废水中的病毒等微生物被杀死。温控灭活罐互为备用，灭活罐在罐体夹层内通入冷却水进行冷却；冷却后废水降温到排放温度（排放温度可设定）以下后排至室外，经室外管网输送至污水处理站。废渣通过在线消毒灭菌后打包拿出。

化学加药设备，用于消泡、清洗、除垢以及配制杀菌消毒液对系统进行消毒。清洗及杀菌消毒溶液自动配制，并通过泵自动循环。当系统发生故障或维修时，除了使用备用系统外，还可以通过系统配备的化学消毒系统对各系统进行化学清洗及灭菌处理，罐体内没有任何清洗和消毒死角，保证维修人员的人身安全，同时不会因维修打开系统时对环境造成污染。

消毒罐体、输送管道均应为耐腐蚀、耐高温的不锈钢材质。

控制系统采用的温度、压力、流量、液位、质量传感部件应充分考虑高温、高压、高真空工况和高温环境的要求。在保证精度的同时，上述部件的选型要充分考虑在高温、高压、高真空环境下的变差不能影响控制工艺精度。

由于实验室下水管道系统大多按常压设计，因此为了防止因下水管道系统内压力的改变影响排水和损坏水封，排水竖管的顶端和管道末端的集水箱应设置排气口。排气口应安装与 HEPA 过滤器效果相当的装置。排气管道通常潮湿且充满饱和蒸汽，易有冷凝水产生。因此，空气过滤装置应耐水，排气管道的排列应有利于冷凝水回流到污水处理系统（赵四清等，2017）。

此外，大型动物生物安全实验室活毒废水系统管道容易堵塞，实验室防护区排水管道建议以核心工作间为单元，将每个核心工作间相关污水收集管道单独通向活毒废水间，管道采用焊接连接，阀门均设在活毒废水间。这种做法即使排水管道出现堵塞等，也不影响其他区域正常使用，便于实验室运行维护。

污水消毒设备的选型一定要与实验室的整体规模、使用模式相结合。

**4. 动物残体处理设备** 高等级动物生物安全实验室中感染动物的尸体存在很大的生物安全风险，不处理或者处理方式不得当均会引起病原微生物扩散、传播。像鼠类、禽、豚鼠等小型动物尸体的处理方式常可用生物安全型高压蒸汽灭菌器高压灭菌后集中交危废处理中心处理，而对于猪、牛、羊、马等大型动物感染后的尸体处理，目前国际上的主要处理方式有焚烧炉焚烧、碱解、炼制等。我国由于环保相关要求，不采用焚烧炉焚烧方式，但碱解及炼制方式均有采用，且均能符合现行相关国家法规，满足相关生物安全及无害化环保要求。国内实验室大多采用炼制、高温碱水解和破碎后高温高压处理等方式。国内某大型动物生物安全三级实验室使用的动物残体处理设备见图 12-14。

图 12-14　国内某大型动物生物安全三级实验室使用的动物残体处理设备

在选择动物尸体处理方式时，需要注意以下因素：当地环境保护要求、对致病病原的灭菌效果、投资成本、安装条件等。

由于动物残体处理设备一般使用在大型动物生物安全三级及以上防护级别实验室，故其安装会穿越实验室核心工作间楼板，从而安装要求确保设备与实验室地面的生物密封性。另外，要求排气管道密封、排气高效过滤处理等。

### （三）其他二级防护屏障设备

除上述二级防护屏障设备外，动物病原微生物实验室二级防护屏障设备还有气密门、高效空气过滤装置。气密门结构承压力及密闭性应符合所在区域的要求，高效空气过滤装置应符合《实验室　生物安全通用要求》（GB 19489—2008）相关条款要求。

**1. 气密门**　采用半开放式负压隔离器、开放式饲养等适用于《实验室　生物安全通用要求》（GB 19489—2008）条款中"不能有效利用安全隔离装置操作常规量经空气传播致病性生物因子的实验室"，由于不能采取有效隔离措施，动物产生的气溶胶污染动物饲养间的概率很大，因此对这类动物饲养间及其缓冲生物安全要求很高。由于房间本身变成了一级屏障，因此对房间围护结构气密性有严格要求。在这类高级别生物安全实验室建设过程中，气密性是保证实验室室外环境安全的重要手段。气密门是具有气密性要求的高等级生物安全实验室围护结构中不可或缺的重要组成部分，广泛应用于有气密性要求的房间，以保证实验室围护结构的气密性。根据组成结构和工作原理的不同，气密门可分为机械压紧式气密门及充气式气密门两种（曹国庆等，2019）。

如图 12-15 所示，机械压紧式气密门主要由门框、门体、门体密封圈、机械压紧结构和电气控制装置组成，其中密封圈安装在门体上，其工作原理：当门关闭时，通过机械压紧结构使门与门框之间的静态高弹性密封圈压紧，以使门和门框之间形成严格密封。

如图 12-15 所示，充气式气密门主要由门框、门板、充气密封胶条、充放气控制系统等组成，其中充气密封胶条镶嵌在门板骨架的凹槽内。其工作原理：当门开启时，充气密封胶条放气收缩在凹槽里；当门关闭时，充气密封胶条充气膨胀，以使门和门框之间形成严格密封，同时门被紧紧锁住。

图 12-15　机械压紧式和充气式气密门

气密门选择、使用需注意的问题：如何确定气密门的使用范围，实验室气密性要求是对实验室防护区的气密性要求。高等级生物安全实验室防护区是实验室区域内生物风险相对较大，需对实验室工艺平面、围护结构气密性、气流组织、人员流线、物品流线、个体防护等进行严格控制的区域。为保证生物安全，应使防护区始终处于相对密封的环境，防止微生物外逸而影响实验室周围环境。防护区范围是设计和建设高等级生物安全实验室时的重要参考指标，需要明确界定；防护区内气密门设置范围也是在建设期间需要注意的问题。

《实验室　生物安全通用要求》（GB 19489—2008）和《生物安全实验室建筑技术规范》（GB 50346—2011）对高等级生物安全实验室各区域的气密性有严格的规定，测试方法分为恒压法及压力衰减法两类。

气密门安装应注意的问题：目前国内已建成的生物安全四级实验室防护区气密门普遍采用充气式气密门，均可满足围护结构压力衰减法气密性测试要求；也有大动物生物安全三级实验室防护区气密门采用机械压紧式气密门，也均可满足围护结构气密性测试要求。当使用充气式气密门时，需要注意气密门部分部件（如探测门开关的滚珠、充气式气密门压缩空气接管与门体的密封等）存在泄漏的风险。另外，气密门的密封条存在老化问题；机械压紧式气密门存在门体密封圈压紧不均匀、门锁接线头密封不严等问题，在日常维护管理中应予以重点关注。

**2. 高效空气过滤装置** 《实验室 生物安全通用要求》（GB 19489—2008）第 6.3.3.1 条款要求"应安装独立的实验室送排风系统，应确保在实验室运行时气流由低风险区向高风险区流动，同时确保实验室空气只能通过 HEPA 过滤器过滤后经专用的排风管道排出"。《生物安全实验室建筑技术规范》（GB 50346—2011）第 5.3.2 条款也以强制性条文指出"三级和四级生物安全实验室防护区的排风必须经过高效过滤器过滤后排放"。使用高效空气过滤器是防止生物安全实验室污染空气的主要手段。尽管高效空气过滤器的过滤效率接近 100%，但依然存在泄漏扩散和表面污染扩散的风险。高效空气过滤器泄漏的原因：在安装过程中意外破损或在消毒剂消毒作用等长期作用下发生破损；过滤器安装时，由于边框处密封不均匀导致边框泄漏。病原微生物通过通风系统附着在高效空气过滤器上，有可能存活（没有增殖的可能性），存在扩散的风险。

因高效空气过滤器有泄漏和表面病原微生物存活的风险，《实验室 生物安全通用要求》（GB 19489—2008）第 6.3.3.8 条款也规定"应可以在原位对排风 HEPA 过滤器进行消毒灭菌和检漏"。

具备了原位消毒灭菌和检漏功能的排风高效过滤器一般为专用的生物安全型排风高效过滤装置。我国机械行业标准《排风高效过滤装置》（JG/T 497—2016）规定了排风高效空气过滤装置的术语和定义、分类与标记、材料、要求、实验方法、检验规则、标志、包装、运输及储存，适用于生物安全三级及以上生物安全防护水平的设施中去除有害生物气溶胶的排风高效过滤装置。

从使用特点上，应用于高级别生物安全实验室的排风高效过滤装置，根据其安装方式，分为风口式和单元式。风口式，根据安装位置可分为侧排式和顶排式两种；单元式，根据安装方式可分为立式和卧式两种，是可以在原位对高效空气过滤器进行消毒灭菌和检漏的商品化高效空气过滤器单元，可以串联高效空气过滤器，同时监测其阻力。风口式高效过滤装置主要用于小动物生物安全实验室及高生物安全风险生产车间防护区；单元式广泛用于各类高等级生物安全实验室及高生物安全风险生产车间防护区外，通过密闭排风管道与实验室相连。根据检漏方式，分为扫描和全效率检漏型，高等级生物安全实验室大多采用扫描检漏型装置。

单元式高效空气过滤装置由箱体、HEPA 过滤器、密闭门、生物型气密隔离阀、支架和各个接口、阀门组成。国产单元式高效空气过滤装置结构见

图 12-16。

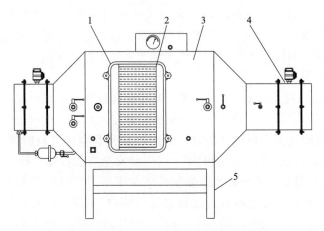

图 12-16　国产单元式高效空气过滤装置结构
1. 密闭门　2.HEPA 过滤器　3. 箱体　4. 生物型气密隔离阀　5. 支架

　　单元式高效空气过滤装置箱体内安装高效空气过滤器，高效空气过滤器上游设置气溶胶混匀装置，下游设置线扫描检漏机构。箱体设置扫描驱动机构、过滤器阻力监测表、电气接口、气体消毒口（进、出）、消毒验证口、消毒泄压口、气溶胶发生口、上游采样口和扫描采样口，箱体后部设置上游气溶胶混匀检测口（图 12-17）。

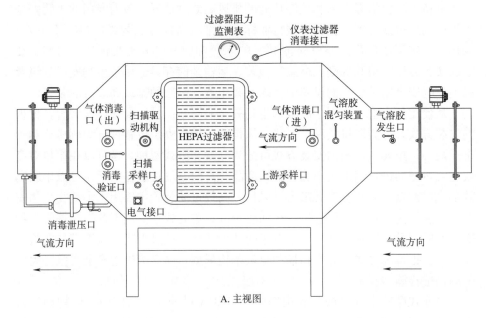

A. 主视图

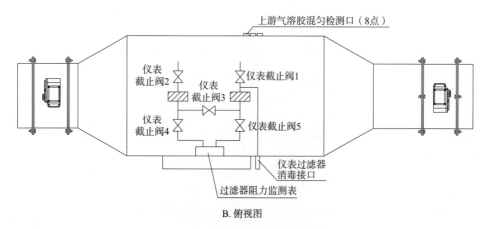

B. 俯视图

图 12-17　单元式高效空气过滤装置各接口示意

风口式高效空气过滤装置（侧排式）结构组成：孔板、风口箱体、过滤器阻力检测口室内端、过滤器阻力监测表、扫描驱动机构及各接口箱、生物气密隔离阀，图 12-18 所示为国产设备。

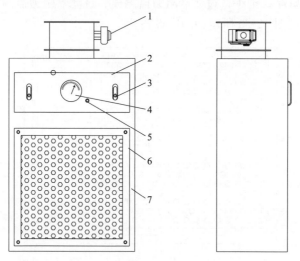

图 12-18　风口式高效空气过滤器（侧排式）结构

1. 生物气密隔离阀　2. 扫描驱动机构及各接口箱　3. 把手　4. 过滤器阻力监测表
5. 过滤器阻力监测表监测孔　6. 孔板　7. 风口箱体

风口箱体内安装高效空气过滤器，高效空气过滤器下游设置线扫描机构。

箱体内设置电气接口、线扫描机构、消毒验证口、气体消毒口、过滤器阻力监测表监测孔和扫描采样口。如图 12-19 所示。

风口式高效空气过滤装置（顶排式）结构组成：孔板、风口箱体、扫描驱

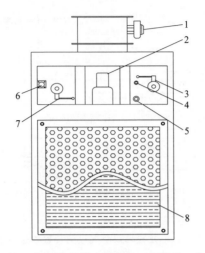

图 12-19 风口式高效空气过滤装置（侧排式）各接口示意

1. 生物气密隔离阀 2. 线扫描机构 3. 气体消毒口 4. 过滤器阻力监测表监测孔

5. 扫描采样口 6. 电气接口 7. 消毒验证口 8. 高效空气过滤器

动机构及各接口箱、把手、过滤器阻力监测表、过滤器阻力监测表监测孔、生物气密隔离阀，图 12-20 所示为国产设备。

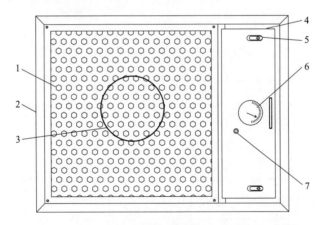

图 12-20 风口式高效空气过滤装置（顶排式）结构

1. 孔板 2. 风口箱体 3. 生物气密隔离阀 4. 扫描驱动机构及各接口箱

5. 把手 6. 过滤器阻力监测表 7. 过滤器阻力监测表监测孔

风口箱体内安装高效空气过滤器，高效空气过滤器下游设置线扫描机构。

箱体内设置电气接口、消毒验证口、线扫描机构、扫描采样口、过滤器阻力监测表监测孔和气体消毒口。如图 12-21 所示。

各类高效空气过滤装置安装现场见图 12-22 至图 12-24。

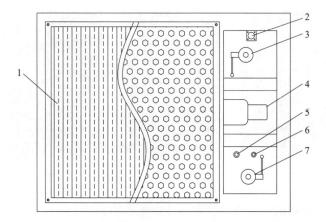

图 12-21 风口式高效空气过滤装置（顶排式）各接口示意

1. 高效空气过滤器 2. 电气接口 3. 消毒验证口 4. 线扫描机构
5. 扫描采样口 6. 过滤器阻力监测表监测孔 7. 气体消毒口

图 12-22 风口式高效空气过滤装置

图 12-23 卧式安装的单元式高效空气过滤装置

高效空气过滤装置选型和安装时，需要注意的问题主要有高效空气过滤器

图 12-24　立式安装的单元式高效空气过滤装置

级数、排风高效过滤装置选型、安装位置要求等。

　　《实验室　生物安全通用要求》（GB 19489—2008）第 6.4.15 条款规定，"BSL-4 实验室的排风须经过两级高效过滤器处理后排放"。第 6.4.16 条款规定，"对 BSL-4 实验室的送风高效过滤器也可以在原位进行消毒灭菌和检漏"。

　　《实验室　生物安全通用要求》（GB 19489—2008）第 6.3.5.14 条款规定，"适用于 4.4.3 的动物饲养间，应根据风险评估的结果，确定其排出的气体是否需要经过两级高效过滤器的过滤后排出"。第 6.3.5.15 条款规定，"适用于 4.4.3 的动物饲养间，应可以在原位对送风 HEPA 过滤器进行消毒灭菌和检漏"。

　　《生物安全实验室建筑技术规范》（GB 50346—2011）第 5.3.3 条款规定，"三级和四级生物安全实验室排风高效过滤器宜设置在室内排风口处或紧邻排风口处，三级生物安全实验室防护区有特殊要求时可设两道高效过滤器。四级生物安全实验室防护区应设两级高效过滤器。防护区高效过滤器的位置与排风口结构应易于对过滤器进行安全更换和检漏"。

　　《实验室　生物安全通用要求》（GB 19489—2008）第 6.3.3.9 条款规定，"如在实验室防护区外使用高效过滤器单元，其结构应牢固，应能承受 2 500Pa 的压力；高效过滤器单元的整体密封性应达到在关闭所有通路并维持腔室内的温度在设计范围上限的条件下，若使空气压力维持在 1 000Pa 时，腔室内每分钟泄漏的空气量应不超过腔室净容积的 0.1%"。

　　国内已建生物安全三级实验室（主要为 BSL-3 和小型动物类 ABSL-3 实验室）基本采用风口式高效空气过滤装置，即高效过滤器设置在室内排风口处；有些围护结构为钢筋混凝土结构的实验室采用单元式高效空气过滤装置。建成的大型动物生物安全三级实验室、生物安全四级实验室大部分采用单元式高效空气过滤装置，均紧邻排风口处，在室内排风口与单元式高效空气过滤装置之间的排风支管很短，作为房间的一部分且气密性符合《实验室　生物安全通用要求》（GB 19489—2008）的要求。单元式高效空气过滤装置两端均设有生物型密闭阀，便于装置原位消毒灭菌，另外在进行单元式高效空气过滤装置气密性测试时，需要确保生物型密闭阀的气密性；当采用单元式高效空气过滤装置时，其内部可设置一级高效空气过滤器，也可设置两级高效空气过滤器。

高等级生物安全实验室高效空气过滤装置选型时，应首先根据《实验室生物安全通用要求》（GB 19489—2008）和《生物安全实验室建筑技术规范》（GB 50346—2011）的要求、风险评估结果，由生物安全实验室等级确定高效空气过滤器级数要求。当只需一级高效空气过滤器时，首选风口式高效空气过滤装置；当需两级高效空气过滤器时，可选择风口式高效空气过滤装置＋单元式高效空气过滤装置（内置一级高效空气过滤器），但是要注意连接两个高效空气过滤器之间的管道应符合对单元式高效空气过滤装置气密性要求，或选择"单元式高效空气过滤装置（内置两级高效空气过滤器）"（王荣等，2020）。

此外，《实验室　生物安全通用要求》（GB 19489—2008）第 6.5.3.15 条款规定，"适用于 4.4.3 的动物饲养间，应可以在原位对送风高效过滤器进行消毒灭菌和检漏"，在此类实验室建设时，需关注送风过滤装置的选择。

# 第三节　动物病原微生物实验室设备运行维护要求及评价

对于动物病原微生物实验室来说，设施设备是基础，是生物安全实验室建设、使用中最主要的环节，设计和选择符合国家标准和行业规范的设施设备是保障实验室安全、确保实验活动正常开展的前提。然而，完善的设施设备固然很重要，如何确保设施设备科学、安全有效地正常运行和维护保养尤为重要，俗话说"三分设备、七分管理"，充分说明设施设备运行维护管理的重要性。不同的实验室在规模、实验室工艺设计方案、设备选型方面不尽相同，在平面布局、防护设备的配置方面各有各自的特点，实验室投入运行维护的人力、物力、财力等方面也不同，但均需按照实验室安全要求，确保各类设施设备处于良好的运行状态并安全可靠运行。各实验室需按照各自特点建立适合自己的设施设备运行维护及评价要求。

## 一、运行维护要求

生物安全实验室设备运行维护管理的原则是优先满足生物安全要求，同时考虑社会效益和经济效益。

### （一）运行维护基本要求

（1）制定实验室设施设备管理的政策，即要在实验室管理体系文件中明确实验室设施设备管理的目标和要求。

（2）应制定设备管理程序，包括但不限于设备完好性监控指标、巡检计划、使用前核查、安全操作、使用限制、授权操作、消毒灭菌、禁止事项、定期检定或校准、定期维护、安全处置、运输、存放等。

（3）应制定设备维护保养规程和制度，规定设备维护保养形式，一般为日常维护保养、定期检查与紧急维修、专业检测与维修；规定设施设备维护人员防护要求及实验室工作人员陪同和指导实施维护保养等；根据规程对设备进行维护保养，保证实验室设备满足生物安全和相关标准要求；确保安全、稳定、可靠运行；维修应制定维修方案并按照方案执行，且维修方案应通过系统的专业分析和生物风险评估确定。

（4）应制定详细、切实可行的设备 SOP，使用应严格执行 SOP。SOP 是指导相关人员执行设施设备管理程序，管理、操作具体设备等的标准规程。通常涉及仪器设备的 SOP 应遵循制造商的建议，任何改动均应经过科学验证并标准化。SOP 的结构和内容根据设施设备的具体特点，可以采用不同的形式，通常应包括安全警示、功能和范围、环境条件、使用前检查验证、使用操作方法、使用后检查关机、技术数据、常见故障及排除、注意事项、记录的格式和内容、文献和资料等。

（5）宜设立设施设备运行维护队伍，配置适当的专业技术人员；建立运行维护管理体系；实验室的运行维护组织体系、人员结构应与实验室规模、实验活动复杂程度相适应。

（6）应制定设施设备操作、维护保养培训制度，实验室应根据培训制度组织设施设备操作人员、运行管理人员、维修人员及外包维修人员进行生物安全知识、设施设备操作和管理制度等的培训，并考核通过后才能上岗。

（7）应制定设施设备去污染、清洁和消毒灭菌的专用方案，防护设备在每次使用完毕及维护、修理、性能检测、报废或被移出实验室前应先去污染、清洁和可靠消毒，维护和检测人员应穿戴适当的个体防护装备。生物安全实验室的设备由于在使用过程中可能受到病原微生物的污染，因此在设备维护、修理、报废或被移出实验室前应先去污染、清洁和消毒灭菌，特别需要注意的是，报废的设备也应先确保其无病原微生物污染。设备的去污染、清洁和消毒灭菌是一项相对复杂的工作，要根据设施设备的结构、特性和污染情况区别对待。多数情况下可以使用浸泡消毒剂的湿布进行表面擦拭，将去污染和清洁结合进行，但只能清除表面污染。污染严重时，可以先进行适当清洁后用消毒剂浸泡处理，但浸泡处理往往对设施设备的结构有一定要求。高压蒸汽消毒灭菌是可靠的清除污染方法之一，但对大多数重复使用的设备不适用。采取适当的熏蒸消毒及气溶胶消毒，可以在气体或气溶胶能够到达的部位杀灭病原微生物，是生物安全实验室较为常用和相对彻底的设备消毒灭菌方法。由于设备在去污染、清洁甚至消毒灭菌后仍可能残留未被杀灭的病原微生物，因此维护人员需要考虑穿戴适当的个体防护装备，也包括对物理性等危险（如机械、冷热等）的防护。

（8）应制定设施设备故障、事故报告相关制度，对实验室设施设备维护保养或过程中发生的故障、意外事故均需报告，对故障（事故）发生情况、处理情况等报告。

（9）应建立设施设备运行维护记录，根据设备运行指标编制相应的运行记录表格，详细记录设施设备运行参数、维护保养情况，记录应真实可靠并提供足够的信息，保证可追溯性。

（10）应建立设施设备档案管理制度，对设施建设、设备安装、使用全周期档案进行收集保存、维持，适用时，档案内容至少包括（不限于）：制造商名称、型式标识、系列号或其他唯一性标识；验收标准及验收记录；接收日期和启用日期；接收时的状态（新品、使用过、修复过）；当前位置；制造商的使用说明或其存放处；维护记录和年度维护计划；校准（验证）记录和校准（验证）计划；任何损坏、故障、改装或修理记录；服务合同；预计更换日期或使用寿命；安全检查记录。与实验室生物安全密切相关的设施设备（如生物安全柜、负压隔离装置、高效过滤器、消毒灭菌系统、送排风系统、UPS 电源等），其档案要能够体现对设备状态的控制与过程控制。除实验记录外，应维护和保存完整的实验室设施设备管理记录。有条件的实验室可以建立电子化的实验室设施设备管理数据库，以便于设施设备档案资料的汇总、统计、查询以及形成报表。只要适用，实验室设施设备的档案至少应包括《实验室　生物安全通用要求》（GB 19489—2008）第 7.18.13 条款规定的内容。

**（二）防护设备运行维护要求**

**1. 初级防护屏障设备运行维护要求**

（1）运行要求。

①生物安全柜。不应随意移动安全柜，安全柜的安装位置应避开人流大的地方和房间出入口，宜远离送风口，并应考虑维修空间；安全柜内操作台面上摆放实验物品时，应注意避开排风孔，以免影响排气气流；安全柜稳定运行后的下降气流及窗口流入气流风速显示值应在要求范围内；要根据不同时机选用不同的消毒方式对生物安全柜表面、内部清洁消毒；要及时做好使用记录。

②动物隔离设备。设备应安装固定，不能随意移动；使用时应注意物品传入、传出操作；应注意传递桶的使用；应观察隔离器箱体内外压力等运行参数；注意动物隔离设备的清理和消毒；要及时做好使用记录。

③独立通风笼具（IVC）。使用前准备工作要细致，检查笼盒是否安装到位，设定运行参数，实验动物饲养要与笼盒尺寸相适应，不同动物饲养面积和空间应符合《实验动物环境及设施》（GB 14925—2010）规定；清理与消毒，

笼盒使用完毕后与垫料一起消毒，清理垫料，设置了气体消毒的 IVC 应按照 SOP 完成一个消毒程序；要及时做好使用记录。

（2）维护要求。

①生物安全柜。专人管理；每次开始工作前检查报警系统、负压与气流流向等；每次工作前后对内腔及表面进行清洁消毒；定期清理消毒集液槽；检查风阀和密闭阀状态；检查紫外线灯、照明灯；每年由专业机构定期检测评估。

②动物隔离设备。每年由专业检测人员对动物隔离设备的物理性能至少进行 1 次检测评价；由专业人员专门负责设备的日常维护，如检查负压及气流流向、传递系统互锁功能、袖套及手套是否老化破损以及送排风管道连接密封性等；在日常维修或检测前要用经过验证的方法对动物隔离设备进行彻底消毒灭菌，并确认合格。

③独立通风笼具（IVC）。每年由专业检测人员对 IVC 的物理性能至少进行 1 次检测评价；由专业人员专门负责设备的日常维护，如检查笼盒密封圈是否老化磨损、笼盒 HEPA 过滤器和单向密闭阀片是否完好、负压及排风管道连接密封性等；日常检查主机的参数，主要注意负压、排风量、换气次数及温度等；定期检查主机内排风高效过滤器阻力情况，必要时更换；在日常维修或检测前要用经过验证的方法对笼架、笼盒和排风高效过滤器等进行彻底消毒灭菌，并确认合格。

**2. 个体防护装备运行维护要求**

（1）运行要求。

①正压头罩。使用前应对照说明书检查外观及配置是否齐全，主要包括电池电量是否充足，排气阀（适用时）、过滤器、密封垫圈等结构和功能件的齐全性。

②正压防护服。使用前应检查防护服整体有无开裂、孔洞或严重磨损等情况；检查头罩视窗有无磨损，不能影响视觉效果；检查供气管道连接是否正常；对于采用自备动力送风过滤装置的正压防护服，使用前应检查送风过滤器的完整性和安装接口的密封性，检查供电电池电量；正压防护服在使用过程中应避免突然下蹲或下蹲后快速直立，以免造成正压防护服出现负压的情况；正压防护服在使用过程中若出现撕裂等情况，应立即调大运行风量，然后使用修补专用胶带进行修补，并视情况采取进一步措施；穿正压防护服退出实验室前，应对正压防护服进行全身化学淋浴消毒，消毒过程中应确保无死角；化学淋浴消毒结束后，脱去正压防护服，应检查防护服内有无浸湿现象，若有浸湿现象，应立即通知相关人员进行应急处理并进行风险评估，并根据风险评估结果采取进一步措施；经过化学淋浴消毒后，应及时将正压防护服上的液体擦拭干净，并悬挂放置。

③生命支持系统。由于生命支持系统压缩机运行产生热量，系统机房在运

行期间保持通风或制冷条件；正常运行时应保证生命支持系统可吸取足够的新风；操作人员应经过严格的专业培训，并严格按照操作规程执行；气体压力、压缩机故障、气体浓度等报警信息应实时传输至监控室并有声光报警等。

④化学淋浴消毒装置。应评估所选用消毒剂对化学淋浴设备和正压防护服的腐蚀性；消毒剂要确保浓度和在有效期内；运行前，应根据涉及实验活动的病原微生物特点，选用指示微生物对正压防护服表面的消毒效果进行验证实验，消毒效果应满足相关标准要求；更换其他消毒剂时，应重新对正压防护服表面的消毒效果进行验证实验；使用前，应检查消毒剂的剂量或消毒液的液位；化学淋浴消毒设备的液位等报警信息应实时传输至监控室。

（2）维护要求。

①正压头罩。每年由专业检测人员对其性能至少进行1次检测评价；由专业人员及时对各类部件进行检查和故障维修；要对其消毒效果进行评价验证。

②正压防护服。每使用7～10次应接受1次气密性测试；定期对正压防护服的各类安全装置（如排气阀或排气过滤器、风量调节阀、供气接口和内部供气管道等）进行检查和维护，确保功能正常。

③生命支持系统。长时间停止运行期间，应定期启动运行系统；每年应由设备厂家或维保单位进行1次全面检修；应根据产品说明书要求定期更换润滑油、过滤器、催化剂等耗材或关键元器件；应定期对生命支持系统的生物安全性能进行检测。

④化学淋浴消毒装置。定期检测化学淋浴消毒设备的腐蚀情况，特别是管路、焊口、接口、阀门等部位；定期检查喷头有无堵塞或生锈情况，有堵塞或生锈时应进行及时更换或处理；定期检查送排风高效过滤器阻力，必要时进行更换；定期对化学淋浴消毒设备的物理性能进行评价检测。

**3. 二级防护屏障设备运行维护要求**

（1）物品传递设备运行维护要求。

①运行要求。

传递窗：使用前应对照说明书检查外观及配置是否齐全，主要采用目测的方法，观察窗框、窗板等。对于采用机械压紧式气密门的传递窗，应检查密封圈、门铰链、机械压紧机构、电磁锁、解锁开关（如配置）等结构和功能件的齐全性；对于采用充气式气密门的传递窗，应检查充气密封胶条、门控制系统等结构和功能件的齐全性；要及时做好使用记录。

渡槽：使用前应对照说明书检查外观及配置是否齐全，主要采用目测的方法检查外观、密封胶条、门轴承、压紧机构及箱体密封（如配置）、解锁开关（如配置）、液位指示计、排水阀门、电磁锁（如配置）、电动伸缩杆（如配置）等结构和功能件的齐全性；检查消毒剂的液位、有效期；确保渡槽内消毒液液位在最低液位之上，消毒剂在有效期内；要及时做好使用记录。

②维护要求。

传递窗：定期检查传递窗互锁机构；定期检查传递窗与围护结构连接部分的密封性；定期检查传递窗门体密封情况，必要时，及时对门体密封部件进行更换或处理；若传递窗内安装有紫外灯，则应定期清洁紫外灯并检查紫外灯紫外线强度，必要时，应及时更换紫外灯；对于具备送、排风的传递窗，应定期检测其排风高效过滤器的完整性；对于大型动物生物安全三级实验室和生物安全四级实验室的传递窗应检查其气密性，应符合《实验室　生物安全通用要求》（GB 19489—2008）条款要求。

渡槽：定期检测并更换消毒液以保证其有效浓度；应定期补充消毒液，以保证消毒液处于正常液位高度；对于采用物品自动传递方式的渡槽，应定期检查传动机构的腐蚀情况；需要对渡槽内部腔体进行检修时，应对渡槽内部进行彻底消毒；应定期检查并验证低液位报警装置的可靠性；对于大型动物生物安全三级实验室和生物安全四级实验室的渡槽应检查其气密性，应符合《实验室　生物安全通用要求》（GB 19489—2008）条款要求。

（2）消毒灭菌设备运行维护要求。

①运行要求。压力蒸汽灭菌器投入使用前应在特种设备安全监督管理部门登记；消毒、灭菌程序应在投入使用前通过验证；使用时应先检查水、电、汽、气等，系统参数正常；操作人员须严格按照操作规程使用设备；使用后应关闭水、电、汽、气，并检查；物品包装与装载应有利于蒸汽透入，否则影响灭菌效果；应及时做好使用记录。

气（汽）体消毒设备：操作人员应经过专业培训并达到相关要求；操作人员须严格按照操作规程和经过验证的消毒程序使用设备；操作人员需要进入含有消毒气体区域时，必须佩戴相应个体防护装备；消毒程序在投入使用前，改变消毒剂浓度时等应通过验证。

污水消毒设备：投入使用前应在特种设备安全监督管理部门登记；应由取得特种设备资格证的人员操作；消毒、灭菌程序应在投入使用前通过验证；使用时应先检查水、电、汽、气等，系统参数正常；操作人员须严格按照操作规程和经过验证的消毒程序使用设备；使用后要关闭水、电、汽、气，并检查；要及时做好使用记录。

动物残体处理设备：投入使用前应在特种设备安全监督管理部门登记；应由取得特种设备资格证的人员操作；消毒、灭菌程序应在投入使用前通过验证；使用时应先检查水、电、汽、气等，系统参数正常；操作人员须严格按照操作规程和经过验证的消毒程序使用设备；使用后要关闭水、电、汽、气，并检查；要及时做好使用记录。

②维护要求。高压蒸汽灭菌器：应每年整体维护至少 1 次，每年进行再验证；使用的压力容器应按照特种设备安全规定检测；呼吸器应按照设备说明定期更换滤芯，呼吸器应定期检查维护；阀门、真空泵、密封垫圈等关键部件应定期检查维护；仪表应按照计量规定定期校验；控制系统应定期维护；设备标识应定期检查，如有缺失立即补齐；生物密封应根据实验室围护结构的严密性要求定期检测；要及时做好维护记录。

气（汽）体消毒设备：若设备内安装有消毒气（汽）体浓度传感器或其他影响消毒效果的传感器，应按照计量规定定期校验；设备内主要部件更换或维修后，应对设备消毒效果重新进行评价；消毒剂品牌或有效成分发生变化时，应对其对设备的消毒效果重新进行评价；设备标识应定期检查，有缺失时应立即补齐；应及时做好维护记录。如图 12-25 所示，模拟现场消毒效果验证。

图 12-25　模拟现场消毒效果验证

污水消毒设备：应每年整体维护至少 1 次，每年进行再验证；系统使用的压力容器应按照特种设备安全规定检测；呼吸器应按照设备说明定期更换滤芯，呼吸器电加热应定期检查维护；阀门、搅拌系统、密封垫圈等关键部件应定期检查维护；仪表应按照计量规定定期校验；控制系统应定期维护；设备标识应定期检查，有缺失时应立即补齐；应及时做好维护记录。

动物残体处理设备：应每年整体维护至少 1 次，每年进行再验证；系统使用的压力容器应按照特种设备安全规定检测；呼吸器应按照设备说明定期更换滤芯，呼吸器电加热应定期检查维护；阀门、搅拌系统、密封垫圈等关键部件应定期检查维护；仪表应按照计量规定定期校验；控制系统应定期维护；设备标识应定期检查，有缺失时应立即补齐；生物密封应根据实验室围护结构的严密性要求定期检测；应及时做好维护记录。

（3）其他二级防护屏障设备运行维护要求。

①运行要求。

气密门：使用前应对照说明书检查外观及配置是否齐全，主要采用目测的方法观察门框、门板的安装质量；对于机械压紧式气密门，检查门体密封圈、门铰链、机械压紧机构及闭门器、电磁锁、解锁开关（如配置）等结构和功能件的齐全性及安装质量；对于充气式气密门，检查充气密封胶条、门控制系统、紧急泄气阀、气路、闭门器等结构和功能件的齐全性及安装质量；在开启密闭门之前，先查看密闭门是否处于正常的关闭状态；在关闭密闭门时，还应该注意在门还没有关闭完全之前，不要把门把手逆时针放下来，否则容易造成门扣和门锁的损坏；实验期间所有气密门不能随意开启，若有实验动物意外死亡或发病动物需要隔离时，开启靠近污染走道一侧气密门运出；在遇到紧急情况时，通过门内侧的紧急按钮，使门锁断电，然后旋转门把手，打开门，按照指示路线撤离。

高效空气过滤装置：日常应检查过滤装置的高效过滤器阻力；装置的消毒应严格执行经过验证的消毒程序。

②维护要求。

气密门：首次使用前对设备进行全面检查，对所有螺丝、螺栓全部紧固1次；使用过程中一定不要让锐器、重物等碰撞划伤门体，避免造成门的变形，以及表面保护层的破坏而导致其使用性能下降，若气密门的门体和框体被破坏，应及时与制造商联系，或请专业维修工人来修理；保持气密门周围干净，防止异物（如灰尘和碎片）进入，可用毛刷清洗槽和普通毛条真空吸入灰尘，避免对门的感应装置造成影响而导致不灵敏的情况发生；气密门的结构和辅助部件发现问题时及时修理、更换，以便达到防尘、防撞、隔音、保温的最佳效果；对于大型动物生物安全三级实验室和生物安全四级实验室的气密门应检查其气密性能，应符合《实验室　生物安全通用要求》（GB 19489—2008）条款要求。

高效空气过滤装置消毒：消毒前关闭空调通风系统，风口型装置一般与实验室空间一起消毒；单元式高效空气过滤器装置消毒要关闭前后生物密闭阀；按照经过验证的消毒程序实施消毒，并进行消毒效果监测；维持作用时间是指消毒剂按照用量要求喷雾完成后的作用时间，不包含喷雾过程时间与通风排出或降解消毒剂的时间；空间消毒时气雾出口应远离物体表面，避免过高浓度的过氧化氢对墙体、设备表面的腐蚀；消毒完成后消毒剂浓度较高，后续操作应注意做好防护。图 12-26 为单元式单级高效空气过滤装置消毒示意、图 12-27 为单元式双级高效空气过滤装置消毒示意、图 12-28 为风口式高效空气过滤装置消毒示意。

目前，国内有实验室尝试用空调系统循环消毒模式消毒实验室空间、风管和高效空气过滤装置，这种消毒模式的优点在于所需时间短，系统所有房间均可消毒。但是，这种消毒方式一定要在对消毒程序进行充分验证的基础上才可使用。图 12-29 为大循环消毒系统设计原理。

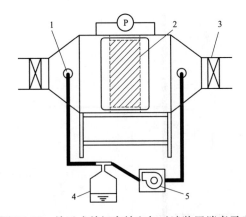

图 12-26　单元式单级高效空气过滤装置消毒示意

1. 消毒接口　2. 高效空气过滤器　3. 密闭阀　4. 消毒剂发生器　5. 循环风机

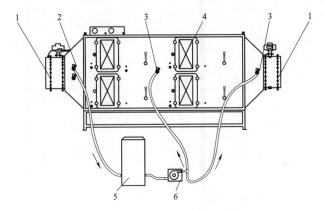

图 12-27　单元式双级高效空气过滤装置消毒示意

1. 密闭阀　2. 消毒剂排出口　3. 消毒剂注入口　4. 高效空气过滤器

5. 消毒剂发生器　6. 循环风机

图 12-28　风口式高效空气过滤装置消毒示意

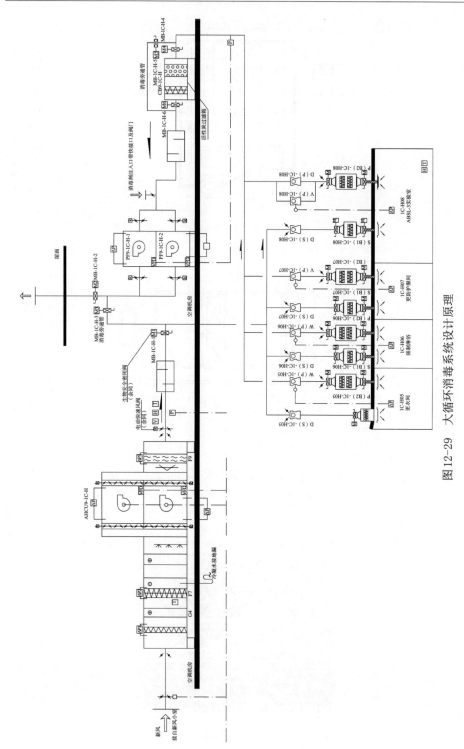

图12-29 大循环消毒系统设计原理

过滤器更换：对需要更换的过滤装置进行消毒；停机并关闭空调系统动力电源；将"维修中"的标识牌分别挂在空调机组、控制柜和动力电源柜上；提前做好各类材料更换；对于不同类型过滤装置分别严格按照其 SOP 更换过滤器；更换完成后对过滤器实施相关检测。

后续工作：清理现场；撤去"维修中"的标识牌；启动空调系统；待系统运行正常后将"使用中"的标识牌挂在空调机箱上；由维护人员通知相关区域负责人维护工作已经结束，空调已正常开启；进行箱体气密性、高效过滤器检漏检测，检测合格后，该区域空调可以安全使用。

高效空气过滤装置与生物安全息息相关，对于运行维护、消毒及过滤器更换、性能检测要及时、准确记录相关信息，并及时存档管理。

## 二、运行维护评价

### （一）基本要求

（1）实验室运行维护评价应以实效性、可操作性为基础，以实现提升实验室运行维护水平、推广先进的运行维护经验和技术、提高实验室运行维护行业整体水平、促进实验室安全运行为目的进行。

（2）实验室运行维护评价应在实验室通过竣工验收、认可并开展相关实验活动一年后进行。

（3）实验室运行维护的评价和监督应有各相关方参与。

（4）实验室应定期组织对设施设备运行维护进行评价。评价内容至少包括实验室设施设备状态、年度运行维护、检测验证情况等。

（5）实施运行维护情况评价要编制评价核查表，并提交自评价报告和相关证明文件（如运行维护记录表单等）。

（6）对评价过程中发现的不符合项，实验室应系统评估其发生的根本原因，评估影响范围和严重程度，采取纠正措施和/或预防措施，避免再一次发生类似问题。

（7）实验室运行维护的评价工作，作为实验室管理评审等内部评审的输入内容，至少包含下列内容：实验室设施设备的状态报告，包括设施设备运行中的故障情况及处理措施、结果和趋势分析报告等内容；实验室工作报告，包括设施设备使用、运行维护情况报告。

### （二）管理要求

**1. 一般规定**

（1）实验室应建立满足《实验室 生物安全通用要求》（GB 19489—2008）的管理体系，设施设备的运行维护要适应实验室管理要求，明确工作任务及责任人。

（2）实验室设施设备的运行维护应纳入实验室年度安全计划，并应制定日常巡检、年度维护和检修以及年度检测计划，明确关键设施设备的运行维护频度和检测时机。

（3）实验室需建立实验室设施设备运行、维护检查清单，明确各项目的检查频率和检查要求。

（4）实验室设施设备日常巡检、维护保养和维修应做好记录，并应符合下列规定。

①日常巡检记录应包括巡检时间、巡检项目和状态等。

②维护保养记录应包括维护保养时间、项目、状态和存在（或应引起关注的）问题等。

③维修记录应包括故障原因、维修处理方法、状态和存在或应引起关注的问题等。

**2. 人员管理**

（1）实验室应在其岗位要求中明确规定需要特定能力和资质要求的岗位（压力容器、配电系统等操作人员），生物安全三级和四级实验室运行时应有符合要求的专职人员在现场值守。

（2）所有参与实验室设施设备运行维护的人员，应具有相关专业背景，或熟悉相关情况，或具有相关经验。

（3）实验室应为员工提供符合要求的适用于实验室活动的物品和器材，包括设施设备运行维护所必需的物品和器材。

**3. 资料管理**

（1）实验室应建立设施设备档案，并符合下列规定。

①建筑设施主要设备、《实验室设备生物安全性能评价技术规范》（RB/T 199—2015）规定的关键防护设备标准操作规程（SOP）。

②关键防护设备档案应至少包括以下内容：制造商名称、型号标识、出厂编号、产品序列号或其他唯一性标识；验收标准及验收记录；接收日期和启用日期；接收时的状态（新品、使用过、修复过）；当前安装（放置）位置；制造商的使用说明或其存放处；维护记录和年度维护计划；检测、校准（验证）计划和记录；任何损坏、故障、改装或修理记录；服务合同；预计更换日期或使用寿命；安全检查记录。

③实验室其他设施设备档案。例如，通风系统应至少包括冷热水机组、组合式空调机组、风机、高效过滤装置、扫描检漏高效过滤风口、风量控制阀门、生物密闭阀等设备档案；实验室电气系统档案应至少包括发电机、配电柜（箱）、不间断电源、固定电源插座等设备档案；自控弱电系统档案应至少包括相关图纸、控制器、现场采集元件、驱动器，以及监控、门禁系统

等设备档案。

（2）实验室应建立人员管理制度，对所有参与实验室设施设备运行维护的人员实施管理，建立人员档案，内容至少应包括人员学历、职称、培训、体检表等档案资料。

（3）实验室应制定设施设备运行和维护保养制度等程序性文件，包括巡视检查制度、定期维护保养制度、安全管理制度、值班制度、交接班制度、应急处置制度等。

（4）实验室应建立消防系统档案。

**4. 外包管理**

（1）实验室设施设备的运行维护工作实行外包时，实验室应做好以下工作。

①制定关于外包服务管理的政策和程序。

②对外包服务能否胜任实验室安全运行管理要求进行定期评价。

③将对外包服务的评价纳入实验室年度安全计划。

（2）实验室设施设备的运行维护工作实行外包时，承包方能力应能满足实验室安全运行、维护的需求；应将参与实验室防护区内设施设备运行维护的外包人员纳入实验室管理。

（3）实验室设施设备的运行维护工作实行外包时，应对承包方进行评价。

# 第四节　动物病原微生物实验室关键防护设备检测评价

根据动物病原微生物实验室设施设备的具体特点，按照要求核查确认设施设备的性能是否满足实验室的安全要求和相关标准。开展实验室关键防护设备生物安全性能检测，确保实验室关键防护设备的检测符合实验室认可要求。实验室应核查设备检测机构资质，检测方法和内容符合国家标准或行业标准，应确保关键防护设备检测前进行消毒。

## 一、实验室生物安全关键防护设备检测机构的相关要求

**1. 对检测机构资质的要求**

（1）检测机构或其母体组织应具有法人资格，能够独立、客观、公正地从事相关检测活动，并对其出具的检测结果负责。

（2）检测机构宜通过实验室资质认定或认可，若没有相关认可，其检测方法和检测内容应能够符合国内外行业标准。

**2. 对检测机构检测设备的要求**　检测机构应具有所需要的检测设备，并进行正常维护；检测设备应按照相关要求进行检测、检定或校准；检测设备应具有唯一性标识并建立设备档案。

**3. 对检测机构检测方法的要求** 检测机构应优先使用国家标准、行业标准或国际、区域组织发布的方法对关键防护设备进行检测；若采用的检测方法暂无国家标准、行业标准或国际、区域组织发布的标准方法，应该对其所采用的检测方法进行确认；检测方法应编制相应的程序。

**4. 对检测机构检测人员的要求** 进行检测的相关专业人员应具备一定的专业背景或经过相关知识的培训。

**5. 对检测报告的相关要求** 检测报告应真实有效、结果准确。其检测报告应包括但不限于以下信息：标题；检测机构的名称和地址；检测报告的唯一性标识和每一页上的标识；客户的名称和地址；检测地点和检测日期；检测依据；检测人员的签字或等效的标识；检测单位或其母体组织公章。

## 二、检测注意事项

实验室关键防护设备进行生物安全性能检测前应进行可靠的消毒；实验室关键防护设备遇到以下情况时应进行检测：新购置的仪器设备安装调试后，正式投入使用之前；实验室关键防护设备更换内部重要部件（如高效空气过滤器）或发生故障不能满足生物安全要求进行专业维修之后；实验室关键防护设备进行年度维修检修时；其他需要进行检测的情形；检测完成之后要及时出具检测报告并存档（图 12-30）。

图 12-30 实验室关键防护设备现场相关检测

## 三、关键防护设备及其检测时机、检测项目、检测方法、检测结果

表 12-2 为关键防护设备及其检测时机、检测项目、检测方法、检测结果。

表 12-2　关键防护设备及其检测时机、检测项目、检测方法、检测结果

| 序号 | 关键防护设备名称 | 检测时机 | 检测项目 | 检测方法 | 检测结果 |
|---|---|---|---|---|---|
| 1 | 生物安全柜 | 安装后、投入使用前（包括生物安全柜被移动位置后）；更换高效空气过滤器或内部部件维修后；年度的维护检测 | 垂直气流平均速度、气流模式、工作窗口气流平均速度、送风高效过滤器检漏、排风高效过滤器检漏、柜体内外的压差（适用于Ⅲ级生物安全柜、工作区洁净度、工作区气密性（适用于Ⅲ级生物安全柜） | 检测方法依据《实验室设备生物安全性能评价技术规范》（RB/T 199—2015）中 4.1.3 的要求进行 | 应符合《实验室设备生物安全性能评价技术规范》（RB/T 199—2015）中 4.1.4 的要求 |
| 2 | 动物隔离设备 | 安装后、投入使用前（包括动物隔离设备被移动位置后）；更换高效空气过滤器或内部部件维修后；年度的维护检测 | 非气密性动物隔离设备：工作窗口气流流向、送风高效过滤器检漏、动物隔离设备内外压差；气密性动物隔离设备：手套箱式动物隔离设备：手套箱检漏、气流流向、送风高效过滤器检漏、排风高效过滤器检漏、动物隔离设备内外压差、工作区气密性 | 检测方法依据《实验室设备生物安全性能评价技术规范》（RB/T 199—2015）中 4.2.3 的要求进行 | 应符合《实验室设备生物安全性能评价技术规范》（RB/T 199—2015）中 4.2.4 的要求 |
| 3 | 独立通风笼具（IVC） | 安装后、投入使用前；更换高效空气过滤器或内部部件维修后；年度的维护检测 | 气流速度、压差、换气次数、笼盒气密性、送风高效过滤器检漏、排风高效过滤器检漏 | 检测方法依据《实验室设备生物安全性能评价技术规范》（RB/T 199—2015）中 4.3.3 的要求进行 | 应符合《实验室设备生物安全性能评价技术规范》（RB/T 199—2015）中 4.3.4 的要求 |
| 4 | 压力蒸汽灭菌器 | 压力蒸汽灭菌器安装后、投入使用前；更换高效过滤器或内部件维修后；年度的维护检测 | 灭菌效果检测、B-D检测、压力表和安全阀检定、温度传感器（必要时）和压力传感器校准（必要时） | 检测方法依据《实验室设备生物安全性能评价技术规范》（RB/T 199—2015）中 4.4.3 的要求进行 | 应符合《实验室设备生物安全性能评价技术规范》（RB/T 199—2015）中 4.4.4 的要求 |

（续）

| 序号 | 关键防护设备名称 | 检测时机 | 检测项目 | 检测方法 | 检测结果 |
|---|---|---|---|---|---|
| 5 | 气（汽）体消毒设备 | 安装后，投入使用前；主要部件更换或维修后；年度的维护检测 | 模拟现场消毒，消毒剂有效成分测定 | 检测方法依据《实验室设备生物安全性能评价技术规范》（RB/T 199—2015）中4.5.3的要求进行 | 应符合《实验室设备生物安全性能评价技术规范》（RB/T 199—2015）中4.5.4的要求。其中4.5.4按照如下内容执行：按照《消毒技术规范》（2002）规定的方法进行判定三、四级实验室设施中核心工作间内人使用前应对核心工作间及其排风高效过滤装置、关键设备（生物安全柜、动物隔离设备、独立通风笼具、负压解剖台）及其排风高效过滤装置进行消毒效果验证，确保其消毒效果达到灭菌要求 |
| 6 | 气密门 | 安装后，投入使用前；实验室围护结构不能满足气密性要求或怀疑气密门有泄漏可能时；年度的维护检测 | 外观及配置、性能、气密性 | 检测方法依据《实验室设备生物安全性能评价技术规范》（RB/T 199—2015）中4.6.3的要求进行 | 应符合《实验室设备生物安全性能评价技术规范》（RB/T 199—2015）中4.6.4的要求 |
| 7 | 排风高效过滤装置 | 安装后，投入使用前；对高效空气过滤器进行原位消毒后；更换高效空气过滤器或内部部件后；年度的维护检测 | 箱体气密性（适用于安装于防护区外的排风型排风高效过滤装置）、扫描检漏（适用于扫描型排风高效过滤装置）、高效过滤器检漏 | 检测方法依据《实验室设备生物安全性能评价技术规范》（RB/T 199—2015）中4.7.3的要求进行 | 应符合《实验室设备生物安全性能评价技术规范》（RB/T 199—2015）中4.7.4的要求 |

（续）

| 序号 | 关键防护设备名称 | 检测时机 | 检测项目 | 检测方法 | 检测结果 |
|---|---|---|---|---|---|
| 8 | 正压防护服 | 投入使用前；更换过滤器或内部部件维修后；定期的维护检测 | 外观及配置检查包括标识、防护服表面整体完好性；性能检测项目通常包括正压防护服内压力、供气流量、气密性、噪声 | 检测方法依据《实验室设备生物安全性能评价技术规范》(RB/T 199—2015) 中 4.8.3 的要求进行 | 应符合《实验室设备生物安全性能评价技术规范》(RB/T 199—2C15) 中 4.8.4 的要求 |
| 9 | 生命支持系统 | 安装调试完成后，投入使用前；系统关键部件更换维修后；年度的维护检测 | 空气压缩机可靠性、紧急支援气罐可靠性、报警装置可靠性、不同断电电源可靠性、供气管道气密性 | 检测方法依据《实验室设备生物安全性能评价技术规范》(RB/T 199—2015) 中 4.9.3 的要求进行 | 应符合《实验室设备生物安全性能评价技术规范》(RB/T 199—2C15) 中 4.9.4 的要求 |
| 10 | 化学淋浴消毒装置 | 安装后，投入使用前；更换高效过滤器或内部部件维修后；年度的维护检测 | 箱体内外压差、换气次数、给排水密性、回流措施、液位报警装置、箱体气密性、送风高效过滤器检漏、排风高效过滤器检漏及消毒效果验证 | 检测方法依据《实验室设备生物安全性能评价技术规范》(RB/T 199—2015) 中 4.10.3 的要求进行 | 应符合《实验室设备生物安全性能评价技术规范》(RB/T 199—2C15) 中 4.10.4 的要求 |
| 11 | 污水消毒设备 | 安装后，投入使用前；设备的主要部件（如阀门、泵、管件、密封元件等）更换或检修后；年度的维护检测 | 热力污水消毒设备：灭菌效果、安全阀和压力表检定、温度传感器（必要时）校准；化学污水消毒设备：灭菌效果 | 检测方法依据《实验室设备生物安全性能评价技术规范》(RB/T 199—2015) 中 4.11.3 的要求进行 | 应符合《实验室设备生物安全性能评价技术规范》(RB/T 199—2C15) 中 4.11.4 的要求 |
| 12 | 动物残体处理系统（包括碱水解处理和炼制处理） | 安装调试验收时，投入试运行前；动物残体处理系统更换部件和维修后；年度的维护检测 | 灭菌效果、安全阀和压力表检定、温度传感器和压力传感器校准（必要时）、温度的排放指标 | 检测方法依据《实验室设备生物安全性能评价技术规范》(RB/T 199—2015) 中 4.12.3 的要求进行 | 应符合《实验室设备生物安全性能评价技术规范》(RB/T 199—2C15) 中 4.12.4 的要求 |

（续）

| 序号 | 关键防护设备名称 | 检测时机 | 检测项目 | 检测方法 | 检测结果 |
|---|---|---|---|---|---|
| 13 | 传递窗 | 安装后、投入使用前；设备的主要部件（如压紧机构、紫外线灯管、互锁装置、密封元件等）更换或维修后；实验室围护结构（含气密门等）不能满足气密性要求时；年度的维护检测 | 外观及配置、门互锁功能、紫外辐射强度（适用于设置紫外线灯管时）、气密性（当设置于有气密性要求的房间时）、消毒效果验证（当具备气体消毒功能时，仅在投入使用前或更换消毒剂类型及浓度时进行） | 检测方法依据《实验室生物安全认可准则对关键防护设备评价的应用说明》（CNAS-CL05-A002：2020）中 5.13.3 的要求进行 | 应符合《实验室生物安全认可准则对关键防护设备评价的应用说明》（CNAS-CL05-A002：2020）中 5.13.4 的要求 |
| 14 | 渡槽 | 安装后、投入使用前；设备的主要部件（如压紧机构、门轴承、密封元件等）更换或维修后；实验室围护结构不能满足气密性要求时；年度的维护检测 | 外观及配置、门互锁功能（如配置）、气密性（当设置于有气密性要求的房间时）及消毒效果验证 | 检测方法依据《实验室生物安全认可准则对关键防护设备评价的应用说明》（CNAS-CL05-A002：2020）中 5.14.3 的要求进行 | 应符合《实验室生物安全认可准则对关键防护设备评价的应用说明》（CNAS-CL05-A002：2020）中 5.14.4 的要求 |
| 15 | 正压头罩 | 购置后、投入使用前；每次使用前；设备的主要部件（如过滤器、头罩、送风系统、电池）更换或维修后；年度的维护检测 | 外观及配置、头罩、送风量、过滤效率、头罩内噪声、连续工作时间、低电量报警、消毒效果验证等 | 检测方法依据《实验室生物安全认可准则对关键防护设备评价的应用说明》（CNAS-CL05-A002：2020）中 5.15.3 的要求进行 | 应符合《实验室生物安全认可准则对关键防护设备评价的应用说明》（CNAS-CL05-A002：2020）中 5.15.4 的要求 |

# 主要参考文献

曹国庆，唐江山，王栋，等，2019. 生物安全实验室设计与建设［M］. 北京：中国建筑工业出版社.

曹国庆，王君玮，翟培军，等，2018. 生物安全实验室设施设备风险评估技术指南［M］. 北京：中国建筑工业出版社.

曹国庆，张彦国，翟培军，等，2018. 生物安全实验室关键防护设备性能现场检测与评价［M］. 北京：中国建筑工业出版社.

王荣，曹国庆，王君伟，等，2020. 病原微生物实验室生物安全风险管理手册［M］. 北京：中国质检出版社.

赵四清，王华，李萍，等，2017. 实验室生物安全手册［M］. 北京：军事医学科学出版社.

# 第十三章

# 动物病原微生物实验室消毒灭菌

消毒和灭菌是保证动物病原微生物安全实验室安全运转以及保护环境的关键环节，为了保证实验室的安全，必须在动物实验过程中进行消毒和灭菌。消毒（disinfection）是指杀死物体上或环境中病原微生物，但并不一定能杀死细菌芽孢或非病原微生物的方法。通常用化学方法达到消毒的作用。用于消毒的化学药物称作消毒剂。灭菌（sterilization）是指杀灭或者消除物体上所有微生物的方法，包括致病微生物和非致病微生物，也包括细菌芽孢和真菌孢子。灭菌常用的方法有化学试剂灭菌、射线灭菌、干热灭菌、湿热灭菌和过滤除菌等。

## 第一节 动物病原微生物实验室常用消毒剂的类型与选择

消毒剂是指用于杀灭传播媒介上病原微生物，使其达到无害化要求的制剂。它不同于抗生素，在防病中的主要作用是将病原微生物消灭于人体之外，切断传染病的传播途径，达到控制传染病的目的。人们也常称消毒剂为"化学消毒剂"。根据消毒剂的杀菌效果可以分为高效、中效、低效3类：①高效消毒剂。可杀灭各类微生物，包括细菌芽孢和真菌孢子。②中效消毒剂。能杀灭细菌芽孢以外的各种微生物。③低效消毒剂。只能杀灭细菌繁殖体和亲脂类病毒，对真菌有一定作用。

常用的消毒剂产品以成分分类主要有9种：含氯消毒剂、过氧化物类消毒剂、醛类消毒剂、醇类消毒剂、含碘消毒剂、酚类消毒剂、环氧乙烷、双胍类消毒剂和季铵盐类消毒剂。

### 一、含氯消毒剂

含氯消毒剂是指溶于水产生具有杀灭微生物活性的次氯酸的消毒剂，其杀灭微生物有效成分常以有效氯表示。次氯酸分子质量小，易扩散到细菌表面并穿透细胞膜进入菌体内，使菌体蛋白氧化导致细菌死亡。含氯消毒剂可用于被污染物品的浸泡、表面擦拭，室内空气的熏蒸消毒，饮用水、污水的净化消毒，环境及疫源地的喷洒消毒。对金属有腐蚀性，不能用于金属材料的表面消毒，对织物有漂白作用。含氯消毒剂可杀灭各种微生物，包括细菌繁殖体、病毒、真菌、结核分枝杆菌和抗力最强的细菌芽孢。这类消毒剂包括无机氯化合物（如次氯酸钠、次氯酸钙、氯化磷酸三钠）、有机氯化合物（如二氯异氰尿酸钠、三氯异氰尿酸、氯铵 T 等）。无机氯性质不稳定，易受光、热和潮湿的影响，丧失其有效成分；有机氯则相对稳定，但是溶于水之后均不稳定。

## 二、过氧化物类消毒剂

过氧化物类消毒剂具有强氧化能力，各种微生物对其十分敏感，可将所有微生物杀灭。这类消毒剂包括过氧化氢、过氧乙酸、二氧化氯和臭氧等。对金属及织物有腐蚀性，可用于玻璃、塑料、搪瓷、不锈钢、化纤等耐腐蚀物品消毒。也可用于消毒地面、污水、空间。

二氧化氯对细胞壁有较强的吸附和穿透能力，通过放出原子氧将细胞内的含巯基的酶氧化起到杀菌作用。国外大量实验研究显示，二氧化氯是安全、无毒的消毒剂，无"三致"（致癌、致畸、致突变）作用，同时在消毒过程中不与有机物发生氯代反应生成可产生"三致"作用的有机氯化物或其他有毒类物质。但由于二氧化氯具有极强的氧化能力，因此应避免高浓度（$>500\mu L/L$）使用。当使用浓度低于 $500\mu L/L$ 时，其对人体的影响可以忽略；$100\mu L/L$ 以下时，不会对人体产生任何影响，包括生理生化方面的影响，对皮肤也无任何致敏作用。事实上，二氧化氯的常规使用浓度要远远低于 $500\mu L/L$，一般仅在几十微升/升左右。因此，二氧化氯也被国际上公认为安全、无毒的绿色消毒剂。

## 三、醛类消毒剂

醛类消毒剂包括甲醛和戊二醛等。此类消毒剂的消毒原理为一种活泼的烷化剂作用于微生物蛋白质中的氨基、羧基、羟基和巯基，从而破坏蛋白质分子，使微生物死亡。杀菌作用较强；作用谱广，对细菌繁殖体、芽孢、病毒和真菌均有杀灭作用。作用的最适温度为 $24\sim40℃$，相对湿度 $65\%$ 以上。甲醛和戊二醛均可杀灭各种微生物，由于它们对人体皮肤、黏膜有刺激和固化作用，并可使人致敏，有刺激性和毒性，长期使用会致痛，易造成皮肤上皮细胞死亡；其消毒作用受污物、温度、湿度影响大；易导致过敏，引起哮喘。因此，不可用于空气、食具等的消毒，一般仅用于医院中医疗器械的消毒或灭菌，且经消毒或灭菌的物品必须用灭菌水将残留的消毒液冲洗干净后才可使用。

$35\%\sim40\%$ 的甲醛水溶液俗称福尔马林，具有防腐杀菌性能，可用于实验室内环境、用具、设备的消毒，尤其是对疫源地芽孢的消毒。

实验室熏蒸消毒（每立方米按 $40\%$ 甲醛 10mL：高锰酸钾 5g 计算用量），

将甲醛倒入盛有高锰酸钾的容器内（高锰酸钾和甲醛都具有腐蚀性，且混合后反应剧烈，释放热量）。消毒时房间要密闭，作用12h以上，完毕后打开门窗通风换气。

## 四、醇类消毒剂

醇类消毒剂最常用的是乙醇和异丙醇，它可凝固蛋白质，导致微生物死亡，属于中效消毒剂，可杀灭细菌繁殖体，破坏多数亲脂性病毒，如单纯疱疹病毒、人类免疫缺陷病毒等。醇类杀微生物作用也可受有机物影响，而且由于易挥发，因此应采用浸泡消毒或反复擦拭消毒以保证其作用时间。醇类常作为某些消毒剂的溶剂，而且有增效作用，常用浓度为75％。据国外报道，80％乙醇对病毒具有良好的灭活作用。国内外有许多复合醇消毒剂，这些产品多用于手部皮肤消毒。

## 五、含碘消毒剂

含碘消毒剂包括碘酊和碘伏，可杀灭细菌繁殖体、真菌和部分病毒，可用于皮肤、黏膜消毒，医院常用于外科洗手消毒。

碘酊的杀菌作用比75％乙醇和碘伏的强，穿透力强，可杀死阿米巴原虫、病毒、真菌、细菌等。碘酊的浓度越高，杀菌力越强，但随之刺激性和腐蚀性也会增强。2％碘酊可用于皮肤消毒，但作用2～3min后须用75％乙醇脱碘。碘酊的刺激性大，使用时会引发伤口疼痛；碘酊还会破坏正常的组织，导致伤口愈合减缓并留疤痕。

## 六、酚类消毒剂

酚类消毒剂包括苯酚、甲酚、卤代苯酚及酚的衍生物，常用的煤酚皂又名来苏儿，其主要成分为甲基苯酚。卤化苯酚可增强苯酚的杀菌作用，如三氯羟基二苯醚作为防腐剂已广泛用于临床消毒、防腐。

## 七、环氧乙烷

又名氧化乙烯，属于高效消毒剂，可杀灭所有微生物。由于其穿透力强，常将其用于皮革、塑料、医疗器械、医疗用品包装后的消毒或灭菌，而且对大多数物品无损害，可用于精密仪器、贵重物品的消毒，尤其对纸张色彩无影响，常将其用于书籍、文字档案材料的消毒。但环氧乙烷易燃、易爆，且对人有毒，必须在密闭环境中使用环氧乙烷灭菌器消毒。

## 八、双胍类和季铵盐类消毒剂

双胍类和季铵盐类消毒剂属于阳离子表面活性剂，具有杀菌和去污作用，医院里一般用于非关键物品的清洁消毒，也可用于手消毒，将其溶于乙醇可增强杀菌效果。由于这类化合物可改变细菌细胞膜的通透性，常将它们与其他消毒剂复配以提高其杀菌效果和杀菌速度。

表 13-1 中列举了常见病原微生物的特性及常采用的消毒剂。

**表 13-1　常见病原微生物的特性及常采用的消毒剂**

| 常见病原微生物 | 主要生物学特性及抵抗力 | 消毒方式 |
|---|---|---|
| 细菌 | | |
| 可形成芽孢的致病菌 | 炭疽芽孢杆菌、破伤风梭菌、产气荚膜梭菌可形成芽孢，耐强酸、耐强碱、抗消毒剂 | 10%～30%甲醛或 10%次氯酸溶液、高压蒸汽灭菌 |
| 抵抗力强的革兰氏阳性菌，如金黄色葡萄球菌 | 对热和干燥的抵抗力较一般无芽孢细菌强，80℃加热 30min 才被杀灭。对碱性染料敏感，十万分之一的龙胆紫液即可抑制其生长 | 5%石炭酸中 10～15min 死亡 |
| 肺炎链球菌 | 抵抗力较弱，56℃加热 15～30min 即被杀死。对青霉素、红霉素、林可霉素等敏感 | 对一般消毒剂敏感 |
| 革兰氏阴性菌，如霍乱弧菌 | 对热、干燥、日光、化学消毒剂和酸均很敏感，耐低温、耐碱 | 湿热 55℃，15min，100℃，1～2min，水中加 0.5 mg/L 氯 15min 可被杀死。对一般消毒剂敏感 |
| 幽门螺杆菌 | 耐酸 | 煮沸、含氯消毒剂可杀灭 |
| 布鲁氏菌 | 革兰氏阴性菌，对热抵抗力弱，60℃加热或日光下暴晒 10～20min 即可杀灭 | 对常用的化学消毒剂（如 10%～20%石灰乳或漂白粉）敏感 |
| 铜绿假单胞菌 | 革兰氏阴性菌，机会致病菌，可引起医院内感染，耐药性强 | 常用消毒剂乙醇、碘伏、新洁尔灭、醋酸氯己定（洗必泰） |
| 结核分枝杆菌 | 分枝杆菌属的细菌细胞壁脂质含量较高，约占干重的 60%，特别是有大量分枝杆菌酸包围在肽聚糖层的外面，可影响染料的穿入 | 煮沸消毒是最有效、最经济的方法。醇脂性溶剂——乙醇能渗入其脂层而发挥作用，用 75%乙醇 2min 便可杀灭 |
| 无包膜病毒 | 对理化因素抵抗力较具有包膜的病毒强 | |
| 新型肠道病毒（EV71） | 病毒呈球形，衣壳 20 面体立体对称，无包膜；耐乙醚、耐酸（pH 3～5）、耐胆汁；手足口病的病原之一 | 可用含氯消毒剂，煮沸 |

（续）

| 常见病原微生物 | 主要生物学特性及抵抗力 | 消毒方式 |
|---|---|---|
| 甲型肝炎病毒 | 无包膜，对乙醚、60℃加热 1h 及 pH 3 的作用均有相对的抵抗力（在 4℃ 可存活数月）。非离子型去垢剂不破坏病毒的传染性 | 100℃加热 5min 及用 5%～8%甲醛溶液或 75%乙醇可迅速灭活 |
| 腺病毒 | 无包膜，耐热、耐酸、耐脂溶剂的能力较强，56℃ 30min 可被灭活。对酸和乙醚不敏感 | 建议使用中等水平以上的消毒剂。空气消毒可以使用 1.5%～3%过氧化氢，气溶胶喷雾消毒 20min 即可。含氯消毒剂可以用于消毒该病毒污染的各种环境表面 |
| 诺如病毒 | 无包膜，急性病毒性胃肠炎的病原之一。化学消毒剂是阻断诺如病毒传播的主要方法之一，通过被污染的环境或物品表面进行传播 | 最常用的是含氯消毒剂，按产品说明书现用现配 |
| 有包膜病毒 | 病毒包膜含脂质，对理化因素的抵抗力低于无包膜病毒 | |
| 人体免疫缺陷病毒（HIV） | 病毒包膜含脂质。抵抗力较低，在体外生存能力极差，不耐高温。对热敏感，在 56℃条件下 30min 即失去活性。对紫外线、γ 线有较强抵抗力 | 对消毒剂和去污剂敏感，0.2%次氯酸钠、0.1%漂白粉、75%乙醇、35%异丙醇、50%乙醚、0.3%过氧化氢、0.5%来苏儿处理 5min 可灭活病毒，1%NP-40 和 0.5%TritonX-100 可灭活病毒而保留抗原性 |
| 流感病毒、呼吸道合胞病毒等 | 有包膜，抵抗力较弱，不耐热，对干燥、日光、紫外线以及乙醚、甲醛、乳酸等化学药物敏感。室温下传染性很快丧失，但在 0～4℃能存活数周，−70℃以下或冻干后能长期存活 | 56℃ 30min 即可使病毒灭活。75%乙醇，常用消毒药，如氧化剂、脱氧胆酸钠、羟胺、十二烷基硫酸钠和铵离子、含氯消毒剂、碘剂等，均可破坏其传染性 |
| 乙型肝炎病毒（HBV） | 乙肝病毒对外界环境的抵抗力较强，对低温、干燥、紫外线均有耐受性。不被 70%乙醇灭活 | 常用的含氯制剂，如 0.5%次氯酸钠、过氧乙酸、环氯乙烷、碘制剂及戊二醛等常用于乙型肝炎病毒的消毒 |
| 流行性乙型脑炎病毒 | 有包膜，对酸、乙醚和三氯甲烷等脂溶剂敏感，不耐热，56℃ 30min、100℃ 2min 均可使之灭活 | 对化学消毒剂较敏感，多种消毒剂可使之灭活 |
| 狂犬病病毒 | 狂犬病毒形似子弹状，有包膜。狂犬病病毒对热、紫外线、日光、干燥的抵抗力弱。病毒悬液经 56℃ 30～60min 或 100℃ 2min 作用后即失去活力。但在脑组织内的病毒于室温或 4℃条件下可保持传染性 1～2 周。冷冻干燥后的病毒可保存数年。酸、碱、脂溶剂、肥皂水、去垢剂等有灭活病毒的作用 | 狂犬病病毒对碱性或酸性消毒剂，如石炭酸、福尔马林、升汞等较为敏感；0.1%升汞液、1%～2%肥皂水、75%乙醇、5%碘液、丙酮、乙醚等都能杀灭狂犬病病毒 |

（续）

| 常见病原微生物 | 主要生物学特性及抵抗力 | 消毒方式 |
| --- | --- | --- |
| 朊病毒 | 朊病毒是一类能侵染动物并在宿主细胞内复制的小分子无免疫性疏水蛋白质。朊病毒对干热、煮沸、甲醛、尿素、乙醇、电离辐射等有很强的抵抗性 | 可被1mol/L氢氧化钠处理1h，而后高压蒸汽灭菌，134℃2h灭活 |
| 真菌 | 孢子是真菌的繁殖结构，由生殖菌丝产生。真菌的孢子与细菌的芽孢不同，其抵抗力不强 | 60～70℃短时间加热即可死亡 |
| 新生隐球菌、白色念珠菌、曲霉等 | 为圆形酵母型菌，菌体外周有一层肥厚的胶质样荚膜，菌体内有一个或多个反光颗粒。菌体可见芽生孢子，但不形成假菌丝，这是本菌的形态特点。非致病隐球菌无荚膜 | 甲醛、石炭酸、碘酊和过氧乙酸等化学消毒剂均能迅速杀灭真菌，65%～80%乙醇作用1～5min可杀灭真菌孢子 |
| 支原体 | 对青霉素不敏感。耐碱不耐酸 | 对脂溶剂、去垢剂、苯酚、甲醛等常用消毒剂敏感 |
| 衣原体 | 衣原体为圆形或椭圆形，对热敏感，在60℃仅能存活5～10min。衣原体耐冷，在−70℃可保存数年，冷冻干燥可保存30年以上 | 常用消毒剂能迅速杀灭衣原体，如75%乙醇0.5min或2%来苏儿5min均可将其杀死 |
| 立克次氏体 | 胞内寄生，对热、光照、干燥及化学药剂抵抗力差 | 56℃30min即可杀死，100℃很快死亡，对一般消毒剂敏感 |
| 钩端螺旋体 | 钩端螺旋体对干燥非常敏感，在干燥环境下，数分钟即可死亡 | 常用的消毒剂，如1/20 000来苏儿、1/1 000石炭酸、1/100漂白粉液均杀死钩端螺旋体 |

# 第二节　动物病原微生物实验室消毒方法

## 一、物理消毒法

**1. 热力灭菌法**　包括干热灭菌法和湿热灭菌法。干热灭菌法，如干热空气灭菌和焚烧灭菌，可用于不耐湿的物品。但干热灭菌法具有热穿透性差，所需温度、时间要求高等缺点。湿热灭菌法主要采用压力蒸汽灭菌器，适用于耐高温、耐高湿物品的灭菌。高压蒸汽灭菌器为目前实验室常用的一种压力蒸汽灭菌器，操作高压蒸汽灭菌器时需注意以下几点：①操作和日常维护应由经培训考核合格并取得资质的人员负责，进行定期预防性维护。②应使用不含腐蚀性抑制剂和其他化学品的饱和蒸汽。③所有需要高压蒸汽灭菌的物品都应放在空气能够排出并具有良好热渗透性的容器中，灭菌器装载不得过于密集。④物品包装捆扎不宜过紧，器皿类物品尽量单个包装，且包装时应将能拆卸部件尽量拆卸，暴露物品各个表面。⑤灭菌后，应用生物指示剂检验是否达到灭菌效果，并进行记录留存。

**2. 射线消毒法**　主要包括紫外线消毒和辐射消毒，可对不耐热物品等进行消毒。紫外线可用于实验室空气和实验台面、桌椅、器皿等的表面消毒。紫外线用于空气消毒时，应按照房间面积选择安装紫外灯的功率大小和数量。使用紫外线消毒时，应注意电源电压、照射距离、空气相对湿度和洁净度、温度、有机物、物品材料性质等因素均可影响消毒效果。辐射消毒法，如电离辐射消毒和微波辐射消毒，可用于大量一次性生物制品、医疗用品、食品、药品等的消毒，但操作复杂，成本较高。

## 二、化学消毒法

化学消毒剂种类较多，其中过氧化物类、含氯类、醛类消毒剂属于高效消毒剂，可以用于细菌芽孢、孢子、分枝杆菌等微生物污染的消毒；碘类消毒剂、醇类及醇类复方消毒剂、酚类消毒剂属于中效消毒剂，可以用于包括真菌、无包膜病毒、支原体、衣原体等微生物污染的消毒；季铵盐、胍类消毒剂属于低效消毒剂，可以用于包括一般细菌和包膜病毒等微生物污染的消毒。在消毒具有较多有机物或微生物污染严重的物品时，应当增加消毒剂量，甚至提高消毒剂应用等级。在选择消毒方法时，还应该根据物品性质，如对于金属器械，应选择基本无腐蚀的消毒剂；对于光滑表面，可选择紫外线消毒器近距离照射，或用液体消毒剂擦拭；多孔材料表面应采用喷雾消毒法。

化学消毒剂的作用受外界因素的影响。以下列举影响化学消毒剂消毒效果的主要因素：

（1）消毒剂的性质、浓度与作用时间。各种消毒剂的理化性质不同，对微生物的作用大小各异，应根据目标微生物选择相应的消毒剂。同一消毒剂的浓度不同，消毒效果也不同。绝大多数消毒剂在高浓度时杀菌作用大，同时对人体组织的刺激性也大。然而，乙醇在75%浓度时消毒效果最佳，如浓度过高可使菌体蛋白凝固，影响消毒剂的渗入，降低杀菌效果。氧化剂有较强杀菌能力，但对金属有腐蚀作用，应避免用于精密金属仪器的消毒。

（2）微生物的种类与数量。微生物对消毒剂的敏感性排序大致为真菌、细菌繁殖体、有包膜病毒、无包膜病毒、分枝杆菌、细菌芽孢。不同种类或同种不同株的微生物对化学消毒剂的敏感性不同。微生物的数量越多，消毒也越困难，因此必须延长消毒剂作用时间或提高浓度以增强杀灭微生物效果。

（3）温度对消毒剂作用的影响。温度升高可以增强消毒剂的消毒效果。

（4）酸碱度对消毒剂作用的影响。按消毒剂性质而定，季铵盐类阳离子消毒剂（如新洁尔灭），在碱性条件下杀菌作用增强；酚类等阴离子消毒剂，在酸性条件杀菌作用增强。

（5）有机物对消毒剂作用的影响。消毒剂与有机物结合而减弱消毒剂的杀菌效能。因此，在消毒皮肤或器械时，需先洗净后再用药。对于痰、粪等的消毒，宜选用受有机物影响小的药物，如生石灰、漂白粉等。

## 第三节　动物病原微生物实验室消毒应用

### 一、实验室环境与物品消毒

包括地面、台面、桌子、柜子、门把手等，通常可采用消毒剂喷洒、擦拭的方式进行消毒，需按所选择消毒剂种类，确认消毒作用时间。

### 二、实验室人员消毒

实验室应配备手消毒器，装有 75％乙醇或醇类速干消毒剂。工作人员每次实验完毕和离开实验室之前按作用时间和使用方法进行手部消毒。个体防护装备，如防护服表面，可通过小型喷雾器喷洒消毒；可回收眼罩、面具可使用浸泡消毒；便携式呼吸器可采用擦拭、喷洒、浸泡或参照产品说明书进行消毒处理。

### 三、实验室污染的随时消毒

实验时一旦发生微生物污染地面或实验台面，应立即停止实验，进行消毒处理。可首先使用适当消毒剂吸湿材料进行覆盖，作用相应时间后，小心地将吸湿材料与实验样品、液体等一起放入耐高压袋中。

离心管发现或怀疑破损后，应关闭机器电源，密闭静置 30min。破损离心管、吊篮、十字轴和转子应放在消毒剂中浸泡相应时间后高压蒸汽灭菌。清理时所有材料按感染性废弃物进行处置。

### 四、生物安全柜的消毒

生物安全柜的常规消毒方式主要采用紫外灯照射和消毒剂擦拭，可根据目标微生物选择相应的消毒剂，在每次使用前后进行工作台面和内壁的擦拭消毒，开启紫外灯照射消毒 30min。但该方法无法彻底清除潜在的污染。因此，当污染事故发生、生物安全柜移动及更换过滤器之前，必须进行生物安全柜内表面和空间的消毒，及时清除污染，避免微生物污染扩散，防止实验室内感染事件发生。通常可采用汽化过氧化氢（VHP）法、低温甲醛蒸汽熏蒸法（LTSF）等。使用 VHP 发生器，保持相应浓度相应时间后，即可对生物安全柜、隔离笼等不同部位表面达到良好的消毒效果，对物品无腐蚀，对人体、环境无残留毒性。

## 五、高效过滤器的原位消毒

生物安全实验室内高效过滤器是保证实验操作过程中产生的感染性气溶胶不外泄的最后防线，为了保障环境安全，需要在原位实现高效过滤器的消毒。通常可采用汽化过氧化氢（VHP）法、低温甲醛蒸汽熏蒸法（LTSF）等。消毒器应与高效过滤器箱体的消毒接口连接，利用循环气流带动蒸汽循环实现原位消毒。经验证消毒效果后可将高效过滤器拆卸，装入耐高压袋内高压后移交危险废弃物处理公司进行处理。

## 六、实验室终末消毒

当一阶段的实验完成后，准备进行下一阶段实验时，需要进行实验室终末消毒。实验室内所有物品均应经消毒后才能移出实验室，可根据物品性质选择物理或化学消毒法进行处理。实验室物体表面可采用擦拭消毒法，也可通过空气与物体表面一体化的喷雾、熏蒸法进行消毒处理。甲醛熏蒸对人有毒性和刺激性，应严格控制温度和湿度，以保证消毒效果。汽化过氧化氢喷雾浓度可 $\geqslant$ 12mL/m³，维持该浓度至少 30min 后，即可达到消毒效果，且对不锈钢、碳钢、铜、铝 4 种金属均无腐蚀，对彩钢墙面也无明显腐蚀作用。

# 第四节　动物病原微生物实验室消毒效果质量管理

对于生物安全实验室，开展消毒灭菌的质量管理十分必要。质量管理应包括以下内容：

## 一、制定消毒灭菌程序或方案

**1. 明确消毒灭菌的目的**　即保护工作人员健康，保证实验正常进行，避免环境污染。

**2. 确定对象和目标微生物**　对可能的污染物品与对象均应进行消毒处理，同时应考虑对实验微生物的有效性。

**3. 明确消毒灭菌的时机**　考虑及时性与可操作性。实验前应对实验仪器、耗材等进行消毒，以保证实验结果；实验过程中应对操作对象进行消毒，以保护实验者；实验结束后应对实验废弃物进行消毒，以保护环境及实验人员。选择的消毒方法应简便易于操作，避免使用复杂的消毒方式或影响实验对象的消毒方式。

**4. 确定消毒方法与选择合适的消毒因子**　确定消毒方法应确保其有效性，

对健康和环境影响小，使用经卫生行政部门批准或卫生安全评价合格的消毒产品。此外，由于实验室消毒剂使用量大，必须考虑成本因素，应选择价格相对较低的消毒剂。

## 二、效果评价与监测

依据《消毒技术规范》（2002 版）采取正确的方法进行消毒效果评价、监测，包括消毒效果的实验室评价、模拟现场与现场评价等。通过测定消毒对象在消毒前后采集到的实验微生物或指标微生物量，计算其杀灭率或杀灭效果，同时必须进行相应致病微生物或相关指标微生物的分离与鉴定。对于实验室应用较多的高压蒸汽灭菌的效果，可依据《实验室生物安全认可准则对关键防护设备评价的应用说明》（CL05-A002：2020）采用物理监测法、化学监测法、生物监测法等。

# 第五节 气体消毒设备

我国目前运行的高等级生物安全实验室中普遍对化学消毒剂采用喷雾方式进行消毒，常使用的消毒剂有甲醛、过氧化氢、二氧化氯，过氧乙酸也曾经被作为气体喷雾消毒剂使用。过去常用的消毒剂为甲醛，但因为甲醛对人体危害大、代谢周期长、难以中和清除等原因，近年来大部分实验室中已不常使用。目前，实验室较常采用的是气化过氧化氢、二氧化氯进行消毒。常见的消毒方式有以下 3 种。

## 一、房间内密闭熏蒸消毒

**1. 消毒原理** 密闭熏蒸消毒是指以单个实验单元为基础，密闭实验室，关闭送排风机组、风管密闭阀和实验室门，使实验室处于密闭状态，在房间内产生消毒剂气体的方式。

房间内熏蒸消毒是目前国内生物安全实验室消毒最常用的方法。该消毒模式以单个实验单元为单位，可多个实验单元共用一套消毒设备。但是，不同单元消毒结束时需进出实验室防护区内移动消毒设备，增加了工作量和防护难度。

**2. 特点及局限性** 当采用该方式进行消毒时，往往没有多个消毒设备可以同时对多个核心工作间进行消毒。消毒过程中可能与其他房间存在彼此污染的风险，甚至对非防护区造成污染。其优势与局限性如下：

（1）消毒设备体量较小，操作维护成本较低。少量设备即可满足多个核心工作间的消毒需要。

（2）消毒方式灵活。可根据实验室内多个核心工作间的工作状态灵活制定消毒模式。

（3）消毒过程中，可能导致房间温度升高，从而使房间相对相邻房间形成正压环境，未被彻底消毒灭菌的病原微生物存在外泄的风险。

（4）对多个实验区域进行消毒时，因消毒顺序存在先后，在移动设备的过程中存在二次污染的可能。

**3. 设备风险**  房间内密闭熏蒸消毒模式使用灵活、维护方便，目前被广泛应用。但由于该方式存在污染外泄的风险，因此应根据实际情况进行风险评估。当风险较大时，应采取适当方式降低风险。

## 二、房间外密闭熏蒸消毒

**1. 消毒原理**  此方式同为密闭熏蒸消毒。使实验室处于密闭状态，在需要消毒的实验室区域外产生消毒剂气体，通过连接管道进入实验室。

房间外密闭熏蒸消毒方式可避免在当前消毒区域内频繁地移动消毒设备，只需要在防护走廊内移动即可。相比房间内密闭熏蒸消毒方式，此方式存在消毒过程中产生正压的风险，房间外密闭熏蒸消毒方式可通过循环风机保证实验室内维持负压状态。

**2. 特点及局限性**

（1）设置灵活，依然可以保证少量设备满足多个核心工作间的消毒需要。

（2）消毒过程中通过消毒循环风机调节消毒中的房间与外界的压差，可防止实验室出现正压，降低未被彻底消毒灭菌的病原微生物的外泄风险。

（3）不必进入核心防护区移动设备，降低二次污染的可能。

（4）消毒操作简单，设备无须移动。但设备选型需能同时负责实验室内各种区域，设备体量相对较大。另外，消毒管道设置于夹层及设备层内，故障检修难度大，维护成本高。

（5）需在房间预留注入口及返回口，但此种方式不能充分保证产生的消毒剂送入实验室内。

**3. 设备风险**  通过消毒设备上的排风风机维持未完成消毒的实验室的负压，同时将消毒设备置于实验室外侧，减少移动消毒设备出入实验室，房间外密闭熏蒸消毒方式可有效减少污染物外泄风险。

# 第十四章

# 动物病原微生物实验室废弃物处置

## 第一节　动物病原微生物实验室废弃物的特性及分类

### 一、动物病原微生物实验室废弃物的特性

关于危险废物的定义，根据《中华人民共和国固体废物污染环境防治法》和《危险废物经营许可证管理办法》，危险废物是指列入《国家危险废物名录》或者根据国家规定的危险废物鉴别标准和鉴别方法认定的具有危险特性的固体废物。

危险废物是指具有下列情形之一的固体废物（包括液态废物）：

（1）具有腐蚀性、毒性、易燃性、反应性或者感染性等一种或者几种危险特性的。

（2）不排除具有危险特性，可能对环境或者人体健康造成有害影响，需要按照危险废物进行管理的。

（3）列入《危险化学品目录》的化学品废弃后属于危险废物。危险废物与其他固体废物的混合物，以及危险废物处理后的废物的属性判定，按照国家规定的危险废物鉴别标准执行。

动物病原微生物实验室废弃物是指动物病原微生物实验室在实验活动中产生的丧失原有利用价值或者虽未丧失利用价值但被抛弃或者放弃的、具有潜在能够危害人体健康、污染环境或存在安全隐患的物质。

### 二、动物病原微生物实验室废弃物的分类

严格按照国家、部门和地方规章制度，对动物病原微生物实验室废弃物应进行分类管理，把高危废弃物与一般废弃物、科研副产品、生活垃圾分开，把生物废弃物、化学废弃物、放射性废弃物分开，并对应制定分类管控措施。

动物病原微生物实验室常见废弃物主要有生物废弃物、化学废弃物、放射性废弃物、其他废弃物 4 类。按照物理形态又可分为固体废弃物、液体废弃

物、气体废弃物等。

**1. 生物废弃物**　生物废弃物是在研究、开发和教学生物实验室使用及产生的微生物、细胞及各种动、植物和人源的组织及液体等生物材料制备物。

常见的生物废弃物分为动物尸体、转基因植物、固体废弃物（感染性、损伤性、其他）、液体废弃物等。

**2. 化学废弃物**　化学废弃物是在研究、开发和教学过程中实验室产生的；未经使用而被所有者抛弃或者放弃的；淘汰、伪劣、过期、失效的危险化学品等。

常见的化学废弃物分为无机、有机、氧化剂、还原剂、剧毒等固体、液体、气体废弃物等。

**3. 放射性废弃物**　放射性废弃物是含有放射性核素或者被放射性核素污染，其放射性核素浓度或者比活度大于国家确定的清洁解控水平，预期不再使用的废弃物。

常见的放射性废弃物分为低水平放射性废弃物、中水平放射性废弃物、高水平放射性废弃物。按物理形态又可以分为放射性气体、放射性微尘和放射性气载废弃物。

**4. 其他废弃物**　其他废弃物是实验过程中产生的有毒有害气体废弃物和废水。

常见的有毒有害气体废弃物分为试剂和样品的挥发物、使用仪器分析样品时产生的废气、实验过程中产生的有毒有害气体、泄漏和排空的标准气及载气等。

## 第二节　动物病原微生物实验室废弃物管理要求

### 一、动物病原微生物实验室废弃物管理工作

**1. 加强制度建设**　实验室废弃物产生单位应严格落实危险废物污染防治和安全生产法律法规制度，建立危险废物管理制度，依法及时公开危险废物污染环境防治信息，依法依规投保环境污染责任保险。明确危险废物处置的目标指标，建立危险废物来源清单和危险废物处置单位及处置情况清单。

**2. 强化组织领导**　实验室设立单位要高度重视实验室废弃物管理工作，并将实验室废弃物管理纳入实验室评价指标体系。实验室应本着安全、节约、环保的理念，从源头管理，尽量避免或减少实验室废弃物的产生。认真落实管理责任，建立协调沟通机制，强化宣传培训，督促实验室废弃物产生、暂存及处置环节落实各自职责，切实形成分工协作、齐抓共管的工作格局，确保实验室废弃物得到及时妥善处置。

**3. 明确职责分工，专人负责**　落实实验室设立单位的主体责任，明确实验室废弃物管理的部门与责任人，实验室废弃物产生者是实验室废弃物安全处置和管理的责任主体，同时实验室设立单位也是实验室废弃物管理的责任主体，要发挥法人主体作用，切实把实验室废弃物的科学管理落到实处。危险废物的产生、收集、储存、运输、利用、处置单位的法定代表人和实际控制人是危险废物污染防治和安全生产第一责任人。

实验室负责人负责本实验室废弃物的处置管理，是本实验室的第一责任人。实验室设置废弃物安全处置负责人，具体监督管理本实验室废弃物的安全处置。实验室废弃物安全处置负责人安排和组织将实验室废弃物分类收集、消毒灭菌，并将废弃物转送至园区实验室废弃物暂存库集中管理。

实验室设立单位应设置实验室废弃物管理人员和处置人员负责本单位实验室废弃物的管理及处置，收集和处置实验室废弃物时须严格执行环保相关标准及单位管理办法，依据废弃物危险特性进行严格的分类、收集、储存，防止泄漏、扩散，禁止将未经无害化处理或不同特性、不相容的废弃物混存。实验室废弃物管理人员应具备科研废弃物分类和收集知识，明确各环节的工作流程，负责实验室废弃物的计划申报、转移审批，配合环保部门及危险废物处置单位组织本单位实验室废弃物的清运工作。

**4. 加强监督检查，全流程管理**　对实验室废弃物产生、收集、处置的全流程进行风险评估，通过分类收集、原位处理、暂存管理、及时清运、建立台账、监督检查等措施，完善管理体系，强化实验室废弃物全流程管理。

实验室废弃物管理部门应在职责范围内强化对实验室废弃物分类收集、消毒灭菌、规范转运、安全处置等过程进行监督管理，对不达标行为要及时发现、严肃处理。对实验室废弃物存在不及时移交、积压，分类收集、包装容器不规范、渗漏等现象，未建立台账或记录不规范的，要督促责任实验室及时整改。对违规处置实验室废弃物的，要依法追究相关责任。

**5. 强化源头管理**　实验室废弃物管理部门应加强实验室废弃物基础信息管理，根据相关法规对照经批准的环境影响评价、"三同时"验收文件或固体废弃物核查结果，结合教学科研实际，理清产废环节，摸清实验室废弃物产生种类与数量、储存设施以及委托处置等情况，登录固体废弃物管理信息系统注册并填报相关情况。

危险废物产生单位应制定符合《危险废物储存污染控制标准》和《危险废物收集储存运输技术规范》等的有关危险废物储存场所管理标准，处置应选择有资质的单位并进行危险废物转移计划备案，备案通过后，如实填写"危险废物转移联单"并存档。

**6. 落实"三化"措施**　实验室废弃物管理部门应按照固体废弃物处置的

"减量化、资源化、无害化"原则，制定管理措施，将其纳入日常工作计划。督促各实验室责任人进一步减少有毒有害原料使用与资源浪费，鼓励采取资源循环利用与就地减量化措施，购置设备对实验室废弃物进行净化和达标处理，切实减轻实验活动对生态环境的影响。

当法律法规和其他要求、生产工艺、污染治理工艺等发生变化，新建、改建、扩建项目投产，发生危险废物污染事故后，产废单位应及时重新识别危险废物。对于根据《国家危险废物名录》《医疗废物分类目录》难以分辨是否属于危险废物的固体废弃物，可委托有资质的单位根据国家危险废物鉴别标准和鉴别方法进行鉴定。

## 二、动物病原微生物实验室废弃物储存场所管理

（1）危险废物储存场所必须派专人管理，未经授权人员严禁入内。

（2）危险废物储存场所应制定收集标准，必须采取防扬散、防流失、防渗漏、防雨等防范措施并规范执行。

（3）危险废物必须分类存放，不同类别的危险废物应分别堆放，并在存放区分别标明危险废物的名称，不得混放。每个危险废物堆放区应留有搬运通道，搬运通道应保持通畅干净。非危险废物不得存放在危险废物储存场所。

（4）在危险废物储存场所应悬挂环保工作人员岗位职责、危险废物储存管理制度、环境安全事故应急预案以及危险废物警示牌和标识牌等。

## 三、动物病原微生物实验室废弃物储存管理

（1）危险废物管理部门每天定期检查危险废物产生、储存及转移情况，检查结果记入危险废物管理台账。如有危险废物流失、盗失等情况，及时查明原因，采取相应措施，防止造成污染事故，并向生态环境部门报告。

（2）危险废物转移时，应登录所在地固体废弃物环境监管信息平台，如实填写危险废物电子转移联单。

（3）加强信息系统推广应用，实现危险废物产生情况在线申报、管理计划在线备案、转移联单在线运行、利用处置情况在线报告和全过程在线监控，各环节（产生环节—储存环节—运输环节—利用处置）清晰明了。

（4）产废单位推行视频监控、电子标签等集成智能监控手段，实现对危险废物进行全过程跟踪管理，推行智能终端设备，一键申报，实现全过程跟踪管理。

（5）根据《国家危险废物名录（2021版）》《医疗废物分类目录（2021版）》进行动态管理，精准、科学地将产废单位以当前环境管理中属性认定存在争议的危险废物纳入危险废物范畴。

## 四、动物病原微生物实验室废弃物安全管理

（1）危险废物储存设施的选址、设计、运行与管理等必须遵循《危险废物储存污染控制标准》的规定。

（2）禁止混合储存性质不相容而未经安全性处置的危险废物，以免发生事故。

（3）危险废物储存场所和设施必须定期维护和检查，如有破损、渗漏等情况，及时进行修复或更换。

（4）危险废物储存场所应安装良好的照明和通风设备。

（5）全部用电设备的电源线必须使用套管，电源线连接必须符合电气安全相关规范，必要时采用防爆处理。

（6）操作工人必须持证上岗，穿着劳动保护服，穿戴必要的防护装备。

（7）危险废物储存场所必须配备紧急救护物资，用于操作工人面部或身体受到有害物质污染时的紧急救护。

（8）危险废物储存场所禁止住宿，禁止养犬，工作期间禁止关门。

（9）备齐应急处置物资，出现污染事故时按照应急预案要求立即处置，并向生态环境部门报告。

## 五、动物病原微生物实验室废弃物盛放要求

**1. 动物病原微生物实验室废弃物在被完全无害化处置前应考虑的主要问题**

（1）是否已采取规定程序对存在潜在病原微生物污染的物品进行了有效清除污染或消毒。

（2）处置已清除污染的物品时，是否会对直接参与处置的人员或在设施外可能接触到废弃物的人员造成任何潜在的生物学或其他方面的危害。

**2. 危险废物储存容器的总体要求**

（1）装载危险废物的容器及材质要满足相应的强度要求。

（2）装载危险废物的容器必须完好无损。

（3）盛装危险废物的容器材质和衬里要与危险废物相容（不相互反应）。

（4）液体危险废物可注入开孔直径不超过 70mm 并有放气孔的桶中。

（5）除常温常压下不水解、不挥发的固体危险废物外，产废单位必须将危险废物装入符合标准的容器。

**3. 动物病原微生物实验室废弃物储存容器的总体要求**

（1）动物病原微生物实验室应根据实验所产生废弃物类别放置在相应的废弃物收集容器，根据废弃物特性配置符合相关技术规范要求的收集容器或装

置。收集容器不可敞口，不能有破损、损坏或其他可能引起废弃物泄漏的安全隐患。

（2）污染（感染性）锐器（皮下注射用针头、手术刀及破碎玻璃等）应收集在带盖的、不易刺破的容器内，并按感染性物质处理。盛放锐器的一次性容器必须是不易刺破的，而且不能将容器装得过满。当达到容量的 3/4 时，应将其放入"感染性废弃物"的容器中进行高压蒸汽灭菌处理。盛放锐器的一次性容器绝对不能丢弃于垃圾场。

（3）可重复使用的运输容器应防漏且有密闭的盖子。这些容器在送回实验室再次使用前，应进行消毒清洁。

（4）动物病原微生物实验室废弃的所有感染性材料必须在实验室内清除污染、高压蒸汽灭菌。

（5）高压蒸汽灭菌是清除污染时的首选方法，涉及病原微生物、动物实验的废弃物，要配备具备独立空间的高温高压蒸汽灭菌装置。需要清除污染的废弃物应装在防渗漏、防刺破、耐高温高压的容器中进行高温高压蒸汽灭菌处理。灭菌后，使用防渗漏、防刺破、易清洁的密闭运输容器运送至危险废物暂存库。

（6）所有收集容器或装置应在醒目位置粘贴相应废弃物标签，详细标明废弃物的名称、主要成分及特性、数量、产废单位、责任人、联系电话及投放时间等信息。

**4. 动物病原微生物实验室废弃物储存容器的具体要求**

（1）实验动物尸体的处理。动物实验后，不得将动物的尸体或器官随意丢弃或焚烧，实验室必须对动物尸体进行高温高压蒸汽灭菌等无害化处理，暂存在实验室设立单位指定的动物尸体存储装置内，交专业处置单位处理，并做好相关记录。

（2）生物实验产生的危险废物。应当按照国家相关规定对生物实验产生的危险废物进行分类管理，根据《国家危险废物名录》有关规定进行分类收集。

（3）涉及感染性高危险废物。含有病原体的培养基、标本和菌种、毒种保存液等应及时经高温高压蒸汽灭菌或化学消毒剂灭菌灭活处理后，再按感染性高危险废物的管理要求收集在废弃物专用垃圾袋中，暂存在实验室设立单位指定的危险废物暂存库，然后交专业处置单位处理，并做好记录。

（4）容易刺伤或割伤人体的损伤性废弃物。注射针头、手术刀片、载玻片、玻璃安瓿等必须收集在利器盒中。

（5）危险化学品废弃物。

①化学废液按化学品性质和化学品的危险程度分类进行收集，使用专用废液桶盛装；废液桶上须按要求贴上标签，并做好相应记录；废液桶盛放不得超

过最大容量的 80％；化学废液收集时，必须进行相容性测试；不清楚废液来源和性质时禁止混放。

②固体化学废弃物、无试剂残留的空试剂瓶、沾染化学品的实验耗材等，分类使用专用储物袋、储物箱统一存放，须按要求贴上标签，并做好相应记录。

③剧毒化学品管理实行以"五双"制度，即"双人保管、双人领取、双人使用、双把锁、双本账"为核心的安全管理制度；剧毒废液和废弃物要明确标识，并按剧毒化学品相关管理规定收集和存放。

④废弃化学品须在原瓶内存放，保持原有标签，并注明是废弃化学品，禁止将未开封且在有效期内的试剂当作危险废物处理。

⑤含卤素的有机废液、含汞的无机废液、含砷的无机废液和含一般重金属的无机废液应单独收集，不可与其他废液混存，然后交专业处置单位处理，并做好相关记录。

（6）放射性的废弃物。动物病原微生物实验室具有放射性的废弃物（含废弃放射源）要单独申报，在具备隔离防护措施的条件下，联系具有专业资质的企业进行回收处置。

（7）其他废弃物。动物病原微生物实验室加强废气过滤、废液缓冲和无害化处理设施等条件建设，严禁将未达到国家安全排放标准的废气、废水排放到环境中，动物病原微生物实验过程中产生的废气，须达到国家安全排放标准。

## 第三节　动物病原微生物实验室废弃物处置要求

实验室设立单位应成立相关机构管理实验室危险废物，规定所有人员的职责、权力和相互关系。安排专业人员，依据实验室人员的经验和职责对其进行必要的培训和监督，指定一名负责人，赋予其监督所有活动的职责和权力，包括制定、维持、监督实验室年度计划的责任，防止不安全行为或活动的权力，直接向制定实验室政策和掌握资源的管理层报告的权力。实验室指定实验室废弃物处置负责人，其负责制定并向实验室管理层提交活动计划、安全及应急措施、废弃物移交。对实验室废弃物处置人员进行相关知识培训、为实验室废弃物处置人员配备必要防护用品。

实验室需建立健全"源头严防、过程严管、后果严惩"的危险废物监管体系。这也就意味着，产废单位要负责固体废弃物的"从生到死"，无论哪一个环节出了问题，污染了环境或造成生态破坏，产废单位都有承担连带责任的风险。而产废单位建立起全流程规范的固体废弃物管理制度，是降低责任风险的唯一方法。

监督管理部门应强化政策解读与监督指导，定期检查实验室废弃物的相关工作，办理危险废物备案手续，委托有资质单位转移及处置废弃物，并建立处置实验室废弃物相关资料档案。

## 一、具备危险废物处置合规四要素

**1. 危险废物管理计划** 实验室设立单位依据生产计划和产废特征，编制危险废物管理计划，指导全年危险废物管理并向当地环保局备案。

**2. 危险废物转移计划** 根据当地管理部门的要求，编制危险废物转移计划。

**3. 危险废物转移联单** 根据要求规范填写联单相关信息。

**4. 危险废物管理台账** 根据法规和当地管理部门的要求，以及实验室设立单位危险废物管理的需要，如实填写危险废物产生、收集、储存、转移、处置的全过程信息。

## 二、动物病原微生物实验室废弃物转移处置要求

实验室废弃物暂存点按要求配备专人管理并对送达的实验室废弃物进行预检、登记，标签信息不清、不全等未达盛装或分类要求的不予接收。对信息不完整、分类不清晰、没有封存、包装破损、存在安全隐患的危险废物不予接收。实验室废弃物回收时须按危险废物类别分别称重，并做好登记工作。

产废单位要指定专人负责实验室废弃物登记和转移处置等工作，根据实验室废弃物产生情况与专业公司签订危险废物转运和处置合同，并根据危险废物产生量及时向环保部门申报，办理转运事项、协调转运过程，并根据危险废弃物产生的量，定期安排转运，并根据实际需要增减转运次数。

### 1. 严格遵守运输要求

（1）使用专用运输车辆和专业人员。企业需遵守国家有关危险货物运输管理的规定，禁止将危险废物与旅客在同一运输工具上载运。运输工具和相关从业人员的资质需符合《道路危险货物运输管理规定》《危险化学品安全管理条例》等法律规范的有关规定。道路危险货物运输经营需获得《道路运输经营许可证》，非经营性道路危险货物运输需获得《道路危险货物运输许可证》。

（2）采取污染防治和安全措施。企业运输危险废物必须采取防止污染环境的措施，并对运输危险废物的设施、设备和场所加强管理与维护。运输危险废物的设施、场所必须设置危险废物识别标识。禁止混合运输性质不相容而未经安全处置的危险废物。

（3）危险废物道路运输车辆应配置符合规定的标志。车辆车厢、底板等硬件设施应具有密封性同时便于清洗；车辆应配备相应的捆扎、防水、防渗和防

散失等用具以及与运输类项相适应的消防器材；车辆应容貌整洁、外观完整、标志齐全，车辆车窗、挡风玻璃无浮尘、无污迹。车辆车牌号应清晰无污迹。

**2. 严格遵守转移要求**

（1）报批危险废物转移计划。产废单位在向危险废物移出地环境保护行政主管部门申领危险废物转移联单之前，须先按照国家有关规定报批危险废物转移计划。

（2）遵守危险废物转移联单制度。转移危险废物的，应当执行危险废物转移联单制度，并通过国家危险废物信息管理系统填写、运行危险废物电子转移联单，并依照国家有关规定公开危险废物转移相关污染环境防治信息。

（3）未经批准不得跨省转移储存、处置及利用。按照《中华人民共和国固体废物污染环境防治法》第二十二条规定，转移固体废物出省、自治区、直辖市行政区域储存、处置的，应当向固体废物移出地的省、自治区、直辖市人民政府生态环境主管部门提出申请。移出地的省、自治区、直辖市人民政府生态环境主管部门应当及时商经接受地的省、自治区、直辖市人民政府生态环境主管部门同意后，在规定期限内批准转移该固体废物出省、自治区、直辖市行政区域。未经批准的，不得转移。转移固体废物出省、自治区、直辖市行政区域利用的，应当报固体废物移出地的省、自治区、直辖市人民政府生态环境主管部门备案。移出地的省、自治区、直辖市人民政府生态环境主管部门应当将备案信息通报接受地的省、自治区、直辖市人民政府生态环境主管部门。

**3. 合法处置产生的危险废物**

（1）自行利用、处置时，应依法进行环评并严格遵守国家标准。产废单位自行利用、处置产生的危险废物时，应对利用、处置危险废物的项目依法进行环评，并定期对处置设施污染物排放进行环境监测。其中，对焚烧设施二噁英排放情况，企业每年至少监测 1 次。处置还应符合《危险废物填埋污染控制标准》（GB 18598—2019）、《危险废物焚烧污染控制标准》（GB 18484—2001）等相关标准的要求。

（2）委托第三方处置时，应核查第三方资质。产废单位不得将危险废物提供或者委托给无经营许可证的单位进行收集、储存、利用、处置的经营活动。危险废物经营许可证按照经营方式，分为危险废物收集、储存、处置综合经营许可证和危险废物收集经营许可证。产废单位需核查第三方处置单位具有的危险废物经营许可证类别以及许可证所记载的危险废物经营方式、处置危险废物类别、年经营规模、有效期限等信息，确认第三方处置单位具有处置资质和能力。

根据"两高环境污染刑事案件司法解释"，非法排放、倾倒、处置危险废物 3t 以上就判刑了。

# 第十五章

## 动物病原微生物实验室记录档案管理与信息化

### 第一节　动物病原微生物实验室记录管理

动物病原微生物实验室的记录与实验活动开展同步进行，贯穿整个实验管理的全过程，是实验活动管理的见证材料。

#### 一、记录管理的目的

动物病原微生物实验室按照实验活动内容不同，记录文件的数量和种类也不尽相同。但是，记录文件作为专门档案的一种，区别于常规的文书、财务、科技等档案的管理，又有相互交叉之处。其档案管理的主要目的是全面、真实地记录实验室工作和管理的全部流程，通过对每个环节的记录，确保遵守国家对动物病原微生物实验室的普遍性的规范要求（陈志强等，2021；丁宇等，2021）。

实验室记录管理水平是检验科研活动规范开展的标尺，一定程度上反映了实验室的规范程度，它兼有程序保障和档案查考两项功能，具有原始性和凭证性，能够直接影响和反映实验室日常运行状况。做好动物病原微生物实验室记录管理工作，能够实现对实验活动全过程的有效监控，对于完善运行体系、查漏补缺起基础性作用（代晓婷等，2020；陈棣莊等，2018；康俊升等，2018）。它是动物病原微生物实验室管理过程中的一项长期性、基础性工作。

#### 二、实验室记录的内容

纵观病原微生物实验室的管理要素，每个管理要素都涉及记录文件，而且《实验室　生物安全通用要求》（GB 19489—2008）、《病原微生物实验室生物安全通用准则》（WS 233—2017）都要求原始记录应真实并可以提供足够的信息，保证可追溯性，所有记录还应易于阅读、便于检索（姜鲲等，2020；杨凤华，2017）。

梳理病原微生物实验室活动与记录文件的数量关系会发现，生物安全防护级别越高，记录文件数量会明显增多，而且记录文件也更加规范（图 15-1）。

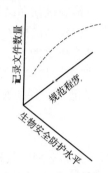

图 15-1　实验室防护与记录文件数量和规范程度关系

从管理要素来划分记录文件，记录文件主要分为风险评估、人员管理、安全计划、实验室仪器设备管理、危险废物处置、菌毒种管理、突发事件处置、科研活动管理。

### 三、实验室记录的基本要求

实验室原始记录是实验活动过程真实性的重要证据，是反映实验室生物安全管理能力的依据。根据开展实验活动内容的差异、生物安全防护级别的不同，病原微生物实验室实验记录的种类和数量有明显不同，记录的侧重点也有差异。《病原微生物实验室生物安全管理条例》对记录管理的要求是"实验室应当建立实验档案，记录实验室使用情况和安全监督情况。实验室从事高致病性病原微生物相关实验活动的实验档案保存期，不得少于 20 年"。

《实验室　生物安全通用要求》（GB 19489—2008）对病原微生物实验室的记录有如下要求：①应明确规定对实验室活动进行记录的要求，至少应包括记录的内容、记录的要求、记录的档案管理、记录使用的权限、记录的安全、记录的保存期限等。②保存期限应符合国家和地方法规或标准的要求。③实验室应建立对实验室活动记录进行识别、收集、索引、访问、存放、维护及安全处置的程序。④原始记录应真实并可以提供足够的信息，保证可追溯性。⑤对原始记录的任何更改均不应影响识别被修改的内容，修改人应签字和注明日期。⑥所有记录应易于阅读，便于检索。⑦记录可存储于任何适当的媒介，应符合国家和地方的法规或标准的要求。⑧应具备适宜的记录存放条件，以防损坏、变质、丢失或未经授权的人员进入。

通过梳理《实验室　生物安全通用要求》（GB 19489—2008）对记录文件的要求，不难发现，原始性、真实性和溯源性是实验室记录最基本的要求。

### （一）原始性

病原微生物实验室尤其是检测和校准实验室，原始记录是检验过程中形成的记录，属于技术记录，是实验室检验过程和结果的真实反映，是编辑出具检验报告的基础和依据，是检验人员和检测机构依法从事检验活动的证据，要求信息客观、充分，记录要完整和具有可溯源性。《检测和校准实验室能力认可准则》（ISO/IEC 17025：2017）要求：检验原始记录是原始的观察结果、数据和计算，应在观察或获得时予以记录，并应按特定任务予以识别（邓协和等，2004；杨剑坤等，2017）。

### （二）真实性

记录是伴随实验活动过程而产生的对相关数据信息进行的系统性收集，数据信息的记录必须是实验活动过程中仪器设备的真实输出，要求真实、准确，不允许失真、造假。为确保真实性，记录应至少包含下列信息：①样品名称、类型、编号等基本信息；②检验方法依据；③检验项目；④检验所使用的仪器设备名称、型号和编号；⑤实验环境条件及检验日期；⑥检验结果、数据及其计算；⑦检验人员和审核人员签字。

### （三）溯源性

原始记录是实验活动记录的第一手资料，环境条件、检验方法、使用仪器、仪器设置、结果信息等均应能在原始记录中得到溯源，并确保该实验活动在尽可能接近原条件的情况下能够重复。

## 四、目前实验室记录主要存在问题

### （一）实验人员的记录管理意识需提升

虽然《实验室　生物安全通用要求》（GB 19489—2008）、《病原微生物实验室生物安全通用准则》（WS 233—2017）等标准规范对实验记录做了要求，尤其是检测类实验室一般设置有专门的档案管理人员，但是实验人员往往只注重实验过程本身，监督管理人员更多地关注实验人员操作的规范性，再加上档案管理人员通常由综合业务科人员兼职，实验人员在工作时间和精力分配上存在一定的不足，导致记录的不完善（傅德慧等，2014；田彩芬等，2015；杨凤华等，2017）。

同时，由于实验室大部分档案的产生和使用对象均为实验人员，如果其档案责任意识不足，在填写相关记录时未规范填写或者未填写，后期管理人员进行档案收集整理和移交时不规范，实验周期结束未进行档案核查，将会对档案的真实性和溯源性造成重要影响。

### （二）实验室档案有效利用不足

实验记录规范后还要及时复盘，通过检查记录，查找管理中的漏洞，对于完善运行体系、查漏补缺起基础性作用。而目前实验室档案仅停留在收集存储阶段，大部分实验室未建立电子档案，仍然以纸质载体进行归档，只是单纯地对档案进行收集和归档，缺少对档案的科学分析、归纳，不利于资料的查找和保存，档案多处于封闭或者半封闭状态，限制了档案中数据的利用和开发，反而使档案成为实验室发展的累赘（高树花等，2020；马金等，2020）。

# 第二节　动物病原微生物实验室档案管理

## 一、档案管理的目的

档案是阐明实验室所取得的结果或者提供所完成某项活动的证据文件，它是实验室所从事的活动的再现性、可溯性以及见证性的反映，尤其是对于实验室审核，不论是内部评审还是外部评审，记录查看是审核的重要手段之一，而且审核人员通过查阅实验室的记录文件，能够很好地了解实验室的日常运作情况。除了满足审核要求外，记录也是反映实验室质量管理、技术能力的证据之一，做好记录文档的管理，也便于实验室对自身的宣传。

## 二、档案管理的范围

由于领域的特殊性，动物病原微生物实验室档案也有其自身的特点，档案的产生与实验活动周期密切相关。

病原微生物实验室档案服务于日常管理与溯源，特别是其作为生物安全实验室和检测实验室的资质认定及评审的最直接证据，要求其档案充分、全面、准确、客观。各类病原微生物实验室在实验室规模和防护级别上存在差异，但各类实验室在整体构建和运行管理上的通用要求是一致的，档案管理的规范要求也是相似的。

实验室档案不仅包括了实验活动中产生的各类记录文件，而且涵盖了动物病原微生物实验室实验设施设备、风险评估、程序文件、预防措施、纠正措施、持续改进、管理评审、内部评审、人员管理、安全计划、安全检查等所有涉及的管理要素类档案。结合实验室资质认证和评审要求，病原微生物实验室档案可以按照硬件和软件进行划分，也可以按照实验室通用要求进行划分，主要包括人员档案（包括各类人员情况、培训情况等）、管理体系类档案［包括风险评估报告、管理（质量）手册、程序文件、作业指导书等］、仪器设备类档案（仪器的签收、维护、检定检测、使用记录等）、实验原始记录档案（检测类实验室主要为原始检测凭证、分析报告等）、管理体系原始记录类档案（管理评审、内部评审、认证认可评审等）和实验室对外联络的收发文类档案。

实验室建设至试运行阶段的档案文件：实验室审批文件、环境影响评价审批文件、工程验收文件、实验室备案文件。涉及的内容包括实验室建设工程档案、计量认证、实验室认证认可情况、批准从事高致病性动物病原微生物实验活动的文件和实验室备案的相关材料。

实验室运行阶段：实验活动审批文件、管理制度文件、人员信息（健康档案）、培训记录、实验活动记录、菌毒种记录、安全监督文件、质量控制记录和设施设备记录文件。涉及的内容有生物安全管理手册、程序文件、拟操作动物病原微生物的风险评估报告（适时更新）、生物安全防护措施、针对拟操作的动物病原微生物的标准操作程序、针对实验室仪器设备和设施使用的标准操作程序等材料；实验室生物安全管理制度、实验活动管理制度、安全保卫制度和措施、实验室废弃物处理制度、菌（毒）种保藏（存）管理制度、危险化学品储存与使用管理制度、仪器设备使用管理制度、消毒管理制度、突发事件应急预案、生物安全工作内部自查制度、生物安全管理人员及实验室人员培训考核制度、实验室人员实验安全准入规定、实验室人员个人防护制度、实验（用）动物管理制度等；实验室人员生物安全培训记录、实验室人员经过专业技术培训记录、实验室人员经过实际操作技能培训和演练记录等材料；实验项目生物安全审批记录，实验计划审批记录，实验室实验活动记录，实验室受控文件的发放记录，菌（毒）种和样本的引进与审批记录，实验室菌（毒）种和样本的保存、使用、流向和销毁记录，实验室生物安全自查记录，消毒液配制与使用记录，清场消毒效果检测记录，关键防护设备定期检测与维护记录，仪器设备的使用维护记录，实验室人员健康记录，实验（用）动物采购记录，实验（用）动物无害化处理记录，实验室废弃物的收集与处置等资料。

## 三、档案管理的新趋势

档案管理信息化、数字化将给病原微生物实验室档案管理带来新的突破，将档案收集形式转变为纸质资料收集与电子档案收集相结合的方式，大大提升了档案信息收集的工作效率。根据实验室管理要素的不同，实验室运行过程中，借助于实验室信息管理系统（Laboratory Information Management System，LIMS系统），一部分实验记录就以数字化的形式存储在本地服务器中，形成数字化档案。同时，一部分纸质档案资料扫描后形成了电子档案，在档案管理信息筛选和分析环节占有一定优势，极大地提高了档案管理工作的效率（王娜等，2017；孟庆玉等，2018）。纸质档案逐渐向数字化、电子化转变，是纸质档案的有益补充。

数字化档案形成过程中，档案管理人员可以通过实验室管理系统进行汇总整理，并及时进行审核和归档，显著缩短了档案归档时间。数字化档案的建立，改变了纸质办公的局限性，便于实验人员在实验周期内随时调取查阅，也有利于管理人员通过在线系统传输数据更好地了解实验室管理状况。

## 四、档案管理目前存在的问题

### (一) 档案门类和数量繁杂

由于实验室档案反映的是病原微生物实验室开展实验活动的全过程，其重要环节和影响因素均纳入了档案管理的范围，涉及的档案类别较多。有人员管理类、仪器设备类、物料管理类等，其产生的数量会随着开展实验活动的数量增加而成倍增加，归档管理也会随着实验室管理要求的变化而不断变化，需要耗费大量的人力、物力。在实践中往往容易出现漏归、迟归的问题。

### (二) 档案管理意识有待提升

生物安全三级及以上实验室、通过认证认可的检测类实验室由于有认证认可的强制性，实验室机构一般都设有专门的档案管理人员。但除此以外的其他病原微生物实验室通常没有明确档案管理人员，科研人员仅注重实验活动本身而导致档案收集和归类不规范，其档案管理意识往往不足，在日常管理中，通常会发现这类实验室很少有规范的档案管理体系，实验室档案整理主要是应对实验室的各类检查，大部分都是被动的档案管理。以菌（毒）种管理档案为例，大部分实验室自行保管的三类、四类病原微生物库存不清楚，遗传背景不清晰，存在重实验操作、轻研究利用的情况。对菌（毒）种档案资料的挖掘不足，从而使菌（毒）种资源的开发和使用也不充分。对于管理部门而言，也无法准确、全面掌握实验室机构的菌（毒）种保存使用情况，需要进一步加强实验室档案管理培训，增强管理责任意识，不断提高实验室档案规范化和标准化。

## 五、档案管理的注意事项

### (一) 将档案管理融入实验室日常管理

为切实提高档案管理工作，实验室管理部门有必要将实验室档案管理制度纳入体系文件中进行详细规定，制定档案收集归档核查程序，借助内部评审会议或者自查的形式，对档案管理工作及时予以调整和修改，由档案人员和实验人员共同拟订修改完善，为提升实验室整体管理水平做出贡献。

### (二) 重视档案管理工作

一方面，要加强基础设施建设，配备专门的档案场所、办公设备，确保实验室运行过程中的档案能及时安全归档，减少后期断断续续归档的时间、精力损耗；另一方面，要明确实验室档案管理的责任，实验室负责人作为实验室档案管理的第一责任人，监督档案管理制度的执行情况。实验室全体人员要树立档案管理关系实验室数据原始性和溯源工作的思想，经常性地沟通交流，由档案管理人员牵头对不适用的管理流程进行梳理改进，对于不具备操作性的内容予以修改，对于有新要求的内容予以添加，要特别加强与实验人员的沟通，从提高整体工作效率的角度，加强日常档案规范化和标准化。

## （三）注重实验室文化建设

作为实验室运行的重要组成部分，营造良好的实验室文化氛围，既有利于实验人员主动参与到实验室运行管理中，又有利于激发管理人员探索创新工作方式。只有实验人员与管理人员积极配合，才不至于让管理制度仅停留在实验室制度条文上。

## （四）档案信息安全

病原微生物实验室档案资料，尤其是在国家公共卫生应急反应体系与生物防范体系中占据着重要核心地位的国家高级别生物安全实验室的核心数据信息，是实验室的资源，甚至某些实验室数据属于国家科研秘密。根据《中华人民共和国保守国家秘密法》的规定，这些档案资料的泄露会对国家医学科学研究和国家公共卫生安全造成严重损害，对国家声誉和公民权益造成严重损害，对省级以上行政区域社会安定造成严重影响，对国际卫生交往工作造成严重损害，对国家卫生信息安全造成严重损害。特别是 2020 年 10 月 17 日新颁布实施的《生物安全法》，在第五章特别规定了"实验室生物安全"的内容，病原微生物实验室信息安全作为实验室生物安全的重要环节之一，应该更加得到重视。

# 第三节　动物病原微生物实验室信息化管理

实验室信息管理系统（LIMS）由计算机（服务器）及其相关配套设施设备（含网络）和软件构成，以实现对实验室获得的数据和信息（包括计算机及非计算机系统保存的）进行管理，具有根据实验室管理规则对数据和信息进行采集、记录、报告、存储、传输、检索、统计、分析等处理功能，是实验室信息化的核心，其通过管理实验室活动全过程数据信息实现实验室工作流程规范化执行。实验室信息化是现代实验室的重要组成部分，将信息科技融入实验室管理工作，积极推广信息化建设是完善实验室日常管理工作的一大创新措施（聂真真等，2019；徐建昊等，2021；郭丽平等，2021）。

## 一、实验室信息化发展历程

最早提出实验室信息化标准指南的是美国材料与试验协会（American Society for Testing and Materials，ASTM），其发布的 ASTM 1578《实验室信息管理系统（LIMS）指南》详细阐述了实验室信息化发展的进程，以及实验室信息管理系统的功能范围、系统设计、实施建议、系统部署、系统集成、系统安全等。该标准是与 LIMS 建设相关的最主要的标准，其最新版本为 ASTM E1578-18，随着实验室种类的增多，由此也不断演化出适用于不同领域的实验室管理子系统。

我国实验室信息管理的通用标准《智能实验室　信息管理系统　功能要求》（GB/T 40343—2021）由中国机械工业联合会提出，由全国实验室仪器及设备标准化技术委员会归口，发布于 2021 年 8 月 20 日，实施于 2022 年 3 月 1 日。该标准规定了智能实验室信息管理系统的功能模型、核心功能要求、通信功能要求和系统管理功能要求，介绍了智能实验室信息管理系统的扩展功能。该标准适用于不同领域智能实验室的信息管理系统，其他应用于实验室的信息系统可参照使用。该标准也可作为实验室信息化改造、智能实验室建设的指导。

由国家认证认可监督管理委员会提出并归口的《实验室信息管理系统管理规范》（RB/T 028—2020）和《检测实验室信息管理系统建设指南》（RB/T 029—2020），主要适用于检验检测机构对 LIMS 设计、建设、使用、维护以及退役等方面的管理要求。对检测实验室信息管理系统建设中的项目启动、需求分析、系统设计、系统构建、系统实施、系统运维和系统更新等方面的具有指导作用。

纵观实验室信息化发展历程，能够清晰地看到在从事检验检测的实验室率先建立并正在逐步形成行业标准和规范。而动物病原微生物实验室除了检测类实验室，大部分实验室的信息化建设相对迟缓，目前尚未有行业统一的标准规范。

## 二、动物病原微生物实验室信息化现状

目前，科研院所病原微生物实验室信息化管理程度普遍不高，实验过程中涉及的管理要素大部分都是以纸质形式为载体进行传递，不便于对项目审批情况、合同状况、实验活动进度、仪器设备预约使用情况以及人员管理等实验室相关信息进行实时快速、全面准确的掌控。实验室在正常运行过程中，这种不适应当前实验室管理工作需要的现状，引入实验室信息化管理平台就显得尤为重要（陶庆萍，2015）。

当前随着《生物安全法》的实施，对实验室的管理也提出了新的要求，国家持续加大对科学研究的投入，实验室设施设备不断增加，从事病原微生物实验室研究的人员也在增加，行业也更加细分。这些都给科研院所的实验室安全管理提出了新的、更高的要求。

随着信息化行业的边界不断被打破，实验室管理信息化建设也在进行着积

极的探索。目前，国内许多高校已经在实验室管理信息化建设和管理方面取得了不错的成就，但科研院所的实验室管理信息化建设整体而言尚未取得理想效果。目前，科研院所的信息化建设多集中于科研、财务、人事等传统型办公管理系统（Office Automation，OA）的升级改造，如何通过信息化手段，加快实验室安全管理体系的"全局性""系统性""科学性"建设和应用，从源头把控、建立防控体系、切实提高科研院所实验室安全管理水平是当前面临的重要问题。

党的十九大报告中多次提出"信息化建设"，将信息化的建设与管理作为我国数字化创新的一种新型社会工作模式，要大力发挥信息化模式在我国社会经济发展与建设中的重要作用。随着 LIMS 的逐步推广和"放管服"政策的逐步落实，LIMS 在病原微生物实验室的应用将越来越广泛，将在很大程度上提高实验室的管理水平和工作效率。但由于实验室认可准则对原始记录的要求限制，再加上某些实验室对实验信息安全性、实验室建设成本的考量，LIMS 在实际部署过程中进展相对缓慢。

实验室信息化管理在病原微生物实验室未来发展中具有重要作用，能使实验室管理更加智能化、便捷化、直观化。

## （一）实验室运行范式化

病原微生物实验室无论承担科研还是检测业务，在实验室管理要素方面，如规章制度、实验室建设规范、人员培训、设施设备运行、实验危险废物处置、档案材料保管、应急预案制定与演练、监督检查等方面，可执行《病原微生物实验室生物安全通用准则》（WS 233—2017）。

动物病原微生物实验室按照业务功能或者生物安全防护水平不同，主要管理系统可以划分为检验检测类、科研类和生物安全类。借助各自管理体系文件中的程序性文件（或作业指导书）分析其实验活动工作流程或者业务流程，都可以梳理出标准化的流程。

因为实验室基本工作流程比较接近，所以所有基于 LIMS 的信息化管理的基本功能比较容易实现。具体到每个实验室，根据其业务开展和行业特点，在基本功能的基础上开发拓展功能。

## （二）管理要素边界清晰

无论是检测类病原微生物实验室，还是科研类病原微生物，不管实验室注重的是质量控制还是生物安全，所有的管理要素都用明确的可量化指标。在检测类病原微生物实验室的管理体系中，以检测过程管理中质量控制为例，从业务受理、合同评审、任务指派、结果录入、结果复核、留样管理等流程，都有详细的程序性文件来指导作业，整个检测过程都有规范可以依据。同时，检测实验室方法管理、报告管理、质量控制、仪器设备管理、物料管理、供应商评价、人员管理等都可以依据实验室认可标准和业务流程建立信息化管理平台，从而实现标准规范、方法管理、检测流程和数据管理、仪器数据采集和状态监测、线上审批、物料控制、现场管理和数据分析挖掘等业务范围内全部信息化管理。

### （三）信息化管理的优势

通过推进实验室信息化建设，一方面，可利用先进信息技术，对实验室信息数据开展信息化管理，依托大数据技术对实验室数据信息建立实验室运行的数据库，囊括实验室管理的所有管理要素，尤其是开展实验活动过程中的数据信息及时在数据库中进行存储。实验人员可以随时从数据库中获取数据信息，依托大数据分析手段可有效提升实验室信息数据管理质量、效率，在实现信息共享的同时，将关键信息传输到本地终端中。另一方面，依托先进信息技术还可建立完善实验室准入制度、仪器预约管理、物料管理网络平台，实现对仪器设备、人力资源的配置和整合，并进行统筹规划和管理，加强精细化管理。

### （四）实验室信息化涉及的关键技术应用

我国病原微生物实验室生物安全是在近20年才开始建章立制并逐渐规范化管理，是在硬件设施薄弱、信息化发展极其缓慢的基础上推动病原微生物实验室管理跨越式发展的。实验室信息化在此外部环境下，被赋予了更多的顶层设计思想和更高期望。实验室信息化需要充分利用信息技术，包括基于信息交换和通信的物联网技术、云平台技术及大数据技术，使得实验室管理系统的运转更加有效、更加集成，以期达到实验室管理更规范、风险更可控和业务更安全的目标。目前，推动实验室信息化发展涉及的关键技术主要包括以下几点。

**1. 物联网技术应用**　物联网是面向实体物理世界，实现实体物理世界的主动、有组织的管理，借助网络互联和信息共享系统，实现万物互联。在实验室信息化建设和管理中，物联网技术主要用于实验室内设施设备统一管理、仪器预约、安防系统、门禁系统等。

病原微生物实验室各项运行指标以及设备参数都可以通过物联网技术接入实验室管理系统中。《实验室　生物安全通用要求》（GB 19489—2008）中对实验室环境监测指标有严格要求，如实验室温度应控制在18～26℃，噪声应低于68dB，相对湿度为30％～70％。同时，对实验室核心工作间的气压也有要求，通过空调通风系统控制实验环境的压差。对非经空气传播的致病菌的实验室，与室外大气压压差（负压）不小于30Pa，与相邻区域压差（负压）不小于10Pa；对经空气传播的致病菌的实验室，与室外大气压压差（负压）不小于40Pa，与相邻区域压差（负压）不小于15Pa。实验室的仪器设备种类多、数量大，有的仪器需要定期检定、校准、期间核查、定期维护以保障这些仪器不影响实验结果的准确性和可靠性。有的设备，如高压蒸汽灭菌器属于特种设备，需要严格管理，定期检定。有的设备，如生物安全柜，需要定期检查过滤系统、风速是否达标，只有检测指标符合标准要求才能正常运行。这些参数指标同步到实验室管理系统中，通过物联网技术的应用，实验室管理人员借助实验室信息化系统，能够对仪器设备从采购到报废进行全过程动态跟踪管理，详细掌握设备的运行状态。仪器设备的检定和维护信息能够按照设定推送给实验室管理人员，避免出现逾期问题。实验人员通过实验室信息化系统能更加方便地查询仪器设备的各种运行情况，合理安排预约时间。

**2. 云平台技术应用** 云平台作为传统计算技术和网络技术融合发展的产物，具有资源配置动态化、需求服务自助化、服务器利用率高等特点。云平台在数据安全存储、服务器安全可靠方面的优势，更适合应用于病原微生物实验室信息化技术支撑平台。当实验室有多种业务形态存在，打开云平台管理数据中心的所有服务器后，当资源池中任何一个计算节点出现故障时，会自动切换到其他进程的计算节点，不会造成数据中心业务的宕机。宕机上的虚拟机，在网络出现故障时，自动发生迁移；同时，云平台支持实时监测群集内计算节点的负载状态，根据灵活的调度算法，动态迁移云主机以均衡群集负载，优化业务运行性能，提高应用服务器的稳定性。

云平台可以将要管理的服务器集群化、存储系统池化。数据中心任意一台服务器均可加入集群的池中，作为云平台的一个结点。该集群的服务器可以进行统一管理，即使实验室业务种类增加、并发数据量增加，后期也十分方便进行系统扩展。这对于集群的服务器存储系统也提出了新的要求，利用存储系统池化的方式可以动态地分配存储资源。对于该结点上新建的虚拟服务器可以随业务的负载，动态地调整虚拟服务器的计算资源来提高服务器的性能。

**3. 大数据技术应用** 大数据技术应用突破了传统对于结构化数据管理的限制，继承了统计学的优点，对于数量巨大的数据做统计性的搜索、比较、聚类和分类归纳分析，更多地关注数据与业务间的关联关系，关注多媒体、海量、复杂数据的挖掘分析和历史相关数据的比较分析。目前，鉴于实验室信息化程度较低，在数据资源的深度挖掘方面还有巨大空间。

**4. 超融合技术** 超融合就是在虚拟存储区域网（virtual storage area network，VSAN）的基础上发展而来的，它是将 CPU、内存、存储、网络、虚拟化整合在一台设备上，克服传统的 I/O 瓶颈。超融合架构打破了传统的服务器、网络和存储的孤立界线，实现一个统一的超融合基础架构（hyper-converged infrastructure，HCI）形态（王明昊等，2021；朱彦霞等，2021）。HCI 是指在同一套单元设备中不仅具备计算、网络、存储和服务器虚拟化等资源及技术，而且包括缓存加速、重复数据删除、在线数据压缩、容灾备份、快照技术等元素，而多节点可以通过网络聚合起来，实现模块化的无缝横向扩展，形成统一的资源池。

超融合基础架构继承了融合架构的一些特性，同样都是以通用硬件服务器为基础，将多台服务器组成含有跨节点统一储存池的群集，来获得整个虚拟化环境需要的效能、容量扩展性与数据可用性，可通过增加群集中的节点数量，来扩充整个群集的运算效能与储存空间，并通过群集各节点间的彼此数据复制与备份，提高对数据的保护能力和数据的可用性。为了能灵活地调配资源，超融合基础架构也采用了以虚拟机为核心，软件定义方式来规划与运用底层硬件资源，然后向终端用户交付需要的资源。

超融合基础架构由于把运算与储存融合在一台设备，每台超融合设备都含有独立、完整的运算及储存硬件资源，所以每台设备也就构成了一个独立的基础单元。通过丛集架构，用户可以以一台超融合设备为单元，以堆叠的方式将更多的节点加入丛集中，来扩展整个超融合基础架构丛集的容量。

服务器虚拟化，通过对硬件资源的池化及虚拟资源的统一管理，为实验室业务提供安全可靠的计算、存储、网络、容灾备份服务，构建利用率高、扩容性好的虚拟化数据中心。

网络虚拟化，基于软件定义网络（software defined network，SDN）的设计理念，提供传统应用、新型应用所需虚拟网络环境，实现网络资源的统一编排。具备完整的逻辑网络和安全性扩展能力，其中包括虚拟交换、路由、防火墙、监控和排障功能，提升数据中心的敏捷性、安全性及扩展性。

分布式文件存储系统，与服务器虚拟化（server virtualization，SV）结合使用时，可以在虚拟化或云平台中管理存储资源。基于 SAN（storage area network）特有的自适应条带化、AI（artificial intelligence）缓存算法、存储分卷、多副本机制、双活集群设计等诸多技术，提供极简、稳定、高性能的存储服务，满足各行业关键业务的存储需求。

## 三、实验室信息化建设基本要求

### （一）硬件系统

规划部署硬件系统是实验室信息化建设的关键一步，需要实验室管理部门根据实验室目前需求和未来几年的发展预期配备专用硬件设施。同时，考虑到近年来移动互联网的快速发展，在布局网络环境时，除了传统的 PC 端，手机端逐渐成为信息化管理的一个重要终端设备。

实验室信息化管理是对实验室活动的全过程管理，系统运行时每天产生大量的专业领域数据，在实际运行中，实验室管理系统可能会根据业务发展需要，对系统进行扩展。硬件系统在选择时要做好冗余设计或者分期规划部署。总体而言，服务器一般都采取一用一备的方式或者一用多备的方式，即服务器中有业务系统，用于实时传输相关的数据信息，用户可以随时登录操作办理业务，也有备份系统，用于对运行过程中存储产生的数据，根据数据重要性，可能采取多份备份。

**（二）软件系统**

病原微生物实验室根据实验室日常活动设立单位管理人员，合理划分实验室业务模块，梳理业务流程。例如，检测实验室可以根据《检测和校准实验室能力认可准则》（CNAS-CL01：2018）中对数据控制和信息管理的要求，参考本实验室制定的《质量手册》《程序文件》《作业文件》和《记录表格》体系文件，委托开发设计符合本单位实验室工作实际的管理系统。生物安全实验室可以将管理要素分成不同的模块，以实验室生物安全为核心，利用信息技术与实验室日常运行的实际，设计实验室管理系统。实验室管理人员在系统设计之初就要提前介入，不断优化实验管理系统，突出实验室管理的重点。在参与设计的过程中，提前熟悉系统设计逻辑，方便管理人员在系统正式启用后对系统数据进行定期维护更新，保证系统正常运行。

## 四、信息化建设的注意事项

很多单位都已经引进了相对成熟的办公自动化系统、财务管理系统、人员考勤系统、科研项目跟踪系统等，这些信息系统的成功使用，给实验室管理信息化建设提供了丰富的经验。实验室信息化建设在借鉴其他系统建设经验的同时，也应从以下几方面做好规划部署。

**1. LIMS 系统功能范围**　如果是检测实验室，质量管理是实验室管理系统首先考虑的控制要素。应确保从客户提出需求到出具报告（数据）、质量监控和评价过程、实验室资源和行政活动都能够通过 LIMS 实现，且包括上述所有过程数据和结果的查询、分析、统计、报告功能（邱亮，2018）。

如果是生物安全实验室，生物安全控制则是首先要考虑的因素，LIMS 系统应该实现基于风险思维，进行人员进出控制、实验活动审批、内部评审、风险评估等管理。

在项目筹备建设之初，实验室应组织人员做好 LIMS 项目的可行性分析，以满足实验室现状及未来发展的需求，以确保 LIMS 项目在政策、财务、运行、技术方面的可行性。综合评估建设方案、建设内容、预算、进度计划、经济效益、社会效益分析等内容。确定功能模块，初步构建 LIMS 框架，在实验室业务范围内根据优先级部署相关模块进行试用。

**2. 网络安全**　《实验室信息管理系统管理规范》明确要求实验室应制定和

保持 LIMS 运行安全保障措施，保护检验数据和信息的收集、处理、记录、报告、储存或恢复，防止被意外或非法获取、修改或破坏，具体包括以下几点。

（1）应保护实验室内部和外部通过网络传输的数据，以免被非法接收或拦截。

（2）严禁在使用 LIMS 的计算机上非法安装软件，宜对计算机的 USB 接口和光驱的使用采取授权等控制措施，防止未经授权的访问和信息丢失、信息被篡改或被非法获取。

（3）应采取措施确保 LIMS 自动识别的人员与操作人员完全一致，定期更换密码、使用动态密码等。

（4）应有措施保护 LIMS 和与其互通的计算机系统（如办公自动化系统、收费系统等）间的安全，防止通过系统间非法入侵。

（5）应能够按照设计对被传输的数据进行准确性验证（包括加密后的敏感数据和非加密数据），不应危害与其互通的计算机系统内数据的安全。

在实际运行中常见的问题有：设备密码管理不规范，登录密码为设备厂商默认密码，其他服务器、中间件、网络设备、安全设备等采用弱口令问题。防火墙设备老化，软件、病毒库、特征库等较长时间未更新，安全防护效果达不到预期，防火墙未制定有效的安全策略，上网行为管理机制缺失，不能针对内网防护需求进行防御。

**3. 系统的深度融合**　大多数实验室管理系统基于办公信息化系统进行构建，将线下办理流程转换到线上，以此为指导思想构建系统架构，将检测机构日常的各种业务应用或者说实验室日常管理，划分为单独的业务功能和流程。未考虑管理系统的扩展性和与其他系统的整合，从而使实验室管理系统成为"信息孤岛"。

所以，无论哪类实验室，都要考虑实现 LIMS 系统与单位内部已有管理系统（如物料采购、办公自动化、财务系统）和外部系统（CNAS、年度审查、能力验证或者实验室间比对）的对接。在实验室安全运行信息化系统架构之初，就要规定接口协议和通信模型，以全生命周期为导向，协同办公方式为理念，大数据中心为支撑，采用物联网技术、信息技术、"互联网＋"技术，整合单位现有系统资源，推进实验室安全综合管理，整合系统资源孤岛，实现业务流与数据流对接，实验室全面动态监测管理。也方便系统投入运行后，随着业务增加，可以灵活扩展服务器性能或者外接设备，不断提升实验室管理系统硬件性能，提高系统的业务处理能力。

**4. 系统安全**　《教育部关于加强高校实验室安全工作的意见》（教技函〔2019〕36 号）中指出"提升实验室安全管理的信息化水平，建立和完善实验室安全信息管理系统、监控预警系统，促进信息系统与安全工作的深度融合。"近年来，高校也在实验室安全管理信息化道路上不断探索，国内多所一流高校已经构建了实验室安全运行信息化建设平台，基于 LIMS 内核，结合使用单位的业务流程，以实验室活动审批为主要流程，外加人员、材料管理为辅，在使用过程中不断迭代优化系统流程，已取得一些有益探索。但是，科研院所实验室信息化建设并未取得理想进展，还停留在单一业务系统的使用阶段，实验室安全意识薄弱，信息化建设任重而道远。

目前，云计算、大数据都在蓬勃发展，并与其他行业深度融合，实验室生物安全尤其是高级别生物安全实验室的关键信息保护也是潜在研究重点，生物安全与信息安全双重叠加，值得谨慎布局。脚步迈得准也要迈得稳（王美等，2015；钟冲等，2019）。

## 五、实验室信息化建设的几点思考

### （一）专门制定规则，对接制度安排

在新的发展形势下，实验室信息化建设需求旺盛，但是缺乏指导标准或指南，应对风险没有抓手。

随着现代信息技术的发展，大数据、人工智能、云计算等技术在各行业广泛应用，为实验室信息化建设带来了非同寻常的机遇，对于改善传统管理模式中信息资源共享不足、管理效率低下等问题有着重要的推动作用。但是，应该清楚地看到，在实验室信息化建设方面目前还缺乏统一标准，在推进实验室信息化建设的进程中，需要完善制度建设，通过建立实验室信息化建设准则、指南，为建立统一、规范、标准的信息化管理平台提供制度支持和约束。

### （二）交叉型人才培育

实验室信息化建设需要在建设、运行和运行维护方面有专业管理人员跟进，负责前期线上线下测试、实验人员培训、人员角色授权以及管理系统的整体维护。这就要求这类管理人员不仅对实验室运作模式、管理体系十分了解，而且要具备 LIMS 运行维护的相关能力。

### （三）分级管理，分类建设

病原微生物实验室在管理过程中实行分级管理，根据管理要素不同，对实验室进行分级。在实验室信息化建设过程中，也应考虑实验室管理平台的分类建设，相同管理要素在不同级别的实验室中，管理侧重点可能有所不同。根据病原微生物实验室安全级别不同，分别构建人员、设备、安全管理、实验活动等不同数据库，针对不同防护级别，设置网络安全策略，减少实验室外部网络威胁，提高实验室管理平台安全水平。

# 主要参考文献

陈志强，2021.实验室管理系统中电子原始记录的设计实现［J］.中国检验检测，29（2）.

代晓婷，2020.实验室记录的管理［J］.铸造工程，44（2）.

邓协和，2004.论检测原始记录［J］.现代测量与实验室管理（2）：45-48.

丁宇，2021.记录工作在基层兽医实验室检测及管理中作用［J］.兽医导刊（7）.

傅德慧，2014.实验室记录的编制与设计［J］.现代测量与实验室管理，22（6）：55-56，22.

高树花，2020.高校院部实验室档案管理方法创新探讨［J］.创新创业理论研究与实践，3（5）：148-149.

郭丽平，2021.LIMS实验室信息管理系统在水质检测实验室中的应用［J］.城市地质，16（2）：231-236.

姜鲲，2020.计量检测原始记录电子化系统设计与实现［J］.工业计量，30（4）：86-87.

康俊升，2018.基于实验室认可需要的痕迹鉴定记录规范研究［J］.海峡科学（3）：46-48.

马金，2020.浅谈档案管理对高校实验室建设和运行能力的提升［J］.教育现代化，7（12）：151-153.

孟庆玉，2018.实验室LIMS中质量控制与管理信息化模块的构建及设计需求［J］.河南预防医学杂志，29（11）：807-809.

聂真真，2019.实验室信息管理系统（LIMS）在水环境监测实验室中的应用［J］.通信电源技术，36（3）：245-247.

邱亮，2018.实验室信息管理系统（LIMS）应用研究［J］.环境科学与管理，43（2）：14-17.

陶庆萍，2015.档案信息管理［M］.南京：东南大学出版社.

田彩芬，2015.浅谈实验室的记录控管［J］.陕西广播电视大学学报，17（3）：46-48.

王美，2015.数字化实验室建设［M］.天津：天津科技翻译出版有限公司.

王明昊，2021.超融合架构在信息化校园中的应用［J］.信息技术与信息化（11）：98-100.

王娜，2017.实验室计量标准档案信息化管理研究［J］.中国计量（6）：68-70.

王群，2009.实验室信息管理系统（LIMS）［M］.哈尔滨：哈尔滨工业大学出版社.

徐建昊，2021.实验室信息管理系统的基本应用及拓展［J］.中国处方药，19（9）：29-31.

杨凤华，2017.实验室信息管理系统检测原始记录存在问题及对策［J］.中国卫生检验杂志，27（1）：145-146.

杨剑坤，刘晓海，2017.计量认证体系下的环境分析实验室日常维护管理［J］.环境科学导刊，36（S1）：89-91.

钟冲，2019.新形势下高校实验室管理［M］.成都：西南交通大学出版社.

朱彦霞，2021.一种融合分布式存储的架构设计［J］.河南科技，40（36）：22-24.

# 第十六章

# 动物病原微生物实验室安全保卫

## 第一节　动物病原微生物实验室安全保卫相关要求

### 一、动物病原微生物实验室安全保卫概述

动物病原微生物实验室安全保卫又称为动物病原微生物实验室生物安保，主要涉及动物病原微生物及样本在保存、使用、运输过程中防止失窃、抢劫、丢失、误用、泄密、转移、故意释放等方面的内容，以及因地震、洪水等自然灾害而发生安全事故等应急处置（余新炳，2015）。

病原微生物实验室由于生物安保引起的生物安全事故屡屡发生。像炭疽袭击事件在生物实验室也不断重演，一些非法分子利用生物实验室病原微生物造成社会恐慌，威胁社会安全与安定，对人员、财产、生态环境乃至国家的政治、经济、文化造成危害。2001 年，美国马里兰州德特里克堡政府生物防御实验室工作人员通过给数个新闻媒体办公室以及两名民主党参议员邮寄含炭疽杆菌的信件的生物恐怖袭击事件，最终导致 5 人死亡、17 人被感染。2014 年，亚特兰大美国联邦政府实验室发生了一起涉及炭疽杆菌的生物安全事故，事故原因是实验室人员在对活炭疽杆菌进行灭活时，没有遵循正确的程序，将可能带有活炭疽杆菌的样本转移到低级别实验室，从而使炭疽杆菌芽孢呈烟雾状散开，导致 86 名工作人员接触到高致死率炭疽杆菌。另外一起事故涉及病原微生物运输过程中的安全保卫，2014 年 11 月，几内亚红十字会的一名工作人员与人拼车，从南盖凯杜省前往康康省中部的一个实验室，随身携带了几瓶疑似埃博拉患者的血液样本，样本被密封后装在一个保温袋里。当汽车行进至吉西社古镇附近时，突然出现了 3 名骑摩托的劫匪，抢走了乘客的现金、珠宝首饰等，包括那个装了疑似埃博拉患者血液样本的保温袋，这些样本为埃博拉病毒的扩散带来巨大风险。还有一起生物安全事故是在废弃物处置过程中发生的，2007 年 8 月，英国萨里郡吉尔夫德镇一家农场发生了口蹄疫疫情，经调查，口蹄疫病毒来源于农场附近的英国

动物卫生研究所和梅里亚尔动物保健公司的两个实验室。导致这次疫情的病毒与这两个实验室保存的病毒高度同源。经过研究调查，这两个实验室共用的排污管道有破裂现象，推测是含有口蹄疫病毒的污水从裂口渗出，污染了周围的土壤，后又传播到农场（顾华，2016）。

在目前复杂的国际形势下，实验室需要格外关注和加强安全保卫工作，严格遵守相关法律法规和安全要求，并适时对现有的安全制度和标准进行调整更新以确保不发生各类危险事件。

## 二、相关法律法规对病原微生物实验室安全保卫的要求

国家对生物安全高度重视，各级管理部门制定了相关的法律法规和技术标准，保障实验室的安全运行，防止生物安全事故的发生。涉及对病原微生物实验室安全保卫工作具体要求的法律法规和技术标准阐述如下。

### （一）《中华人民共和国生物安全法》

《中华人民共和国生物安全法》于 2020 年 10 月 17 日第十三届全国人民代表大会常务委员会第二十二次会议通过，2021 年 4 月 15 日正式实施，《生物安全法》第四十九条规定，"病原微生物实验室的设立单位应当建立和完善安全保卫制度，采取安全保卫措施，保障实验室及其病原微生物的安全"。并对高等级病原微生物实验室的安全保卫做了更具体的要求，"高等级病原微生物实验室应当接受公安机关等部门有关实验室安全保卫工作的监督指导，严防高致病性病原微生物泄漏、丢失和被盗、被抢"。此外，《生物安全法》第五十条规定，"病原微生物实验室的设立单位应当制定生物安全事件应急预案，定期组织开展人员培训和应急演练。发生高致病性病原微生物泄漏、丢失和被盗、被抢或者其他生物安全风险的，应当按照应急预案的规定及时采取控制措施，并按照国家规定报告"。

### （二）《病原微生物实验室生物安全管理条例》

2004 年 11 月 12 日中华人民共和国国务院令第 424 号公布《病原微生物实验室生物安全管理条例》（以下简称《条例》），2016 年 2 月 6 日第一次修订，2018 年 3 月 19 日第二次修订。《条例》中有关生物安全保卫方面的规定，主要涉及病原微生物实验室的管理、菌（毒）种或者样本的采集、运输和保藏。具体内容如下：

**第十二条** 运输高致病性病原微生物菌（毒）种或者样本，应当由不少于2 人的专人护送，并采取相应的防护措施。有关单位或者个人不得通过公共电（汽）车和城市铁路运输病原微生物菌（毒）种或者样本。

**第十三条** 需要通过铁路、公路、民用航空等公共交通工具运输高致病性病原微生物菌（毒）种或者样本的，承运单位应当凭本条例第十一条规定的批

准文件予以运输。承运单位应当与护送人共同采取措施，确保所运输的高致病性病原微生物菌（毒）种或者样本的安全，严防发生被盗、被抢、丢失、泄漏事件。

**第十四条** 国务院卫生主管部门或者兽医主管部门指定的菌（毒）种保藏中心或者专业实验室（以下称保藏机构），承担集中储存病原微生物菌（毒）种和样本的任务。保藏机构应当依照国务院卫生主管部门或者兽医主管部门的规定，储存实验室送交的病原微生物菌（毒）种和样本，并向实验室提供病原微生物菌（毒）种和样本。保藏机构应当制定严格的安全保管制度，作好病原微生物菌（毒）种和样本进出和储存的记录，建立档案制度，并指定专人负责。对高致病性病原微生物菌（毒）种和样本应当设专库或者专柜单独储存。

**第十七条** 高致病性病原微生物菌（毒）种或者样本在运输、储存中被盗、被抢、丢失、泄漏的，承运单位、护送人、保藏机构应当采取必要的控制措施，并在 2h 内分别向承运单位的主管部门、护送人所在单位和保藏机构的主管部门报告，同时向所在地的县级人民政府卫生主管部门或者兽医主管部门报告，发生被盗、被抢、丢失的，还应当向公安机关报告；接到报告的卫生主管部门或者兽医主管部门应当在 2h 内向本级人民政府报告，并同时向上级人民政府卫生主管部门或者兽医主管部门和国务院卫生主管部门或者兽医主管部门报告。县级人民政府应当在接到报告后 2h 内向设区的市级人民政府或者上一级人民政府报告；设区的市级人民政府应当在接到报告后 2h 内向省、自治区、直辖市人民政府报告。省、自治区、直辖市人民政府应当在接到报告后 1h 内，向国务院卫生主管部门或者兽医主管部门报告。任何单位和个人发现高致病性病原微生物菌（毒）种或者样本的容器或者包装材料，应当及时向附近的卫生主管部门或者兽医主管部门报告；接到报告的卫生主管部门或者兽医主管部门应当及时组织调查核实，并依法采取必要的控制措施。

**第三十三条** 从事高致病性病原微生物相关实验活动的实验室的设立单位，应当建立健全安全保卫制度，采取安全保卫措施，严防高致病性病原微生物被盗、被抢、丢失、泄漏，保障实验室及其病原微生物的安全。实验室发生高致病性病原微生物被盗、被抢、丢失、泄漏的，实验室的设立单位应当依照本条例第十七条的规定进行报告。从事高致病性病原微生物相关实验活动的实验室应当向当地公安机关备案，并接受公安机关有关实验室安全保卫工作的监督指导。

**第六十一条** 经依法批准从事高致病性病原微生物相关实验活动的实验室的设立单位未建立健全安全保卫制度，或者未采取安全保卫措施的，由县级以上地方人民政府卫生主管部门、兽医主管部门依照各自职责，责令限期改正；逾期不改正，导致高致病性病原微生物菌（毒）种、样本被盗、被抢或者造成其他严重后果的，责令停止该项实验活动，该实验室2年内不得申请从事高致病性病原微生物实验活动；造成传染病传播、流行的，该实验室设立单位的主管部门还应当对该实验室的设立单位的直接负责的主管人员和其他直接责任人员，依法给予降级、撤职、开除的处分；构成犯罪的，依法追究刑事责任。

**（三）《突发公共卫生事件应急条例》**

2003年5月7日中华人民共和国国务院令第376号《突发公共卫生事件应急条例》第三章报告与信息发布第十九条规定，国务院卫生行政主管部门制定突发事件应急报告规范，建立重大、紧急疫情信息报告系统。有下列情形之一的，省、自治区、直辖市人民政府应当在接到报告1h内，向国务院卫生行政主管部门报告：（一）发生或者可能发生传染病暴发、流行的；（二）发生或者发现不明原因的群体性疾病的；（三）发生传染病菌种、毒种丢失的；（四）发生或者可能发生重大食物和职业中毒事件的。国务院卫生行政主管部门对可能造成重大社会影响的突发事件，应当立即向国务院报告。

**第二十六条**　国家建立传染病菌种、毒种库。对传染病菌种、毒种和传染病检测样本的采集、保藏、携带、运输和使用实行分类管理，建立健全严格的管理制度。对可能导致甲类传染病传播的以及国务院卫生行政部门规定的菌种、毒种和传染病检测样本，确需采集、保藏、携带、运输和使用的，须经省级以上人民政府卫生行政部门批准。具体办法由国务院制定。

**（四）《动物病原微生物菌（毒）种保藏管理办法》**

《动物病原微生物菌（毒）种保藏管理办法》（农业部第16号令）于2009年施行，其中第二章第七条规定保藏机构应当具备以下条件：（一）符合国家关于保藏机构设立的整体布局和实际需要；（二）有满足菌（毒）种和样本保藏需要的设施设备；保藏高致病性动物病原微生物菌（毒）种或者样本的，应当具有相应级别的高等级生物安全实验室，并依法取得《高致病性动物病原微生物实验室资格证书》；（三）有满足保藏工作要求的工作人员；（四）有完善的菌（毒）种和样本保管制度、安全保卫制度；（五）有满足保藏活动需要的经费。

**（五）国家标准和行业标准相关要求**

《实验室　生物安全通用要求》（GB 19489—2008）于2008年12月26日发布实施，替代GB 19489—2004，其中第5.3条规定，实验室的安全保卫应符合国家相关部门对该类设施的安全管理规定和要求。《兽医实验室生物安全要求通则》（NY/T 1948—2010）第7章安全保卫规定：实验室应制定安保措施，确保实验室的安全。

## 第二节　动物病原微生物实验室安全保卫技术措施

动物病原微生物实验室安全保卫技术措施的制定和实施应建立在实验室生物风险评估的基础上，实验室应充分评估动物病原微生物或其样本在保存、使用和运输过程中可能发生的失窃、抢劫、丢失、误用、泄密、转移、故意释放等风险，制定措施保障实验室及其动物病原微生物的安全。实验室进行生物安保评估应与所在地的安全管理部门充分沟通，评估所在地可能存在的安全风险。在应急情况下，可能会涉及不同相关利益主体，如公安、交通、市场、医疗、公共卫生、农业等部门，应建立机制实现部门间的相互协作，并明确各方的角色、责任和权限（图 16-1）。

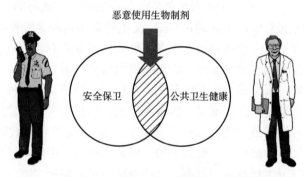

图 16-1　急救人员：不同角色的职责和权限（WHO，2006）

实验室生物安保和实验室生物安全所涉及的风险点有差异，但有一个共同的目标，即将有价值的生物材料安全地保存在使用和储存区域内。实验室生物安全和实验室生物安保相辅相成。事实上，具体实验室生物安全活动的实施已经涵盖了一些生物安保方面的工作（WHO，2006）。实验室生物安保应建立在良好的实验室生物安全基础上。实验室生物安保的相关措施及主要内容包括并不限于以下方面：人防、物防、技防总体要求，实验室出入安全，实验室内务安全，实验室人员防护安全，实验室实验活动安全，实验室菌（毒）株、样本等感染性物质安全，实验室危险化学品安全，实验室消防安全，实验室用电安全，实验室防水和自然灾害处置安全，实验室废弃物处置安全，实验室数据安全，实验室事故应急处置安全等（吕京，2010）。

### 一、实验室生物安保总体要求

实验室生物安保应具体说明人防、物防、技防的措施，包括可保证物理生物安全、员工安全、运输安全、材料控制、信息安全相关的政策和程序。它还应包括应急响应机制，如何时可以呼叫外部响应者（消防队、应急医疗人员或安全人员）。

实验室生物安保的人防措施主要包括实验室建立健全内部安全保卫组织和制度，落实安全保卫责任，聘请专业保安人员或安全协管员，以及根据实验室实际情况，组织治安联防队、应急队等。实验室应在所属地的公安部门备案，并与公安部门建立联防联控机制。实验室所在机构应视情况设立保卫处（科、室）、配备处（科、室）领导及专职保卫干事，负责实验室的安全教育、管理、培训、内部治安保卫等工作。保安人员、安全协管员是实验室治安巡逻守护的主要力量。实验室所在机构的保安人员、安全协管员需经当地公安机关治安部门进行业务培训合格后方可上岗。保安人员和安全协管员上岗执勤时，应统一着装，佩戴保安标识和器械。

实验室生物安保的物防措施主要包括实验室出入控制措施，安装防护栏、防盗门和照明设施，加固、加高所在区域的围墙，设置消防、交通安全等安全设施。实验室主入口应有生物安全标识。菌（毒）种保藏室应安装防盗门，双人双锁。

实验室生物安保的技防措施主要包括在实验室所在建筑物的出入口、实验室周边、关键通道或路口、重点部位安装视频监控、防盗报警、消防报警、呼叫求助、门禁对讲以及其他电子管理系统等。

## 二、实验室出入安全

如果动物病原微生物实验室与其他功能实验室或办公场所位于同一建筑物，则应将动物病原微生物实验室的安全保卫要求告知所在大楼的安全管理部门，并制定相应管理措施。动物病原微生物实验室所在建筑物应实施专人值班制度，对于高等级动物病原微生物实验室应实施大楼 24h 执勤制度，定期巡视，发现问题或异常情况立即报告值班人员。实验室人员严格遵守门禁、门卫制度，进入实验室主动配合相应确认检查；实验室人员操作实验时，不得擅离工作岗位，不得违章作业，不得违反操作规程；离开实验室时，做好登记，关闭实验室外门。实验室准入和准出应依照实验室制定的相应程序文件实施，如"实验人员和物品出入实验室程序""人员健康监测和准入实验室管理程序""实验室人员紧急撤离程序"等。

示例：

---

**实验室人员紧急撤离程序**

**1　目的**

制定因生物、化学、失火等各种紧急情况下紧急撤离的行动计划，以便在实验室发生突发事件时从容应对，确保人员安全，减少物资损失。

---

## 2 适用范围

适用于本实验室各岗位的工作人员。

## 3 职责

3.1 实验室负责人应确保有用于急救和紧急程序的设备在实验室内可供使用。

3.2 综合业务部负责用于急救和紧急程序的设备的采购保管。

3.3 实验室所有人员每年至少参加一次演习，了解行动计划、撤离路线和紧急撤离的集合地点，发生突发事件时听从实验室主任统一组织。

## 4 启动原则

4.1 遭遇火灾、水灾、地震等无法抗拒的自然灾害，在实验室人员自身无力扑救的情况下，应沿着事先准备的路线迅速撤离实验室现场。

4.2 在实验室化学品泄漏、感染性物质泄漏等可能造成实验室人员中毒、感染的情况下，除了应急处理的人员外，其他工作人员迅速撤离现场。

## 5 撤离方案

5.1 在实验室所有出口和紧急通道采用适当、明了、色彩鲜艳的标志进行标示。

5.2 实验室内出口不得被家具和设备阻塞，或在有人操作时上锁，实验室出口通向开阔地带。

5.3 本实验室缓冲走廊安排了通向出口的紧急通道，以便在紧急疏散时不必通过高危区域就可撤离。

5.4 走廊、过道和活动区域需保持清洁、畅通无阻，以供实验室成员通行。

5.5 所有人员都应了解行动计划、撤离路线和紧急撤离的集合地点。在实验室内工作的人员，按紧急撤离路线，推开准备间应急门后，紧急撤离到中控室外走廊集合，如有必要撤离至大楼外空地，听候实验室主任指示。

5.6 所有人员每年应至少参加一次演习。

5.7 在人员紧急撤离前，应尽可能地采取相应的措施，包括关闭电源、密封感染性物质等，使实验室处于尽可能安全状态，保障救助和维修人员的安全。

5.8 实验室安全管理人员应确保有用于急救和紧急程序的设备如防毒面具、口罩等在实验室内可供使用。

## 6 BSL-3 实验室人员紧急撤离路线图

略。

## 三、实验室内务安全

设备安全、材料安全、信息安全等是实验室生物安保的重要组成部分，实验室内务安全措施应涵盖所述要素。实验室应依据已经建立的管理体系文件确保内务安全，涉及内务安全的程序文件可包括"实验室内务管理程序""实验室消毒灭菌安全操作规程""实验室消毒剂配制及消毒效果监测操作程序""实验室终末消毒和实验后清场程序""实验室设备去污染和维护程序""生物安全关键仪器设备安全操作程序""自控系统检查和验证程序"等。

示例：

### 实验室内务管理程序

**1　目的**

规范实验室的内务工作，使实验工作区保洁、卫生、消毒、整理等工作有序、有效开展，确保实验室环境和人员安全。

**2　适用范围**

适用于实验室内务管理。

**3　职责**

3.1　实验活动项目小组负责 BSL-3 实验室内务、安全检查和消毒工作。

3.2　BSL-2 实验室及其他实验区域的实验人员负责各自工作区内的内务、安全检查和消毒工作。

3.3　实验室中控室管理员负责中控室、空调机房等实验室控制系统相关场所的内务、安全检查工作。

3.4　洗涤消毒人员负责洗涤消毒室、公共走廊、卫生间等非实验区域的卫生清洁安全检查工作。

3.5　文件资料管理员、样品管理员、实验材料管理员分别负责资料室、样品保存室和实验材料仓库的内务、安全检查工作。

3.6　生物安全负责人组织制定日常内务计划和终末消毒计划；组织安全监督员对实验室内务监督检查。

3.7　生物安全负责人负责制定《消毒灭菌操作规程》，负责消毒效果的评价。

**4　程序**

4.1　良好内务的一般要求

4.1.1　工作人员应保持工作区及责任区环境整洁有序，不得在实验区内存放过多实验材料，不得将试剂耗材等较大的外包装盒带入实验室防护区内。

4.1.2 工作台面不应放置过多的实验耗材。每次工作结束后，应将所有处理污染性材料的设备和工作台面进行及时消毒和清洁，以保持设备和台面的正常工作状态。

4.1.3 禁止在实验区内从事与实验活动无关的活动，不得在实验区内存放与工作无关的物品。

4.1.4 严禁将食品、饮料等存放于实验区域或在实验室区域内饮食，实验室所有区域严禁吸烟。

4.1.5 工作人员应按不同实验室要求穿戴防护用品，长发、发髻不得暴露在工作帽外，工作区内不准佩戴戒指、耳环、腕表、项链和其他珠宝。

4.1.6 禁止在实验区内使用化妆品、处理隐形眼镜，BSL-2 及 BSL-3 实验室内禁止使用手机。

4.2 日常清洁要求

4.2.1 不同岗位人员按本程序职责负责各自责任区域内的内务（消毒）和安全检查工作。

4.2.2 清洁消毒人员须按不同的工作场所选择经核准的个体防护装备，个体防护装备的选择和使用按《个人生物安全防护用品使用操作规程》执行。

4.2.3 实验室不同工作区域清洁和消毒工具、设备不得混用。

4.2.4 BSL-3 和 BSL-2 控制区在每次工作结束后，应将所有处理污染性材料的设备和工作台面进行及时消毒和清洁，以保持设备和台面的正常工作状态。实验室废弃物须及时进行消毒处理。

4.2.5 洗涤消毒人员须按《废弃物处理程序》及时处理消毒后的实验废弃物。及时清洗实验器皿等实验用品，并保持洗消间的整洁。

4.2.6 实验室通风空调系统操作维护人员须每周对中控室、空调机房、配电房等相关场所进行一次清洁，保持整洁、无杂物、无明显积灰。

4.2.7 文件资料管理员、样品管理员、实验材料管理员须每周分别对资料室、样品保存室和实验材料仓库进行一次清洁，做到物品摆放有序。

4.2.8 保洁人员负责公共走廊、卫生间、茶水间等非实验区域的卫生清洁。须每天清洁一次，并保持公共走廊及地面清洁，雨天应及时擦除地面积水，防止人员滑倒；卫生间应保持洗手盆和卫生洁具等设施清洁，无明显异味。及时补充卫生用纸、洗手液等日常用品。

4.3 消毒灭菌要求

4.3.1 实验活动期间，日常消毒采用液体消毒剂/紫外线消毒。每天活动结束后，须对工作台面、生物安全柜、仪器设备、器具进行清场消毒。

4.3.2 BSL-3 实验活动全部结束后，采用汽化过氧化氢进行终末消毒。

4.3.3　污染区内的各种废弃物须及时进行高压蒸汽灭菌，灭菌后按《废弃物处理程序》进行处理。

4.3.4　消毒灭菌的方法及消毒剂的选择、配置、有效期和使用方法按照《消毒灭菌操作规程》执行。

4.3.5　须对消毒灭菌的过程进行记录，并按《记录控制程序》进行保存。

4.4　内务监督检查

4.4.1　BSL-3实验活动时，中控室内的监督人员应记录实验操作人员的实验活动，发现有违反内务管理规定的须及时指出纠正。

4.4.2　安全负责人组织监督员对实验室内务工作进行监督检查，并记录监督检查情况。

4.4.3　如实验规程、工作习惯或材料改变可能对内务和维护人员安全存在潜在危险时，实验室操作人员或监督人员要及时报告给安全负责人或实验室主任，并书面告知中心内其他人员、内务维护保养人员的管理员。

4.4.4　所有实验室的内务行为相关规范应保持现行有效。如需修订，应报生物安全委员会批准。对修订后要执行的内务行为条款，要书面告知实验室的相关工作人员，以防范条款改变可能带来的潜在危险。

**5　支持性文件**

5.1　安全手册

5.2　消毒灭菌操作规程

5.3　个人生物安全防护用品使用操作规程

5.4　高压蒸汽灭菌锅操作规程

5.5　双扉高压蒸汽灭菌器操作、维护规程

**6　记录**

6.1　实验室内务监督记录

6.2　实验室清场消毒记录

6.3　实验室终末消毒和消毒效果监测记录

# 四、实验室人员安全

保证人员安全是实验室生物安保的核心，实验室建立相应的管理程序，如"人员培训管理程序""人员准入程序""人员健康监护程序"等。实验室生物安保培训可以确保人员安全管理程序有效实施，培训内容和方式应与工作人员的角色、职责和权限匹配，应覆盖到实验室及所有相关人员，包括维护和清洁人员，以及外部急救人员和负责确保实验室设施安全的工作人员。实验室安全

计划应确保实验室人员和外部合作伙伴（警察、消防队、医疗急救人员）积极参与。应定期进行实验室生物安保演练和演习，为人员应对紧急情况做好准备。

示例：

## 人员健康监护程序

### 1 目的

通过健康监护，密切注意实验室感染的发生，确保实验室全体工作人员身体健康。

### 2 适用范围

适用于所有工作人员（含实验室实习人员）。

### 3 职责

3.1 生物安全负责人负责人员健康监护相关工作。

3.2 医院负责实验室人员体检、医务监督和免疫接种工作。

3.3 办公室负责实验室人员意外事故医疗救治工作的落实。

3.4 文件资料管理员负责人员健康档案的整理保管。

### 4 程序

4.1 员工健康档案

4.1.1 医院每年组织对实验室人员进行一次健康体检，包括常规检查、血清检查、X线检查、患病史调查。所有新录用的实验室人员在开展实验前需进行体检并记录个人健康历史。

4.1.2 每年的体检报告和病史记录作为员工健康档案，由文件资料管理员保存。

4.1.3 体检的同时采集本底血样，由样品管理员保存于专用的超低温冰箱内。对从事高致病性病原微生物实验活动的工作人员的血样应至少保存到该病原微生物所导致疾病的最长潜伏期之后或5年以上。

4.2 员工免疫接种

4.2.1 在从事高致病性病原微生物操作工作之前，若有疫苗应进行免疫接种。接种疫苗后抗体滴度不足以预防感染的人员，原则上应再次接种。接种或预防服药的情况应载入本人健康档案。

4.2.2 对预防接种后，产生不良反应或有职业禁忌证者，不宜从事与该病原微生物有关的研究和检测工作。对于提示和限制工作的情况要有书面记录，载入本人健康档案。

4.3 员工健康状况及实验感染的监测

4.3.1 实验室人员必须在身体状况良好的情况下，方可进入实验室工作。出现下列情况，不应进入BSL-3实验室工作：

①身体出现开放性损伤。

②患发热性疾病。

③感冒、呼吸道感染或其他导致抵抗力下降的情况。

④正在使用免疫抑制剂或免疫耐受。

⑤妊娠。

⑥已经在实验室控制区域内连续工作 4h 以上，或其他原因造成的疲劳状态。

⑦人员精神不适，高度疲劳。

4.3.2　在 BSL-3 实验室工作期间，实验室安全监督员负责每天记录体温和疾病情况。实验人员有义务报告自身身体的任何异常情况。

4.3.3　从事高致病性病原微生物工作的人员出现发热与可疑体征时，应立即停止工作，留取血样。实验人员应立即主动报告，生物安全负责人应立即向生物安全委员会主要负责人报告，由生物安全委员会组织人员对实验室安全状况和可能发生的原因进行调查，组织安全性评估，在排除实验室感染原因，经生物安全委员会批准后方可重新启用该实验室。必要时对有关人员进行医学观察或者隔离治疗，封闭实验室，防止扩散。

**5　记录**

5.1　人员健康档案

5.2　实验室人员本底血清留样登记表

5.3　实验室人员免疫接种登记表

5.4　职业暴露个案登记表

# 五、实验室实验活动安全

实验室的实验活动应充分考虑实验室生物安保的要求，生物安保措施也应在评估实验活动中可能发生的安保风险的基础上制定。实验室应制定实验活动相关程序文件，如"实验室使用申请与审批程序""实验室安全使用管理程序""实验动物管理程序""实验工作准入审核程序""使用新技术新方法工作程序""生物安全实验室良好工作行为程序"等，确保实验活动安全。

示例：

**实验动物管理程序**

**1　目的**

加强实验室实验动物管理，确保实验室生物安全。

**2　适用范围**

适用于实验室内操作的实验动物，本实验室只做小鼠和禽类相关实验，不涉及其他实验动物。

**3 职责**

3.1 安全管理人员负责实验动物使用的授权。

3.2 综合业务部负责协助实验动物采购的相关工作，负责实验动物从业人员上岗证培训资料的保存。

3.3 检验部技术人员负责实验动物运进、运出 BSL-3 实验室，实验动物饲养、具体实验操作、尸体处理等工作，并关注动物福利相关事项。

**4 程序**

4.1 所有实验动物工作和使用人员应参加有关机构组织的实验动物从业人员上岗证的有关培训和考核，通过考核者方有资格进入实验室开展实验。

4.2 所有动物实验人员必须善待实验动物，保证实验动物舒适的生活环境，满足实验动物的生理和社会性需求。因实验需要采取可能引起实验动物不适的操作时，实验过程中应使用麻醉剂和安慰剂。不得以任何形式戏弄和虐待实验动物。

4.3 需要开展动物实验的项目合作单位应具备实验动物使用许可证，并提供在 BSL-3 实验室开展实验所需的、符合实验要求的实验用小鼠、禽等动物。

4.4 实验动物送达实验室后，由检验部人员暂时饲养在专门设施内，保证垫料、饲料及水的定时供给，确保实验动物生长良好。

4.5 应通过实验室物流通道将实验小鼠运进 BSL-3 实验室；应在 BSL-3 实验室生物安全柜中进行换笼、小鼠感染、取血、解剖等操作。

4.6 替换的鼠笼应用高压灭菌袋包装，灭菌后才能进行清洗和后续的重新使用。操作过程中的垫料和其他废弃物等都应以高压灭菌袋包好，经过高压蒸汽灭菌后运出 BSL-3 实验室。

4.7 实验后，实验动物应以合适的方式处死，并经高压蒸汽灭菌后交实验动物专门机构进行回收处理。

**5 记录**

5.1 实验动物进出记录

5.2 实验动物饲养记录

5.3 实验记录

5.4 动物尸体处理记录

## 六、实验室菌（毒）种、样本等感染性物质安全

实验室应建立"样本管理程序""菌（毒）种使用管理程序""防止高风险和污染材料失窃管理程序""生物危险材料安全操作程序""对未知风险材料操作的程序"等，确保菌（毒）种、样本等感染性物质安全。相关措施应充分考虑菌（毒）种、样本等感染性物质被误用、偷盗、抢劫、转移等的风险。

示例：

### 菌（毒）种使用管理程序

**1　目的**

对菌（毒）种接收、保存、使用、处理作出规定，保证菌（毒）种使用的安全。

**2　适用范围**

适用于本实验室菌（毒）种的管理。

**3　职责**

3.1　样本管理员负责菌（毒）种的接收、保管、处理。

3.2　生物安全负责人对菌（毒）种管理的各个环节进行监督。

3.3　检测人员负责菌（毒）种的复苏和核对。

3.4　实验室主任负责菌（毒）种使用的审批。

**4　程序**

4.1　总体要求

4.1.1　任何菌（毒）种相关的操作都须根据《动物病原微生物分类名录》（2005年农业部第53号令）的规定，在相应等级的生物安全实验室内进行。菌（毒）种保存和运输根据《动物病原微生物菌（毒）种保藏管理办法》（农业部令第16号）的规定和《高致病性动物病原微生物菌（毒）种或者样本运输包装规范》（2005年5月24日农业部公告第503号公布）的规定执行。

4.1.2　涉及《动物病原微生物分类名录》中危害程度为第一类和第二类菌（毒）种的接收、保管、处理等操作，必须由生物安全负责人或其指定监督人员与样品管理员双人共同进行，保存的场所必须实行双人双锁。

4.1.3　实验室在从事高致病性动物病原微生物相关实验活动结束后，应当及时将菌（毒）种或样本就地销毁或者送交保藏机构保藏。

4.2　菌（毒）种的接收与保存

4.2.1　经批准从外单位调入的菌（毒）种应由菌（毒）种样本管理员接收。样本管理员应对收到的菌（毒）种进行验收，对任何异常或与提供的

描述不符合时，都应与提供单位联系，妥善解决，并做好《菌（毒）种交接、验收、储存记录》。应统一编号并做好登记，按规定流程送入实验室，保存在规定的地点。

4.2.2　对于实验室在日常检测工作中分离的菌（毒）株，实验人员分离后应分装并转换成保存状态，交菌（毒）种样本管理员并置样本保存室菌（毒）种室保存。

4.2.3　相关实验人员应对收到的菌（毒）种进行复苏、验证菌（毒）种的遗传特征，确认无误后，转换成保存状态，必要时，进行菌（毒）种冻干，送入菌（毒）种库长期保存，填写《菌（毒）种冻干登记表》。所有入库的菌（毒）种均需填写入库单，纳入数据库管理。

4.2.4　样品管理员须建立保存的菌（毒）种档案，载明每株菌（毒）种的名称、分装数、分离来源、时间、生物学分类、操作人与鉴定人、编号，填写《菌（毒）株入库保存记录》，已经完成的生物学特性检测与鉴定指标的情况及其他必要的说明等背景资料。

4.3　菌（毒）种的使用及处理

4.3.1　使用保存的高致病性菌（毒）种必须经实验室主任批准，填写《菌（毒）株及相关感染性样本使用和保管责任书》，检测人员双人向菌（毒）种样本管理员共同领取。

4.3.2　菌（毒）种领出后，应由实验人员建立工作菌种，工作菌种仅限于指定的工作使用，工作完成后，经实验室安全负责人同意后，在样品管理员的监督下销毁。填写《菌（毒）种领用、发放及销毁登记表》。

4.3.3　菌（毒）种使用和销毁均应保留相关记录。填写《菌（毒）株销毁明细表》。

4.4　菌（毒）种的运输

高致病性菌（毒）种的运输按照《高致病性动物病原微生物菌（毒）种或者样本运输包装规范》进行。

一般病原微生物菌（毒）种运输要符合生物安全要求规定。

4.5　菌（毒）种及样本保藏、防失窃

4.5.1　建立独立的样本保存室，配备专用保藏设备，安装相应的防盗及监控装置，实施双人双锁管理。生物安全委员会每年应定期全面检查菌（毒）种室安全，了解样品保存和使用情况。

4.5.2　样本保存室实施双人双锁管理，并实行24h视频监控。监控记录保存30日，必要时可复制保存。样本管理员定期监控菌（毒）种室内安全、温度及冰箱温度，并做详细记录。当冰箱出现异常报警立即与相关人员联系，进行处理，确保冷藏环境达到要求。

4.6　菌（毒）种及样本失窃的处理

如实验室发生一、二类菌（毒）种及相关样本丢失时，应在2h内采取以下处理措施：

①应立即向单位领导、生物安全委员会报告。

②采取紧急措施保护现场，防止事态扩大。

③向所在地的区级人民政府兽医主管部门报告。

④向公安部门报告。

4.7　销毁

菌（毒）种及相关样本使用结束后，符合销毁处理要求的，须经实验室主任批准，由样品管理员在生物安全负责人的监督下销毁，并做好销毁记录。

## 5　相关记录

5.1　《菌（毒）种交接、验收、储存记录》

5.2　《菌（毒）种冻干登记表》

5.3　《菌（毒）种入库保存记录》

5.4　《菌（毒）种及相关感染性样本使用和保管责任书》

5.5　《菌（毒）种领用、发放及销毁登记表》

5.6　《菌（毒）种销毁明细表》

5.7　《样本保存室人员进入记录表》

# 七、实验室危险化学品安全

动物病原微生物实验室中的危险化学品虽然不是感染性材料，但危险化学品的不当管理可能会带来生物风险。实验室应建立"危险化学品使用管理程序"，确保实验室危险化学品的安全。

示例：

### 危险化学品使用管理程序

## 1　目的

规范实验室使用危险化学品的采购、接收、使用、转移、处置和溢洒时的紧急处理等，保证正确使用危险化学品，以保证实验室和工作人员的安全。

## 2　适用范围

实验室化学品的管理和溢洒时的应急处置。

## 3 职责

3.1 实验室生物安全负责人负责危险化学品使用的监管。

3.2 安全监督员负责危险化学品使用的日常监督。

3.3 实验材料管理员负责危险化学品的保存和管理。

3.4 检测人员应熟悉常用危险化学品使用、防护和溢洒的处置。

## 4 程序

4.1 危险化学品安全数据单

4.1.1 本实验室所涉及的化学品分为易燃液体、腐蚀品、有机化学试剂、无机化学试剂。

4.1.2 对实验室使用的化学品制定了化学品安全数据单（MSDS），化学品安全数据单中列明化学品的成分、危险性、储存条件、消防措施、个体防护、溢洒处置等内容。

4.2 危险化学品的储存

4.2.1 实验材料管理员负责化学品储存仓库的安全管理。

4.2.2 储存的危险化学品应外包装干净、干燥、标签完整，须放置平稳，防止倾倒、跌落、破碎。

4.2.3 化学品库房中有处理火灾等应急保护设施（灭火器）。如需储存较多的易燃易爆化学品，储存场所需与主体建筑分开。储存场所需设置明确的火灾危险标志，配备自然通风或机械通风系统。照明、电器和开关须做防爆设计。

4.2.4 化学品存放应分类储存、标识。氧化性和还原性化学品、酸和碱、有机和无机化学品等有可能发生化学反应的化学品应分开存放；挥发性和有毒化学品应存放于通风型储药柜内；腐蚀性的液体应存放在低处并加垫收集盘。

4.2.5 实验室内不得储存大量易燃溶剂；化学品采购只需满足工作需要，尽量减少危险化学品库存量。

4.2.6 压缩气体钢瓶要存放在铁柜或单独房间内，不可靠近热源，可燃、助燃气瓶使用时与明火距离不得小于10m。

4.3 危险化学品的日常管理

4.3.1 危险化学品的采购、入库、保管和领用按《实验材料管理程序》进行。

4.3.2 危险化学品的废弃按《废弃物处理程序》要求进行。

4.3.3 实验材料管理员要定期检查危险化学品储存场所和安全设施。要经常检查危险化学品储存情况，防止容器破碎，标签不清的及时更换，发现安全隐患时，要第一时间处理，自己解决不了的问题及时向生物安全负责人反映并限期排除。

4.3.4　生物安全负责人不定期地组织对危险化学品的使用、保管和储存的安全监督检查。

4.3.5　在可替代的情况下，实验室尽可能避免使用有毒、有刺激性、放射性挥发物质。确需使用的，应在风险评估基础上安全使用。

4.4　危险化学品溢洒的紧急处置

4.4.1　最早发现实验室化学品溢洒等化学安全事故的人员，有责任采取措施避免事故进一步扩大，并第一时间向实验室主任报告，实验室主任责令相关人员对溢洒的化学品进行处理。

4.4.2　可能发生化学品溢洒的实验室应配备橡胶手套、桶、拖把、抹布、纸巾和清理工具；相关人员在进行化学品溢洒处理时应配备适当的个体防护装备。

4.4.3　如果溢洒的为易燃易爆的化学品，应立即熄灭所有明火，停止使用可能产生电火花的电器，再做处理，必要时按《消防安全及火灾应急处置程序》进行处理。

4.4.4　酸、碱和腐蚀性化学溢洒物，有条件的实验室可对溢洒物进行稀释或中和后处理。没有水源的实验室用纸布吸干液体再做适当处理。

4.4.5　挥发性化学品溢洒应采取防护措施，避免挥发性气体的吸入，在确保安全的情况下及时通风。

4.4.6　大量化学品泄漏的情况下，首先应撤离人员，经评估确保安全的情况下组织人员进行处理，必要时请专业机构协助清理。

**5　记录**

5.1　危险品试剂使用记录

5.2　危险品试剂入库出库记录

## 八、实验室消防安全及应急处置

实验室安全保卫的内容还包括实验室事故应急处置、废弃物处置安全、防水和其他自然灾害安全等。实验室应建立"消防安全及火灾应急处理程序""电气设备安全使用及故障应急处理程序"等确保实验室用电安全消防安全。

示例：

### 消防安全及火灾应急处理程序

**1　目的**

规范防火安全操作规程及火灾应急处理操作，降低因不合理操作引起火灾事故的风险，减少损失，确保操作人员安全。

## 2 范围

适用于本实验室所有人员和工作场所。

## 3 职责

3.1 安全管理人员负责日常安全隐患的检查、制定和实施年度消防计划等。

3.2 综合业务部负责防火安全设施购买和保管，配合实施年度消防计划。

3.3 实验室全体人员应熟悉防火安全知识及火灾应急处理程序。

## 4 防火安全工作总则

4.1 实验室安全管理人员与地方消防部门之间建立紧密合作，密切联系。适当的时候在实验室安全管理人员陪同下，安排消防部门熟悉实验室内部结构，以便在出现火灾时及时进行扑灭。

4.2 除了火灾的物理化学危害以外，必须考虑火对感染性物质播散的可能影响。

4.3 请地方消防官员协助对实验室成员进行火灾发生时的应急行动和如何使用消防器材等方面的消防培训。

## 5 制定年度消防计划

内容至少包括（不限于）：

5.1 对实验室人员的消防指导和培训，内容至少包括火险的识别和判断、减少火险的良好操作规程、失火时应采取的全部行动。

5.2 实验室消防设施设备和报警系统状态的检查。

5.3 消防安全定期检查计划。

5.4 每年至少开展一次消防演习。

## 6 实验室引起火灾的通常原因

6.1 超负荷用电。

6.2 电气设备保养不良，如电缆的绝缘层破旧或损坏。

6.3 供气管或电线过长。

6.4 仪器设备在不使用时未关闭电源。

6.5 使用不是专为实验室环境设计的仪器设备。

6.6 明火。

6.7 供气管老化锈蚀。

6.8 易燃、易爆品处理、保存不当。

6.9 不相容化学品没有正确隔离。

6.10 在易燃物品和蒸汽附近有能产生火花的设备。

6.11　通风系统不当或不充分。

## 7　实验室日常防火保障工作

7.1　电气设备使用安全

7.1.1　所有电气设备均需得到国家权威检测实验室的质量认可，并对所有电气设备定期进行检查和测试，包括接地系统。

7.1.2　在实验室电路中要配置断路器和漏电保护器。断路器不能保护人，只是用来保护线路不发生电流超负荷从而避免火灾。漏电保护器用于保护人员避免触电。

7.1.3　实验室的所有电气设备均应可靠接地。

7.1.4　实验室的所有电气设备和线路均必须符合国家电气安全标准和规范。

7.1.5　配备有断电时使用的独立供电系统。

7.1.6　所有仪器设备的连接软线需在满足使用的条件下尽可能短，使用良好，没有磨损、毁坏及拼接。

7.1.7　每个电源的插座仅供一台设备使用。

7.2　易燃液体的储存

7.2.1　易燃液体的储存设施需与主体建筑分开。

7.2.2　储存地需有火灾危险的明确标识。

7.2.3　储存地需有独立于主体建筑物系统的自然通风或机械通风系统。

7.2.4　储存地的照明开关需装有密封盒或安装在室外，照明器材亦需密封起来以防止电火花点燃蒸汽。

7.2.5　易燃液体需保存在采用不可燃性材料制成的适宜的通风容器中，所有容器的标签均需正确描述所装的物品。

7.2.6　在室外但靠近易燃液体储存的地方均需放置适当的灭火器和/或灭火毯。

7.2.7　在储存易燃液体建筑的内外需有明显的"禁止烟火"标识。

7.2.8　在实验室房间内仅能储存最低量的易燃物品。

7.2.9　采用结构合理的储存柜来储存易燃物品，储存柜必须有"易燃液体"的标识。

7.2.10　实验室所有操作人员必须经过正确使用易燃液体的专业培训。

7.3　压缩气体和液化气

7.3.1　每个移动式气罐均需清楚标示内容物的种类，并用正确的颜色进行标识。

7.3.2　压缩气体钢瓶及其高压阀和减压阀均需定期进行检查并进行维护。

7.3.3 钢瓶在使用时需连接减压装置，不用或运输时需装有安全帽，平时对所有压缩气体钢瓶进行固定，以防止其倾倒，特别是在自然灾害时。

7.3.4 钢瓶和液化石油气罐需远离热源、明火、阳光直射处、能打出火花的电气设备。

7.3.5 实验室所有操作人员均需经过正确使用和运输压缩气体与液化气的培训。

7.4 实验室火灾报警和防范工作

7.4.1 设立火灾报警系统、火灾监测系统，并定期检查。

7.4.2 房间、走廊以及过道中均应设置显著的火警标识、说明以及紧急通道标识。在实验室出口采用适当、明了的标识进行标示。

7.4.3 实验室内出口不得被装饰品、家具和设备阻塞或在有人操作时上锁，实验室出口通向开阔地带。

7.4.4 安排通向出口的紧急通道，以便在紧急疏散时不必通过高危区域。

7.4.5 走廊、过道和活动区域需保持清洁、畅通无阻，以供实验室成员通行及消防器材的搬移。

7.4.6 所有消防器材采用醒目颜色（红色）加以标识，以便于查找，移动式灭火器需保持满载并处于工作状态，始终位于固定地点。

7.4.7 具有潜在火灾危险的实验室房间内需装备应急用的灭火器和/或灭火毯。

7.4.8 如果在房间中使用易燃液体和气体，机械通风系统需足以将易燃蒸汽在达到危害浓度前有效排出。

7.4.9 消防器材应放置在靠近实验室的门边，以及走廊和过道的适当位置。这些器材应包括灭火毯、灭火器和防毒面具。灭火器要定期进行检查和维护，使其维持在有效期内。

7.4.10 实验室全体工作人员必须经过应对火灾紧急事件的培训方能入内操作。

## 8 火灾应急处理程序

8.1 报警

8.1.1 最先发现火灾的个人和部门，立即切断电源，并向现场值班人员、实验室主任和实验室安全管理人员报告。

8.1.2 主任或安全管理人员接到报警电话后，视情况再确定是否需要拨打"119"电话向消防部门报警。如需要，报警时需说明火灾发生地点、性质、行驶路线和联系电话等。

8.1.3 同时主任应立即向上级领导报告。

8.2 现场处理

8.2.1 主任或安全管理人员接警后应迅速赶往现场指挥扑救，第一个到达现场的最高领导应立刻承担起指挥灭火的责任。

8.2.2 现场指挥安排专人在消防部门赶到时，引导消防车入内救火。

8.2.3 在专业消防人员到达前，现场指挥应组织实验室内部员工和兄弟单位员工进行力所能及的自救灭火工作。

8.3 主任及安全管理人员职责

8.3.1 现场指挥、组织协调：下达灭火抢险命令、组织调动人员增援、协调保障水源正常供应、调配灭火器材和逃生装备等工作。

8.3.2 灭火：到达火灾现场后，利用现有灭火器材和设施，组织实验室人员和兄弟单位人员积极开展灭火自救工作，消防人员到达后，积极响应现场指挥，主动做好协调联络工作。

8.3.3 疏散：到达火灾现场后，按实验室人员紧急撤离方案的要求疏散围观群众，稳定人员情绪，引导被围困人员进行自救和防护，同时利用一切救生手段和工具逃生。使被围困人员在最短的时间内离开火灾现场，消防人员到达后，积极配合消防人员抢救被围困人员，救人第一重要。

8.3.4 抢救伤员：实施现场急救或护送伤员到最近的医院进行治疗，并拨打"120"请求支援。配备氧气瓶、担架、急救包等急救物资。

8.3.5 通信联络和后勤保障：在火灾现场为各级指挥人员和灭火人员提供服务，传达指令，确保灭火救援、火情报告、水源供应、灭火器配备、救生装置、人员调配等工作。

**9 记录文件**

9.1 消防应急处置记录

9.2 消防演练记录

## 九、实验室信息安全

信息安全是实验室生物安保的重要组成部分，涉及的信息主要包括实验室菌（毒）种室保藏及实验使用的高致病性动物病原微生物菌（毒）种及其样本的保藏信息，涉密的病原微生物菌（毒）种及其样本信息，实验室有关涉密档案，与国家相关部门签订保密协议或需经相关部门授权公开的实验数据及原始记录、技术资料、开展实验的特殊方法、技术手段、技术措施，其他国家法律法规和单位规章需要保密的内容等。实验室应制定程序确保信息安全，包括对信息保存地点或介质的管控、网络安全的管理等。实验室应建立"人员管理程序""记录管理程序""文件控制程序""计算机使用管理程序""机密信息保护程序"等，确保实验室的文档和数据安全。在人员管理程序中应涉及对人员背景的审查，在文件管理程序中应涉及文档保密的内容、保存方式等。对于涉密的电子资料，禁止通过互联网传输。

示例：

## 机密信息保护程序

**1 目的**

为了确保生物安全实验室工作的保密性，依据《中华人民共和国保守国家秘密法》《中华人民共和国保守国家秘密法实施办法》及学校相关保密规定结合本实验室工作实际情况制定本程序。

**2 适用范围**

实验室所有工作人员。

**3 职责**

3.1 实验室人员对实验室从事病原微生物诊断、检测、科研、教学工作中所涉及的保密事项负有保密责任。

3.2 实验室主任和生物安全负责人负责监督并制止违反保密制度的行为。

3.3 文件资料管理员按规定保管实验室保密材料。

**4 程序**

4.1 实验室生物安全涉及的保密事项包括：

①实验室菌（毒）种室保藏及实验使用的高致病性动物病原微生物菌（毒）种及其样本的保藏信息。

②涉密的病原微生物菌（毒）种及其样本信息。

③实验室有关涉密档案。

④与国家相关部门签订保密协议或需经相关部门授权公开的实验数据及原始记录、技术资料、开展实验的特殊方法、技术手段、技术措施等。

⑤其他国家法律法规和学校规章需要保密的内容。

4.2 文件资料管理员负责保密资料的保管，未经实验室主任批准，不得擅自对外泄露、随便携带外出或外借。

4.3 实验使用的高致病性动物病原微生物菌（毒）种及其样本由样品管理员负责管理，其信息未经批准不得对外提供。

4.4 实验室内与大型仪器控制系统相连接的计算机，实验室中控系统的计算机不得与公共网络相连接，不得存储个人信息。

4.5　对于违反规定，故意或过失泄密的，视情节轻重对其进行相应的处罚，触犯法律的依法追究其法律责任。

4.6　对于职工个人隐私信息，由中心办公室按照人事管理相关规定进行统一管理。

**5　记录**

5.1　保密承诺书

# 主要参考文献

顾华，2016. 实验室意外事件应急处置手册［M］. 北京：人民卫生出版社.

余新炳，2015. 实验室生物安全［M］. 北京：高等教育出版社.

# 第十七章

# 动物病原微生物实验室应急处置

每一个从事感染性微生物与动物实验工作的实验室，均应制定针对所操作的微生物和动物对实验人员和外环境危害的安全防护措施。在任何涉及处理或储存高致病性病原微生物的实验室（生物安全三级和四级实验室），都必须有一份关于处理实验室和动物设施意外事故的书面应急方案，国家和/或当地的卫生部门也要有相应的政策、预案。国务院发布的《国家突发公共事件总体应急预案》明确提出了应对各类突发公共事件的 6 条工作原则：以人为本，减少危害；居安思危，预防为主；统一领导，分级负责；依法规范，加强管理；快速反应，协同应对；依靠科技，提高素质。

## 第一节　应急预案的编制

### 一、成立应急预案编制小组

确定编制工作成员，包括行政负责人、应急管理部门及相关职能部门、参与应急工作的代表和技术专家等。确定编制计划，明确任务分工。

### 二、风险评估和应急能力评估

**1. 突发应急事件/事故的风险评估**　针对实验室可能发生的各种感染事故及其他伤害，按照风险评估程序，识别出各个风险环节，分析风险危害程度和发生概率，评估风险的严重性，再按照先后主次、先急后缓的原则，拟订应急工作的重点内容，划分预案编制优先级别，确定应急准备和应急响应必要的信息及资料。

**2. 应急能力的评估**　依据风险评估结果，对现有应急管理的机制与程序、应急资源和应急能力进行评估，明确应急救援所需条件的不符合环节。应急机制与程序包括文件规定的充分性、运行状况的有效性、人员的技术、经验和接受的培训状态等。应急资源包括应急人员、应急设施设备、物资装备和应急经费等。通过应急能力评估，识别出应急体系中的缺陷和不足，为分析原因与提出改进措施提供依据。

## 三、应急预案的编写

**1. 应急预案的基本要求**　预案中需明确应急原则（统一领导，分级负责；预防为主，常备不懈；依法规范，措施果断；依靠科学，加强合作）、组织体系、各应急组织机构或部门在应急准备和应急行动中的职责、应急资源、基本应急响应程序以及应急预案的演练和保障等。

确定预案的适用范围，事件事故分级标准及启动条件，响应程序与终止的标准。

**2. 应急预案的核心内容**　明确风险控制所需的核心内容，以及基本的任务和应急行动流程与要求，如指挥和控制、警报、通信、人员撤离、环境处理、健康监护和医疗等。确定各项活动的责任部门和支持部门，明确各自的目标、任务、要求、应急准备和操作程序等。

**3. 明确应急处置的标准操作程序**　各项应急功能中责任部门和个人需要有具体而简明的标准操作程序，包括目的与适用范围、职责、具体任务说明或操作步骤、负责人员等。尽量采用核查清单形式，检查核对时逐项记录。

**4. 支持文件**　应急处置支持保障系统所需的各种技术文件，包括通信系统、安全手册、技术参考、危险源清单及分布图等。

## 四、应急预案的发布

按照管理规定的审批程序，组织内外部专家对预案的充分性、必要性、实用性进行评审，确保应急预案的适用性。预案应通过单位生物安全委员会审核，经单位法人代表批准后方可实施，并按规定程序向上级管理部门备案。

## 五、预案维护与管理

组织有关部门开展预案的宣贯、培训与模拟演练，定期核查预案要求的职责、程序和资源准备的符合性，评价预案的适用性。针对问题不断更新、持续改进与完善。

应急工作组原则上每 3 年组织 1 次应急预案的修订。当出现下述情况时，应及时对应急预案进行相应修订：新的法律法规、标准规范颁布实施；相关法律法规、标准的新修订版颁布；相衔接的上一级应急预案进行了修订；机构、人员、生产设施发生重大变更；预案演练或事件/事故应急处置中发现不符合项。

# 第二节  常见意外事件的应急处置

## 一、暴露的处置方法

**1. 刺伤、切割伤或擦伤**  受伤人员应当脱下防护服，清洗双手和受伤部位，使用适当的皮肤消毒剂，被感染性液体污染了皮肤或者黏膜，或者被感染性材料污染的针头及其他锐器刺破皮肤。如果没有伤口，则用足量肥皂液和流动水清洗被污染的皮肤及暴露的黏膜，反复用生理盐水冲洗干净。如有伤口，则需用肥皂液和流动水进行冲洗；禁止进行伤口的局部挤压。伤口冲洗后，用消毒液（如碘伏）进行消毒，并包扎。

必要时进行医学处理。根据情况对实验人员进行暴露后的病原和抗体检测。要记录受伤原因和相关的病原微生物，应保留完整适当的医疗记录。及时进行事故报告。

**2. 潜在感染性物质的食入**  应脱下受害人的防护服并进行医学处理。要报告食入材料的鉴定和事故发生的细节，并保留完整适当的医疗记录。及时进行事故报告。

**3. 潜在危害性气溶胶的释放**（在生物安全柜以外）  气溶胶感染性材料泄露，应及时按照实验病原的意外事故处理标准操作程序进行处置。所有人员必须立即撤离相关区域，任何暴露人员都应接受医学咨询。应当立即通知实验室负责人和生物安全官员。为了使气溶胶排出和使较大的粒子沉降，在一定时间内（如 1h 内）严禁人员入内。如果实验室没有中央通风系统，则应推迟进入实验室（如 24h）。应张贴"禁止进入"的标识。过了相应时间后，在生物安全官员的指导下清除污染。应穿戴适当的防护服和呼吸保护装备。及时进行事故报告。

**4. 意外吸入感染性物质处置程序**  立即停止操作，脱下外层污染手套，退到安全区域，脱下口罩，用 3% 过氧化氢或 1∶1 000 高锰酸钾溶液消毒口、鼻腔，按规定程序退出实验室。立即将误吸者送往指定的医疗单位进行救治和隔离观察，按照医生的诊疗方案服用有效的抗毒制剂或抗菌药物。填写完整的事故报告，按规定的报告程序进行逐级报告，报告内容包括事故原因、事故地点、事故时间、涉及实验室人员、防护情况、应对情况、撤离路线、污染源隔离和消毒灭菌、人员隔离、现场控制等情况。对吸入的感染性物质做进一步鉴定与报告，保留完整的记录。

**5. 被感染实验动物抓咬伤的处理操作规程**  动物生物安全实验室防护区内备有急救箱，至少应包括 75% 乙醇及酒精棉球和碘酒棉球、创可贴、纱布、绷带等急救物品。

一旦发生被感染实验动物抓咬伤的事件后，立即终止实验，在另一位实验人员帮助下，向受伤的部位和全身喷洒消毒液。脱去手套，放入污物袋。取出急救箱，用75％医用乙醇冲洗伤口，用碘酒或碘伏喷洒、擦拭伤口，再用消毒液对伤口进行冲洗等。对伤口进行简单包扎后，在另一位实验人员帮助下按操作规程退出实验室，后者或其他工作人员负责处理善后的消毒等工作。

填写事故登记表及详细记录（包括受伤原因和相关病原微生物），并立即向生物安全负责人报告，如无法联系生物安全负责人，则直接向实验室主任报告。报告内容包括事故原因、事故地点、事故时间、涉及实验室人员、防护情况、应对情况、撤离路线、污染源隔离和消毒灭菌、人员隔离、现场控制等情况。

由专人陪送至应急隔离病房并进行医学观察和处理，根据不同的病毒（细菌）来确定观察期。及时进行医学安全评价，并保留完整适宜的医疗记录。记录并报告受伤原因和相关的病原微生物，保留完整的医疗记录。

## 二、容器破碎及感染性物质的溢出

**1. 容器破碎**　应当立即用布或纸巾覆盖被感染性物质污染或被感染性物质溢洒的破碎物品，在上面倒上消毒剂，并使其作用适当时间，然后将布、纸巾以及破碎物品清理掉，玻璃碎片应用镊子清理，再用消毒剂擦拭污染区域。如果用簸箕清理破碎物品，则应当对其进行高压蒸汽灭菌或放在有效的消毒剂内浸泡。用于清理的布、纸巾和抹布等应当放在盛放污染性废弃物的容器内。以上操作过程中都应戴手套。如果实验表格或其他打印或手写材料被污染，则应将这些信息复制，并将原件置于盛放污染性废弃物的容器内。

**2. 未装可封闭离心桶的离心机内盛有潜在感染性物质的离心管发生破裂**　如果机器正在运行时发生破裂或怀疑发生破裂，应关闭机器电源，让机器密闭（如30min）使气溶胶沉积。如果机器停止后发现破裂，应立即将盖子盖上，并密闭（如30min）。发生这两种情况时，都应通知生物安全管理人员。

随后的所有操作都应戴结实的手套（如厚橡胶手套），必要时可在外面戴适当的一次性手套。清理玻璃碎片时，应当使用镊子或用镊子夹着棉花进行清理。所有破损的离心管、玻璃碎片、离心桶、十字轴和转子都应放在无腐蚀性的已知对相关病原微生物具有杀灭作用的消毒剂内。未破损的带盖离心管应放在另一个有消毒剂的容器中，然后回收。离心机内腔应用适当浓度的同种消毒剂擦拭，然后用水冲洗并干燥。清理时所使用的全部材料都应按感染性废弃物处理。

**3. 在可封闭的离心桶（安全杯）内离心管发生破裂**　所有密封离心桶都应在生物安全柜内装卸，如果怀疑在离心桶（安全杯）内发生破损，一种方法是松开离心桶（安全杯）盖子并将离心桶（安全杯）高压蒸汽灭菌，另一种方法是离心桶（安全杯）可以采用化学消毒。

### 三、生物安全柜故障

当出现生物安全柜故障时，视为房间发生污染，应立即停止工作，将正在操作的菌（毒）种/样品密封消毒后装入不锈钢容器中，密封容器并在容器表面加以标记后放在生物安全柜的最内侧，消毒后缓慢撤出双手离开操作位置，避开从生物安全柜出来的气流，关闭生物安全柜电源。在保持房间负压和加强个人防护的条件下对生物安全柜和房间进行消毒，对实验室及个人进行严格消毒后按程序撤离实验室，锁闭实验室门并标明实验室污染，按相关程序报告实验室相关人员处理。

### 四、动物隔离器（或独立通风笼具）故障

**1. 隔离器出现正压**　当隔离器出现正压时，立即停止对隔离器的操作，将隔离器的传递窗关闭，同时立即关闭隔离器排污阀门并通知实验室管理负责人。如果空调系统工作正常，隔离器出现正压现象一般是由于隔离器过滤器堵塞所造成的，更换隔离器过滤器即可。隔离器排风管连接于空调系统排风管道，隔离管排风机出现故障也能造成正压现象，此时检修隔离器排风机将故障排除即可。

**2. 隔离器手套损坏**　当发现负压隔离器手套发生损坏时，先使用胶带将手套已损坏的隔离器袖管缠紧，一人用相应消毒剂喷洒损坏的手套进行紧急消毒，另一人取下损坏的手套，更换一只新的手套。

**3. 负压隔离器袖管部分脱落**　当负压隔离器袖管发生部分脱落时，加大隔离器排风，将部分脱落的袖管送入隔离器内，用相应消毒剂对脱落区域紧急消毒后将脱落部分用胶带重新固定在隔离器上，同时对整个实验室进行消毒并报告实验室生物安全负责人。

### 五、实验室失压

当出现房间正压而生物安全柜负压时应立即停止工作，将正在操作的菌（毒）种/样品密封消毒后装入不锈钢容器中，密封容器并在容器表面加以标记后放在实验室生物安全柜的最内侧，消毒后缓慢撤出双手离开操作位置，避开从生物安全柜出来的气流，关闭生物安全柜电源。在保持房间负压和加强个人防护的条件下对生物安全柜和房间进行消毒，撤离实验室，按相关程序报告实验室安全负责人处理。

### 六、人员昏倒

监控人员立即拨打定点医院紧急联络电话；同操作者立即停止工作，帮昏倒人员脱掉外层手套，将其顺势平放地上；急救人员穿防护服后进入，协助昏

倒人员按程序由紧急逃生通道退出实验室进行救护，填写意外事故报告，并报实验室主任。

## 七、人为破坏

恶意破坏经常是有选择性的。如果出现人为破坏，应根据门禁系统和实验室监视系统的记录，及时报警，并根据情况进行事故后处理，将损失减少到最低限度。

## 八、地震等自然灾害中动物逃逸的应急预案

在地震带不应该建设生物安全三级或以上级别实验室。当国家相关部门发布地震预告后，立即对实验室进行全面消毒，在发布的地震预告时间段内实验室严禁开展任何实验活动。

当发生地震时，应根据实验室被破坏的程度进行风险评估，采取相应的风险控制措施。专业救援人员在进入实验室区域前应接受生物安全培训，并由有经验的实验室人员陪同进入实验区域，应按照风险评估结果佩戴个体防护装备。

（1）动物生物安全实验室的建造应符合国家标准中防地震、消防、防水灾及防爆炸的设计要求。

（2）动物生物安全实验室遭遇火灾和自然灾害等的基本处理原则参见WHO《实验室生物安全手册》第 4 版第 3 章核心要求中紧急情况/事件响应计划相关内容。

（3）实验室入口处设置质量过关的防逃装置，尽量保证其在自然灾害期间的完整性。例如，生物安全实验室出入口处及防护走廊应安装防止中型及大型动物逃逸的围栏、围挡，安装防止啮齿类动物逃逸和进入的挡鼠板，防止动物在自然灾害发生时逃离实验室。在灾害发生后安排相关人员在实验室出口处值守。

（4）在制定的应急预案中应包括消防人员和其他服务人员。应事先告知他们哪些房间有潜在的感染性物质。要安排这些人员参观实验室，让他们熟悉实验室的布局和设备。

（5）发生自然灾害时，应就实验室建筑内和/或附近建筑物的潜在危险向当地或国家紧急救助人员提出危险警告。只有在受过训练的实验室工作人员的陪同下，他们才能进入这些区域。

（6）救援过程中收集的感染性物质应放在防漏的盒子内或结实的一次性袋子中，由生物安全人员依据当地的规定决定继续利用或是最终弃用。

（7）地震等自然灾害中实验动物逃逸：灾害事故发生实验动物逃逸时应及时启动应急预案。

①情况一。非感染实验动物逃逸的处置原则：核对非感染实验动物实验记

录所登记实验动物操作、数量及去向等信息，清点实验动物数量并做好记录，明确有无逃逸发生。发现实验动物逃逸，应第一时间报告动物房管理人员，动物房管理人员及时报告机构实验动物管理委员会、生物安全委员会。判断实验动物可能逃逸去向，由管理人员组织抓捕。抓回实验动物进行安乐死淘汰处理，不可再用于实验。如未能找到逃逸实验动物，应做如实记录。相关应急处置情况记录需存档。

②情况二。实验室轻度损坏，建筑结构未破坏或倒塌，仅笼具受损，感染实验动物逃逸的处置原则：在确保人员安全的情况下，实验人员做好个人防护，尽早抓捕逃逸实验动物，同时增加实验室内换气次数，对感染实验动物暴露的实验室内空气进行稀释，并对实验室地面及空间进行消毒；若实验动物逃逸至实验室外，尽早抓捕逃逸实验动物，同时做好人员疏散工作，并进行外环境的消毒；若感染大型实验动物逃离实验室，工作人员穿戴合适的个体防护装备，携带麻醉器械、绳子、网兜等物品，根据现场情况部署应急捕捉方案。发现逃逸实验动物后将其网扣、装笼，必要时实行麻醉。大型实验动物逃逸抓捕后用应急车辆运走以做进一步处置。抓捕过程中若有人员受伤，应及时送往医院处置。

根据开展的病原微生物的生物安全等级，立即启动相应级别的实验室意外事故上报程序及处置程序。

③情况三。实验室重度受损，建筑物倒塌、感染实验动物大量逃逸的处置原则：根据开展的病原微生物的生物安全等级，立即启动相应级别的实验室意外事故上报程序。避免感染实验动物引发的病原菌传播与动物袭击事件；尽快抓捕逃逸感染实验动物，防止将病原传染给人或其他动物。按照国家相关规定，将事故情况向地方人民政府卫生或兽医等主管部门汇报，按程序启动重大疫情应急指挥系统、应急预案和对疫情地区进行必要的封锁，由政府相关部门采取相应的应急控制措施，如必要时由政府按照相关法律设立隔离检疫区，需对感染实验动物逃逸过程经过的区域进行消毒，开展流行病调查及采取疫情防控措施。

在实验室周围设置生物安全警示标识，禁止无关人员进入该区域。

# 九、水灾

在建设实验室时，应考虑防水灾（地势的选择、排水等防涝因素）的问题。当实验室所在地区发生水灾后，在实验室内还未进水前，应根据风险评估的结果，及时将含病原微生物的物品进行妥善处理（保存或销毁），对需要保存的病原微生物应按照相关要求进行处理后转移到指定地点。临时保存时应有相应的管理机制，保证病原微生物样品的生物活性及安全性。停止工作的实验室应进行消毒处理，断水、断电。

实验室内由于管道破裂造成的漏水，应及时报告相应部门关闭供水管道阀门，确定漏水部位是否造成病原微生物泄漏。如果没有造成病原微生物泄漏，应及时报告，将地面的积水吸入容器内，根据风险评估的结果及制定的措施进行处理。如实验室内仪器进水，应对仪器进行消毒后，由仪器维修人员对仪器进行清理、维修、校准，各种安全数据经检测合格后方可重新启用。

# 第三节　紧急撤离

## 一、实验室意外事件的预防和风险预警

**1. 实验室意外事件的预防**　实验室采取以下生物安全管理措施防范风险的发生：①操作风险防范。进行实验操作的培训、演练，考核合格持证方能进入实验室，使实验人员遵守良好实验操作规范，避免病原微生物通过气溶胶和直接接触传播。②人员风险防范。定期组织生物安全相关法律法规及实验室管理体系文件的宣贯，每年组织实验室人员进行健康体检，关注实验人员心理健康，防止实验人员疲劳工作。③关键设施设备风险防范。生物安全柜、高压蒸汽灭菌器、消防设施、应急照明设施、断路器和漏电保护器、管道、监控和UPS机房等关键设施设备要定期维护、专人负责、标识清晰。④发现新的风险因素，及时报告，并进行风险评估。

**2. 实验室风险预警**　除了常规的风险预防措施外，实验室会收到风险预警信息，应根据预测和预警信息，针对紧急事件开展风险评估，做到早发现、早报告、早处置。

获取的预警方式包括：①通过新闻媒体公开发布的信息；②监督检查发现的问题；③内部评审结果；④实验室人员的上报信息；⑤安全检查发现的其他可导致泄漏、火灾的安全隐患；⑥风险评估发现新的风险。

获取的预警信息包括：①寒潮、暴雨、地震等预警；②一些关键设备设施达到或超过使用或维护期限；③设备配件（阀门、垫圈等）、电气装置出现老化现象；④设备、管道外表面生锈腐蚀，有可能发生泄漏现象；⑤设备防爆器件的防爆性能减弱或完全丧失；⑥实验人员疲劳作业、健康状况不适合工作；⑦毒种及样本保藏不当等。

根据预警信息可能危害程度、紧急程度和发展势态，做出预警决定，发布预警信息，通知相关部门进入预警状态。

## 二、动物生物安全实验室发生火灾的应急处置

实验室人员发现火情时，应立即停止实验。一位工作人员应立即用灭火器

控制火源，迅速报告中央控制室，由中央控制室报告生物安全负责人和实验室主任，必要时寻求消防部门的帮助。另一位工作人员必须迅速收检实验用品，如有毒种或有毒样品时，必须迅速消毒打包、密封，放入安全的密封容器中。切忌惊慌失措，在保障生物安全的情况下，按规定程序相互帮助撤离现场。

火灾爆发凶猛，一时无法控制而不能从规定路线撤离时，可从安全门撤离。在保障人身安全的情况下，撤离时应尽量防止动物逃逸。要注意用消毒液喷雾消毒并妥善处理好脱下的污染衣物，确保生物安全。

接到报警后，实验室主任立即赶赴现场处理，保障人员安全和环境生物安全。必要时切断电源，关闭送、排风系统；并立即对实验区进行消毒封闭。实验室撤出人员在一楼洗澡后全部到隔离房间集中，不得在公共场所逗留，做好事故处理记录，向生物安全负责人和实验室主任做详细汇报，并按规定逐级上报。

出现火情的处理原则：①发生火灾，首先，考虑实验人员安全撤离；其次，工作人员在判断火势不会迅速蔓延时，可扑灭或控制火情。消防人员只能在专业人员陪同下进入实验室。消防部门只需要控制火情，以便火灾不会殃及周围环境及当地居民。②实验室和保卫科等所有相关人员都应该熟悉消防灭火器所在的位置，应熟悉消防灭火器的使用，平时加强消防灭火器的使用培训。③由实验室有经验的工作人员和相关专家根据实验室损害程度对实验室内保存菌（毒）种样品的泄漏情况和实验室的生物危险性进行评估，并根据评估结果采取相应的急救措施。④实验室工作人员有义务告知消防人员实验室建筑内和附近潜在的危害。⑤培养物和感染物应收集在防漏的盒子内或结实的废物袋内。由实验室工作人员和相关专家依据现场情况决定是否挽救或经灭菌后处理。

## 三、动物生物安全实验室发生爆炸的应急处置

实验室发生爆炸时，实验室负责人或安全员在其认为安全的情况下必须及时切断电源和管道阀门。所有人员应听从临时召集人的安排，有组织地通过安全出口或用其他方法迅速撤离爆炸现场，应急预案领导小组开展抢救工作和人员安置工作。应尽可能防止实验室内动物逃逸。

# 第十八章

## 动物病原微生物实验室生物安全文化

### 第一节 动物病原微生物实验室生物安全文化

任何机构开始工作前，首先必须将"安全文化"加入所有的工作程序中，其管理方针始终是"安全第一"。习近平总书记曾多次强调，人命关天，发展决不能以牺牲人的生命为代价，这必须作为一条不可逾越的红线（中华人民共和国中央人民政府网，2013）。与其他实验室、工厂等相比，动物病原微生物实验室的工作侧重于动物病原微生物等生物因子，而不是具有放射性的核材料、具有毒性的化合物等物质，考虑的生物因子特性主要是传染性、致病性等，故动物病原微生物实验室的安全文化是"生物安全文化"。

生物安全是动物病原微生物实验室的头等大事，事故的预防、应对是其面对的主要难题。设施设备的先进性、优越性并不能从根本上决定实验室安全水平，生物安全文化作为实验室安全管理软实力的象征，是实验室安全建设和事故预防的根本，是生物安全水平高低的核心竞争力。如艾德佳·沙因所说，领导者所做的唯一真正重要的事情是创造和管理文化（Schein，1985），故要激发实验室人员的生物安全意识，培养实验室人员的生物安全素养，引导实验室人员的生物安全行为，营造实验室环境的生物安全氛围，构建实验室的生物安全文化，从根本上实现安全工作、学习，达到为科研、生产、教学等保驾护航的目的。

#### 一、生物安全文化的定义

文化是人类社会历史发展实践过程中所获得的物质财富和精神财富的总和，是社会成员所获得的信仰、知识、道德、法律、习惯等的复合体。《实验室 生物安全通用要求》（GB 19489—2008）定义"生物因子"为微生物和生物活性物质，"实验室生物安全"为实验室的生物安全条件和状态不低于容许水平，可避免实验室人员、来访人员、社区及环境受到不可接受的损害，符合相关法规、标准等对实验室生物安全责任的要求。因此，动物病原微生物实验室的生物安全文化就是一种"应用足够的措施将生物因子潜在暴露的可能性和严重程度最小化，以确保实验室内外人员与环境安全"的抽象概念。

2014年，美国联邦专家安保咨询小组向联邦机构及相关人员提出了关于优化美国生物安全与生物安保的建议，其中包括"创造和加强一种强调生命科学中生物安全、生物安保和负责任行为的文化"，并将该文化定义为"个人与组织的理念、态度和行为模式的集合，其能支持、补充或增强操作规程、规则、实践、专业标准、道德，以防止生物因子、相关材料、技术或设备的丢失、盗窃、滥用和转移及生物因子无意或有意的暴露（或释放）"（Perkins，2017a；Perkins，2017b）。

2020年，世界卫生组织编写出版了第4版《实验室生物安全手册》，将实验室生物安全领域中的生物安全文化定义为"价值观、理念和行为模式的组合，以支持或加强实验室生物安全的最佳实践"。相较于2004年出版的第3版《实验室生物安全手册》，该手册首次提出生物安全文化的概念，并将其重点放在了生物安全文化的重要性，无论生物安全文化是否被纳入适当的各实践准则和规章，都应将生物安全文化整合进风险评估、良好微生物实践与标准操作规程、人员的各种进修和培训、事件事故的迅速报告及适当的调查与纠正措施。风险评估与风险控制利用风险评估框架以促进负责任的生物安全文化，将遵守已建立的安全文化列为降低风险的众多策略之一，说明生物安全文化作为管理软实力的重要性被提高了。

## 二、生物安全文化的分类

对于生物安全制度构建成熟的发达国家来说，其专家认为近些年发生生物安全事故的主要原因是人员因素，不用加强规章制度以强化生物安全管理，只需要强化实施生物安全文化的理念、态度、规范领导与员工行为等（Wurtz et al.，2016）。但对于生物安全制度尚不健全的发展中国家来说，不仅需要实施上述的生物安全文化理念、态度等，而且更要强调具有规范性、强制性安全理念的法律、规程、标准等制度。根据我国国情，本章将生物安全文化分为三类——制度文化、精神文化和物质文化，虽然与国内外其他生物安全文化模型、措辞、侧重点有别，但是涵盖的实质内容是一致的。

### （一）制度文化

制度文化是组织机构创制、发展出来的一种具有规范性的行为约束，具有强制力、影响力和凝聚力。通常，其约束的性质使其被视为有损手头主要任务的阻碍，生效的法律法规在事故发生前经常被视为令人烦恼的管理制度，而在事故发生后，突然显示出其令人信服的一面。

在各种法律法规中，实验室被要求向地方所属公安机关、环保部门、卫生健康或农业农村主管部门备案，与感染性疾病医院签订医疗救治协议，这些都是实验室与各单位强有力的交流、互动，是实验室积极主动作为的机构文化，其能很好地提前准备和临时应对各种实验室生物安全事件（Gryphon Scientific，2016）。

**1. 法律** 国家安全是国家生存和发展的重要基石，国家安全和社会稳定是改革发展的前提，我国国家安全法律制度体系的总纲是《中华人民共和国国家安全法》。生物安全是国家安全的重要组成部分，是国家安全众多领域之一，《中华人民共和国生物安全法》是生物安全领域的一部基础性、综合性、系统性、统领性法律，维护国家生物安全是其总体要求，保障人民生命健康是其根本目的，保护生物资源、促进生物技术健康发展、防范生物威胁是其主要任务。对于动物病原微生物实验室，以《中华人民共和国生物安全法》为基础，还需从人源性和动物源性两种病原微生物的角度考虑，故《中华人民共和国传染病防治法》和《中华人民共和国动物防疫法》是必须关注的法律，相对应的管理部门分别是国家卫生健康委员会和农业农村部。

在第十三届全国人民代表大会常务委员会第一次和第二次会议期间，应200多位全国人大代表关于生物安全立法的呼吁、倡议，《中华人民共和国生物安全法》被纳入第十三届全国人民代表大会常务委员会立法规划和2019年立法工作计划。2019年10月21日，《中华人民共和国生物安全法（草案）》首次提请第十三届全国人民代表大会常务委员会审议；2020年10月17日，第十三届全国人民代表大会常务委员会第二十二次会议通过了该法（中华人民共和国中央人民政府网，2020a），进一步筑牢了我国生物安全实验室管理的法律屏障，将其从法规层面提高到了法律层面，显著提升了国家生物安全治理能力，严格规定了病原微生物实验室分等级管理原则，规定了各级实验室的相应实验活动。

《中华人民共和国传染病防治法》由第七届全国人民代表大会常务委员会第六次会议于1989年2月21日通过，于1989年9月1日起施行，其中规定从事致病性微生物实验的单位必须严格执行国务院卫生行政部门规定的管理制度、操作规程，防止传染病的实验室感染和致病性微生物的扩散，传染病菌种、毒种的保藏、携带、运输必须按照国务院卫生行政部门的规定严格管理。2004年8月28日，该法经第十届全国人民代表大会常务委员会第十一次会议修订通过，自2004年12月1日起施行，其中在"保障人体健康"的基础上增加了"保障公共卫生"，将第二十二条修订为"疾病预防控制机构、医疗机构的实验室和从事病原微生物实验的单位，应当符合国家规定的条件和技术标准，建立严格的监督管理制度，对传染病病原体样本按照规定的措施实行严格监督管理，严防传染病病原体的实验室感染和病原微生物的扩散"，还对可能导致甲类传染病传播以及国务院卫生主管部门规定的菌种、毒种、传染病检测样本的采集、保藏、携带、运输和使用实行许可制度，保障传染病菌种、毒种以及传染病检测样本在采集、保藏、携带、运输和使用过程中的安全。

《中华人民共和国动物防疫法》由第八届全国人民代表大会常务委员会第二十六次会议于 1997 年 7 月 3 日通过，于 1998 年 1 月 1 日起施行，其中第十七条规定了动物源性致病微生物保存、使用、运输、动物病料运输以及实验动物管理的相关要求。2007 年 8 月 30 日，该法经第十届全国人民代表大会常务委员会第二十九次会议修订通过，自 2008 年 1 月 1 日起施行，其中在"促进养殖业发展，保护人体健康"的基础上增加了"维护公共卫生安全"，还提出"采集、保存、运输动物病料或者病原微生物以及从事病原微生物研究、教学、检测、诊断等活动，应当遵守国家有关病原微生物实验室管理的规定"，这是该法首次强调病原微生物实验室管理规定。2021 年 1 月 22 日，该法由第十三届全国人民代表大会常务委员会第二十五次会议修订通过，于 2021 年 5 月 1 日起施行，其中在"促进养殖业发展，保护人体健康，维护公共卫生安全"的基础上增加了"防控人畜共患传染病"，新增《人畜共患传染病名录》，首次提出人兽共患传染病的防控与饲养犬只防疫管理规定，进一步强化狂犬病、高致病性禽流感等人兽共患病的防治工作，还强调病死动物和病害动物产品的无害化处理。

生物安全相关法律还包括《中华人民共和国突发事件应对法》《中华人民共和国环境保护法》《中华人民共和国固体废物污染环境防治法》《关于全面禁止非法野生动物交易、革除滥食野生动物陋习、切实保障人民群众生命健康安全的决定》。

**2. 法规** 法规是法律效力相对低于《宪法》和法律的规范性文件。我国高度重视病原微生物实验室的建设和管理，并不断完善相关规章制度。2004 年 11 月，《病原微生物实验室生物安全管理条例》首次经国务院第 69 次常务会议通过并颁布施行（中华人民共和国中央人民政府网，2008），这是《中华人民共和国生物安全法》颁布前病原微生物实验室生物安全领域最重要的管理文件，之后又根据实际情况修订了两次，目前正在组织第 3 次修订。

2001 年 5 月，《农业转基因生物安全管理条例》经国务院第 38 次常务会议通过并颁布施行，之后又根据实际情况修订了两次，该管理文件防范农业转基因生物对人类、动植物、微生物和生态环境构成的危险或者潜在风险，保障人体健康和动植物、微生物安全，保护生态环境。

2003 年 5 月，《突发公共卫生事件应急条例》经国务院第 7 次常务会议通过并颁布施行，之后又修订了一次，该管理文件有效预防、及时控制和消除突发公共卫生事件的危害，保障公众身体健康与生命安全，维护正常的社会秩序。

生物安全相关法规还包括《实验动物管理条例》《重大动物疫情应急条例》《医疗废物管理条例》《生物两用品及相关设备和技术出口管制条例》。

**3. 部门规章**　在生物安全领域，国家发展和改革委员会制定了《高级别生物安全实验室体系建设规划》，联合其他部门发布了《全国动物防疫体系建设规划》等，科学技术部制定了《高等级病原微生物实验室建设审查办法》《关于善待实验动物的指导性意见》《生物技术研究开发安全管理办法》《关于加强新冠病毒高等级病毒微生物实验室生物安全管理的指导意见》等，国家环境保护总局（现为生态环境部）制定了《病原微生物实验室生物安全环境管理办法》《突发环境事件应急管理办法》等，农业农村部制定了《动物病原微生物分类名录》《人畜共患传染病名录》《动物病原微生物实验活动生物安全要求细则》《高致病性动物病原微生物实验室生物安全管理审批办法》《动物病原微生物菌（毒）种保藏管理办法》《高致病性动物病原微生物菌（毒）种或者样本运输包装规范》《兽医实验室生物安全管理规范》《兽医实验室生物安全要求通则》《农业农村部办公厅、教育部办公厅、科学技术部办公厅等关于加强动物病原微生物实验室生物安全管理的通知》《动物检疫管理办法》《兽用疫苗生产企业生物安全三级防护标准》《国家突发重大动物疫情应急预案》等，国家卫生健康委员会制定了《人间传染的病原微生物名录》《人间传染的高致病性病原微生物实验室和实验活动生物安全审批管理办法》《人间传染的病原微生物菌（毒）种保藏机构管理办法》《可感染人类的高致病性病原微生物菌（毒）种或样本运输管理规定》《国家突发公共卫生事件应急预案》《人感染高致病性禽流感应急预案》《疫苗生产车间生物安全通用要求》《新型冠状病毒实验室生物安全指南》等。

**4. 国家标准和行业标准**　在生物安全领域，国家标准主要包括《实验室　生物安全通用要求》（GB 19489—2008）、《移动式实验室　生物安全要求》（GB 27421—2015）、《生物安全实验室建筑技术规范》（GB 50346—2011）、《实验动物设施建筑技术规范》（GB 50447—2008）、《实验动物　环境及设施》（GB 14925—2010）、《实验动物　寄生虫学等级及监测》（GB 14922.1—2011）、《实验动物　微生物学等级及监测》（GB 14922.2—2011）、《医用防护口罩》（GB 19083—2010）、《手部防护　防护手套的选择、使用和维护指南》（GB/T 29512—2013）、《高效空气过滤器》（GB/T 13554—2008）等，行业标准主要包括《兽医实验室生物安全要求通则》（NY/T 1948—2010）、《病原微生物实验室生物安全风险管理指南》（RB/T 040—2020）、《实验室设备生物安全性能评价技术规范》（RB/T 199—2015）、《Ⅱ级生物安全柜》（YY 0569—2011）、《生物安全柜》（JG 170—2005）、《病原微生物实验室生物安全通用准则》（WS 233—2017）、《病原微生物实验室生物安全标识》（WS 589—2018）等。

### （二）精神文化

21 世纪以来，美国多次发生实验室生物安全事故，如炭疽杆菌事件、天花病毒事件、H5N1 禽流感病毒交叉污染事件（Weiss, et al., 2015）。这些发生事故的实验室拥有最先进的技术装备和最完善的设施，执行海量的法律、规程、标准等制度，大多数处理潜在危险生物材料的实验室都处于合规状态，但管控措施还是失败了，许多专家认为这些实验室不是缺乏工程资源，甚至不是缺乏知识或培训，而是缺乏关于安全的精神文化，仅规章制度并不能确保实验室内的安全、安保（Trevan, 2015；The Federal Experts Security Advisory Panel Working Group, 2019）。精神文化主要指个人与组织的价值观、理念、态度和行为模式的组合，与制度文化相比，精神文化不具有规范性和强制性，是动物病原微生物实验室生物安全管理的软实力。我国自古就有关于安全的名言警句，例如，"备豫不虞，为国常道""千丈之堤，以蝼蚁之穴溃；百尺之室，以突隙之烟焚""居安思危，思则有备，备则无患""舟轻不觉动，缆急始知牵""不困在于早虑，不穷在于早豫"。

**1. 同一个世界，同一个健康**  2004 年 9 月，在美国纽约曼哈顿召开的以"同一个世界，同一个健康"为主题的会议上，来自全球的健康专家们讨论了人、家畜和野生动物间存在的和潜在的疾病传播问题并形成了"同一个世界，同一个健康"曼哈顿原则。2007 年 12 月，在印度新德里召开的关于禽流感与大流行流感的国际部长级会议上，联合国粮食及农业组织、世界动物卫生组织和世界卫生组织等国际组织在该原则的宏观角度下共同制定了关注于动物-人类-生态界面间新发传染病的战略框架，并于 2008 年 10 月达成协议，主要探讨新发传染病的发生、传播和留存的原因（Food and Agriculture Organization Of The United Nations, et al., 2008）。

"同一个世界，同一个健康"理念，即动物、人类与生态是一个休戚与共的健康共同体。该理念倡导各国际组织在动物-人类-生态界面上共担责任、协调全球活动，为"同一个世界，同一个健康"而奋斗，实现动物-人类-生态共同健康繁荣。兽医工作的落脚点是动物，兽医的工作处于人类、动物和环境的交界面与第一线，因此具有独特的地位。科里·布朗博士强调，如果想在人类中控制禽流感的传播，必然需要在动物中控制该疫病的传播（Brown, 2006）。人狂犬病最主要感染源是犬，而犬的狂犬病免疫率低是人狂犬病高发的最主要原因。又如比较医学之父鲁道夫·菲尔绍于 1858 年所说，"在动物医学和人类医学之间没有分界线，更不应该存在分界线。对象不同，但获得的经验构成了所有医学的基础"(Lonnie，2006)，足见兽医在防控跨物种疾病与"同一个健康"中的重要性。人兽共患病是当前危害人类与动物健康的重要传染病，是主要的新发突发传染病，因此长期致力于人病兽防、关口前移，在动物-人类-生态界面抗击疫病是动物病原微生物实验室的主要任务，也是实现动物、人类与生态共同安全的必经之路。

**2. 人类命运共同体** 人类命运共同体是一种全球价值观。2017 年 10 月18 日，习近平总书记在党的十九大报告中呼吁："各国人民同心协力，构建人类命运共同体，建设持久和平、普遍安全、共同繁荣、开放包容、清洁美丽的世界。"这是构建人类命运共同体理念的核心内涵，是全人类共同利益的重大价值诉求，是重大价值共识、目标的 5 个维度——政治、安全、经济、文化、生态。在国内，构建人类命运共同体已写入《中华人民共和国宪法》《中国共产党章程》等文件，这一理念被提升到国家和党的意志；在国际上，构建人类命运共同体获得不少国家的认同，并相继被写入联合国社会发展委员会、联合国安全理事会、联合国人权理事会以及联合国大会裁军与国际安全委员会等机构的多项决议中，有力推动了这一理念变成全球性共识，显示了这一理念的世界历史意义。2019 年突如其来的新冠疫情再次表明，人类是休戚与共的命运共同体。

在动物病原微生物实验室，要从构建人类命运共同体的高度出发，持续践行《禁止生物武器公约》《生物多样性公约》等国际公约承诺，坚决遵守《国际卫生条例》等国际法，从动机上防范故意的生物威胁、降低非故意的生物风险，开展科学技术创新、关键技术攻关等工作，补齐科技基础设施短板，加强国际科技合作，营造开放包容的风险沟通氛围，从根本上维护实验室生物安全，从而达到保障公共卫生安全、防控人兽共患病、促进畜牧业发展的目的。

**3. 总体国家安全观** 国家安全是国家生存和发展的重要基石。2014 年 4 月 15 日，习近平总书记在中央国家安全委员会第一次会议上创造性地提出总体国家安全观，使之成为国家安全工作的指导思想。他在会议讲话中指出，当前我国国家安全内涵和外延比历史上任何时候都要丰富，时空领域比历史上任何时候都要宽广，内外因素比历史上任何时候都要复杂，必须坚持总体国家安全观，增强忧患意识，做到居安思危。发展是安全的基础，安全是发展的条件，既重视发展问题，又重视安全问题，既重视传统安全，又重视非传统安全，构建国家安全体系保证国家安全是头等大事。2020 年 2 月 14 日，习近平总书记主持召开中央全面深化改革委员会第十二次会议时强调，要从保护人民健康、保障国家安全、维护国家长治久安的高度，把生物安全纳入国家安全体系，系统规划国家生物安全风险防控和治理体系建设，全面提高国家生物安全治理能力（中华人民共和国中央人民政府网，2020b）。自此，生物安全成为总体国家安全观 16 个领域之一。在 2021 年 9 月 29 日中共中央政治局第三十三次集体学习时，习近平总书记强调生物安全关乎人民生命健康，关乎国家长治久安，关乎中华民族永续发展，是国家总体安全的重要组成部分，也是影响乃至重塑世界格局的重要力量；要实行积极防御、主动治理，坚持人病兽防、关口前移，从源头前端阻断人兽共患病的传播途径（中华人民共和国中央人民政府网，2021）。

动物病原微生物实验室的生物安全是国家生物安全的重要组成部分，事关养殖业生产安全、动物源性食品安全和公共卫生安全，事关国家经济发展和社会稳定。要从总体国家安全观的高度出发，切实增强做好动物病原微生物实验室生物安全管理的责任感和使命感，认真贯彻落实《中华人民共和国生物安全法》《中华人民共和国动物防疫法》等法律法规，不断提高实验室生物安全管理水平，加强实验室建设、科研项目审查、实验活动审批、菌（毒）种保藏、科研成果认定等工作，强化安全意识，健全管理措施，落实管理责任，有效防范和化解实验室生物安全风险。

**4. 动物实验的 3R 理念**　为了人类健康、动物健康和生命科学的发展，动物病原微生物实验室中的动物实验是难以避免的。动物与人一样，也是有感觉、有痛苦的生命体。英国的法理学家、动物权利的倡导者杰里米·边沁（2005）认为，动物的痛苦与人类的痛苦其实并无本质差异。随着越来越多的人开始关心动物福利和动物保护，需要使动物实验过程更加合理、合规，尽量减轻实验用动物在实验中的负担与承受的痛苦，尽量避免不必要的负担与痛苦。1959 年，英国动物学家 Russell 和微生物学家 Burch 在《人道主义实验技术原理》（*The Principles of Human Experimental Technique*）一书中就提出了科学研究中使用动物的基本原则——3R 原则，其已经普遍被众多国家实验动物福利机构所采纳（张敏，2017）。

3R 是减少（Reduction）、替代（Replacement）和优化（Refinement）3 个英文单词的首字母，是一种更科学、可操作的行为原则。简而言之，减少是降低使用的动物数量，替代是用新技术和新方法取代动物实验，优化是完善和改进动物实验的流程及动物福利。3R 考虑的并不是实验成本等因素，主要是对动物的保护，避免、减少或减轻实验给动物带来的不安与痛苦，提高实验用动物的福利。从生物安全管理的角度来看，3R 原则也适用于动物病原微生物实验室，毕竟动物实验的风险点要多于非动物实验，危害程度也是高于非动物实验的。在动物实验中使用 3R 原则可以降低实验可能带来的风险，保障从事动物病原微生物实验的生物安全。例如，用家兔发热试验代替鲎试验检测内毒素，直接避免了动物实验的生物安全风险；口蹄疫病毒的操作规定在高等级生物安全实验室内操作，其疫苗的安全检验与效力检验通常需要使用大型靶动物完成，为了降低实验风险，使用小鼠的替代方法已经开始研究（Seo-yong, et al.，2016）。

**5. 工作态度**　员工对生物安全规程的态度影响着其与同事们在实验室安全事件中的风险程度。通常鲜少发生事故的员工具有较好的依从性，即对生物安全规程坚持遵守、对所操作生物因子的传染性心生敬畏、对自我防护坚定实施、对潜在危害状况主动识别与管控等，而易发生事故的员工更倾向于对生物安全规程缺乏了解、对所操作生物因子的传染性掉以轻心、对存在的风险满不在乎、工作速度过快等（David, 1995）。虽然生物安全事故从表面上看是人的主动或被动行为所致，但是其根本原因是人的工作态度，工作态度决定了行为模式。良好的工作态度决定了良好的工作行为，没有良好的工作态度就没有良好的工作行为。从良好的工作态度到良好的工作行为是一个长期的过程，不仅需要持续训练以促成良好的工作行为，而且需要营造浓厚的文化氛围以培养良好的工作态度。

**6. 有效沟通**　工作人员相互之间进行有效的沟通是至关重要的。沟通的内容包括焦虑、险情、闪失、事故前兆、其他有意或无意未经授权的行为等。某位员工发现问题、识别风险后，与共同工作的同事有效沟通，可极大地降低共事人员的暴露风险、事故风险。受过足够教育、培训的员工更应明白各自的职责，在团队中起着传帮带的核心作用，对其他员工的不当行为有及时纠正的义务。动物病原微生物实验室的工作不仅涉及高致病性病原微生物，而且有能自主活动的动物参与，工作任务具有复杂性、突发性等特征。对于共同完成的动物实验，员工相互沟通、配合是顺利完成实验的基本条件。除了员工沟通的自愿性，部分员工对自身安全的重要性、生物因子的实际危害缺乏关注，也会导致沟通不良。有效沟通后，相关原因分析、措施方案都会成为风险评估、风险管理的素材（中国动物疫病预防控制中心，2013）。另外，实验室与潜在受影响的社区公众的有效沟通也是至关重要的，直接造成事件反应的差异（中国动物疫病预防控制中心，2020）。

**7. 及时报告**　机构的管理层必须营造一种生物安全氛围，即鼓励工作人员积极主动地向管理人员报告各种操作错误、设备故障、险兆事件、事故等及其风险，不必担心报告后被报复（中国动物疫病预防控制中心，2013）。报告的重点应该集中在采取必要的纠正措施和未来的预防措施，而不是为了追究责任人的错误。事件的及时报告对于成功的医学治疗和预防规程是至关重要的，及早采取控制措施能够降低同一事件中其他人员的感染风险。对于偶发性事件来说，员工不报告意味着虽然此类发生概率低的事件以后不一定发生，但是发生的风险始终是存在的，并未被预防措施所预防（中国动物疫病预防控制中心，2013）。不以惩罚为目的的及早报告的前提是管理制度的自信。另外，员工报告后，机构的管理层必须采取妥善的行动，如果不采取行动或仅采取不充分的行动，只会给员工留下不良的印象，影响以后报告的自愿性、主动性。

**8. 负责任行为**　负责任行为是生物安全文化的可见部分，应该将生物安全视为一种工作方式，而不是强加的义务。生物安全应成为机构不可或缺的优先事项，高于机构的效益、业务产出，并获得管理层与各级员工的大力支持，被负责任行为约束的员工不应是问题的一部分，而应是解决方案的一部分。负责任行为应采取事前主动作为而非被动应对的方式，高度关注已有流程和规程中各步的关键点，预防各类事件发生（Tramacere，et al.，2021）；若事故意外或不可避免地发生，也应积极、认真地分析，重构事件的整个过程，鉴定事件的所有危险因素，对事故的原因分析、经验总结、宣传报道就是未来避免类似事故的教案。随着法律法规的加强，虽然机构不愿意曝光实验室事故，但仍应公开、透明地报道，不捂不遮，体现责任和担当。

生物安全是每个人的责任，每位员工都应明确自己的角色，尽职履责，应采取一切措施减少三类错误行为：缺少专注的动作技能的错误（如使用锐器时误伤自己、移液时产生液滴飞溅）、无意或有意地遵循指令程序的错误（如忽略某个必备的个体防护装备、违背隔离原则）、知识经验缺乏致错误判断的错误（如将贴错标签的包装袋识别为真实危害、选用不合适的离心管）（Gryphon Scientific，2016）。机构之间、员工之间应该相互监督，为大家的安全着想，鼓励相互问责，坦诚相待，"When you see something，say something"（刘迎辉，2020），分析错误以了解如何防止它们再次发生，如此持续改进。在动物病原微生物实验室，负责任行为还意味着负责任地开展科学研究，不违背生物安全、动物伦理、社会道德等准则。

## （三）物质文化

动物病原微生物实验室的物质包括设施设备、个体防护装备、生物安全标识等。这些物质看得见、摸得着，不仅展示着其外在的显性形象，而且反映着其内在的文化内涵，影响着员工对其的认知与理解，起着彰显物质文化的作用。

**1. 设施设备**　通常工作人员自主学习或培训认识生物因子的危害及其风险，当他进入实验室时，实验室的设施设备也反过来影响着工作人员对风险的意识。不同等级的实验室拥有着不同的设施设备，反映着不同的工作理念与要求。例如，有门禁提示着人员进出的约束，无门禁提示着人员进出的放任；有无强制淋浴器提示着生物因子对外环境危害的差异。不同动物的饲养笼具反映着动物体型、习惯、行为、偏好等特性，麻醉仪、电击枪等设备符合某些动物福利理念中的宰杀方式。在国家发展和改革委员会的《高级别生物安全实验室体系建设规划》和《全国动物防疫体系建设规划》下，我国建设的4个高等级动物生物安全实验室也反映着重大动物疫病防控理念的重视、生物安全意识的提高、生物安全文化的蓬勃发展；而与此相反的是，美国国会委托政府问责办公室分别于2007年和2009年提交的报告中指出，从2001年开始，高等级生物安全实验室已经在美国的联邦、州、公共卫生、学术和产业等部门中扩张，但没有任何一个机构负责规划高等级生物安全设施并了解实验室存在的总体风险（中国动物疫病预防控制中心，2020）。

**2. 个体防护装备**　在人类发展史中，服饰始终是物质文明的结晶，具有明显的文化属性的含义。不同的服饰传递着不同的信息，如民族、性别、职业。个体防护装备侧重于工作场所特性的彰显，展示了防护的特征，从物质角度看，其起到了防护的作用；从心理角度看，其对工作人员起到了提醒、警示等作用，使其意识到哪些行为是得当的、哪些行为是不妥的。实验室禁止佩戴手表、首饰，不得穿露脚趾的鞋，都凸显了工作场所的特性。生物安全等级越高的实验室，其个体防护装备对工作人员的警觉意识影响越强烈，使工作人员时刻保持高度的专注力。防护身体不同部位的个体防护装备给工作人员提示着生物因子的传播途径，如口罩提示着呼吸道传播、手套提示着接触传播。

**3. 生物安全标识**　标识是一种视觉效果的板式标配，是一种信息传达媒介，旨在简单、易懂、清晰地传达指引信息，主要具有警示、标记、象征、暗示等作用。生物安全标识包括禁止标识、警告标识、指令标识、提示标识、专用标识等，起着相应的作用。工作人员熟悉、适应实验室环境，都需要引导、指示、说明、警示等，生物安全标识作为独特的非语言传送力量显得尤为关键。"必须穿防护服""必须戴防护手套""禁止饮食""禁止携带首饰、金属物或手表"标识提示着实验活动场所的特殊性，"生物危害""当心动物伤害"标识提示着动物病原微生物实验室的生物因子传染性和动物伤害，"禁止戴手套触摸"提示着生物因子污染的可能性。标识作为文化的一部分，也有矛盾冲突的情况。如运输高致病性动物病原微生物时，运输容器的外表面要做好生物安全标识，从生物安全的角度看，标识起到了警示危险的作用；而从生物安保的角度看，标识却增加了被盗风险（Kumar，2015）。

## 三、动物病原微生物实验室生物安全文化的特点

动物病原微生物实验室的生物安全文化与生物实验室、医学实验室等的生物安全文化有明显差别，后者主要为了保护从事生物危害工作的员工和周围社区群众的公共健康，动物病原微生物实验室除了保护这两者，更侧重于最小化生物因子逃至外界环境中感染野生动物与家畜的风险（Shankar，et al.，

2009)，降低动物发病率、致死率对经济及国际贸易的潜在影响。动物病原微生物实验室事故中，人不是唯一的生物危害受害者，动物也可能是受害者，如英国 2007 年口蹄疫病毒的实验室泄漏事故（Martin，2007）。另外，不同国家的动物疫病状况是有差异的，几十年口蹄疫非免疫无疫的国家与口蹄疫免疫仍发生疫情的国家所处的生物安全文化是不同的，各国专家论述的侧重点明显受国家利益所影响。

动物病原微生物实验室的生物安全文化不仅要关注动物病原微生物等生物材料，而且要考虑与动物有关的要素。无论动物的体型大小，都要充分认识到从事动物相关工作，动物都会或多或少地增加不可预测的问题，如动物随时有可能排出分泌物或排泄物，在活动过程中有可能做出抓挠、蹬踢、冲撞、啃咬等动作，所有这些都会引起物理损失及产生感染性生物因子（中国动物疫病预防控制中心，2019）。员工对于这些伤害的认识也是不同的，有些员工认为受到了伤害需要立即进行医学救治，而另一些员工认为这些伤害无关痛痒、无足轻重，不必实施医学处理。另外，由于动物的饲养、治疗等工作的特殊性，兽医和动物饲养员经常遇到操作上的挑战，如工作任务的强度明显增大，机械自动化处理程序不太可行，降低风险的设备和管理措施较少，更多依赖于个体防护装备和员工行为，员工要熟知各种不同动物的习性（中国动物疫病预防控制中心，2019）。

## 第二节　如何建立动物病原微生物实验室生物安全文化

### 一、《实验室生物安全手册》的方法

世界卫生组织于 2020 年出版的第 4 版《实验室生物安全手册》强调，创建和培育强大的生物安全文化对于生物安全计划的成功至关重要。生物安全文化的培育不是生物安全计划管理周期中的一个明确步骤，而是从规划阶段开始，并贯穿于实验室所有活动中。高级管理层的承诺对构建强大的生物安全文化必不可少，保证危险生物因子的风险被识别和控制是机构所有层面中的优先事项。生物安全文化是不容易实现的，需要所有员工、主管和高级管理层在尊重、信任的环境中付出时间、承诺和努力。

世界卫生组织第 4 版《实验室生物安全手册》的《生物安全计划管理》分册专门增列了"建立强大的生物安全文化"章节，详细论述了怎样建立、发展和维持强大的生物安全文化，从机构、管理层、员工等不同层面逐一讨论了最佳实践。风险评估与风险管控利用风险评估框架以促进负责任的安全文化，将遵守已建立的安全文化列为降低风险的众多策略之一，说明生物安全文化作为

管理软实力的重要性被提高。

**1. 高级管理层展现出的承诺**　高级管理层积极参与生物安全相关活动证明了自上而下的机构承诺（例如，机构生物安全委员会的成员参加定期召开的生物安全会议）。

高级管理层对机构生物安全政策的批准和签署，保证生物安全计划管理的经费和人力资源，都证明了承诺。

需要对公开、透明氛围做出承诺，提出并讨论生物安全问题而不必担心遭到报复。

**2. 对整个机构中生物安全所展现出的承诺**　签署的机构能概述机构中所有员工的角色、职责和期望，以支持有效的生物安全计划。

对员工所担忧的生物安全问题清楚、适当、及时和明显地回应证明了对工作环境安全性的持续承诺。

**3. 实验室员工与支撑员工的积极参与**　负责开展生物安全计划的人员尽早与被该计划直接影响的人员、参与该计划的人员协商，这将促成良好的工作关系，从而实现生物安全的共同目标。

机构生物安全委员会的成员和生物安全官员鼓励和支持实验室主任、实验室管理者、首席研究员、实验室人员、支撑人员和学生积极参与并影响生物安全政策和生物安全计划，这将增强其支持或参与生物安全文化的主人翁意识。

**4. 生物安全的持续沟通与促进**　通过定期、透明的沟通，建立高级管理层、机构生物安全委员会、生物安全官和员工之间的信任。

当员工寻求建议、报告事件时，促进公开对话，进行有效沟通将使员工放心。

## 二、《微生物和生物医学实验室生物安全》的方法

2020年，美国疾病控制与预防中心编写出版了第6版《微生物和生物医学实验室生物安全》，这是该手册首次详细论述生物安全事宜。对于生物安全文化的构建，该手册描述了一种六步法，为风险管理流程提供了架构并加强了可持续、积极的安全文化。通过将风险管理流程整合到日常实验室运行中来促进积极的安全文化，可以持续识别危害和确定风险的优先级，并制定适合特定情况的风险缓解方案。为了取得成功，这个过程必须是所有利益相关者协作的。

（1）识别病原体的危害特性并评估其未被减轻时的内在风险。

（2）识别实验室程序的危害。

（3）确定适当的生物安全水平，并选择风险评估提示的额外预防措施。

（4）在管控措施实施前，生物安全专家、相关领域专家、机构生物安全委员会或相关人员共同审查风险评估报告与所选保障措施。

（5）作为可持续流程的一部分，评估员工对安全实践的熟练程度和安全设备的完整性。

（6）定期再次讨论和验证风险管理策略，确定是否需要更改。

### 三、已建立安全文化的其他机构

建设、发展动物病原微生物实验室的生物安全文化时，从事高危生物因子工作的科学家、检验员、生物安全官等工作人员可以参考医院、核工厂和已建立安全文化的其他部门中的安全文化。参考核设施的安全文化，可以通过如下方式最大限度地减少无意的或偶然的暴露（Tramacere，et al.，2021）。

（1）在流程的各个关键点引入安全屏障，并在这些点实施特定的质量控制检查。质量保障不应仅限于设备的物理测试或检测，而且应该包括独立专家对实验计划或实验材料的检查。

（2）积极鼓励始终以有意识和警觉的态度开展工作。

（3）为每个流程提供详细的方案和规程。

（4）提供足够的受适当教育、培训的员工，合理安排工作量。

（5）提供继续教育的机会、开展实践培训以及技术应用培训。

（6）实验室中的所有工作人员都理解各自角色、职责和职能的明确定义。

在参考其他机构的安全文化时，要注意各机构属性及其安全文化的异同。医院应急程序旨在尽快让患者进入，而不是将他们拒之门外。动物病原微生物实验室的应急程序是为了让人员尽快从实验室逃离。核设施的安保措施有枪支、大门、警卫和摄像头，这些措施对于数量众多的生物安全二级、一级实验室来说费用较高，高等级生物安全实验室是可以酌情参考实施的。由于核材料具有放射性，使用防护容器转运核材料几乎不可能逃避摄像头，而传染性的生物材料可装载到微小的容器随身携带出实验室，监控显得意义不大，并且处理危险生物制剂的实验室数量远多于核设施，这就要从其他角度考虑解决问题，如人员背景审查。核设施的工艺流程是设计确定的，可严格监管；而动物病原微生物实验室的实验流程可由科学家自由改变，具有自主性和创造性，更强调一种能应对新挑战的动态安全文化（Trevan，2015；Lea，2015）。

## 第三节　动物病原微生物实验室生物安全文化的宣传与普及

新冠疫情暴露出相关工作人员生物安全意识不足的问题，故宣传生物安全文化要从维护国家生物安全的高度出发，加强职员和公众的生物安全宣传教育，增强生物安全风险意识，提高国家生物安全治理能力。

## 一、全民国家安全教育日

全民国家安全教育日（National Security Education Day）是为了增强全民国家安全意识、维护国家安全而设立的节日。2015 年 7 月 1 日，全国人民代表大会常务委员会通过的《中华人民共和国国家安全法》第十四条规定，每年 4 月 15 日为全民国家安全教育日。

全民国家安全教育是一个新的概念，要以实际行动践行总体国家安全观，全方位、多系统、多形式、多角度地进行广泛宣传教育，不仅要宣传生物安全法律法规，而且要宣传生物安全知识技能。开展生物安全宣传教育，要区别不同对象的需求，增强宣传工作的针对性。随着信息媒体的发展，要充分利用传统媒体和新兴媒体的优势，增强生物安全信息的传播力和影响力。

## 二、书籍、影视等宣传载体

近年来，随着生物安全事业的发展，国内也越来越关注生物安全，各专业机构出版了不少著作，既有通俗易懂、喜闻乐见的科普图书，如中国现代国际关系研究院编写的《生物安全与国家安全》，又有精研学术、严肃认真的专业书籍，如中国合格评定国家认可中心编著的《病原微生物实验室生物安全风险管理手册》、亚太建设科技信息研究院有限公司组编的《生物安全实验室建设与发展报告》、田德桥编著的《生物技术安全》。2019 年，中国疾病预防控制中心、中华预防医学会等单位创办的生物安全和生物安保领域专业英文期刊《生物安全和生物安保杂志》（*Journal of Biosafety and Biosecurity*）和《生物安全与健康》（*Biosafety and Health*），为中国生物安全领域专家研讨和对外交流提供了崭新的平台。新冠疫情的突发也在我国催生了很多优秀的战"疫"小说，如《逆行天使》《生死之交》《我们在一起》，以小说形式给公众呈现全球大型传染病疫情暴发时的社会、经济、自然等状况，打开了与传染病战斗的生物安全宣传之窗，起到了提高读者生物安全意识的作用。然而，这些著作还远远不能满足生物安全专业教育与宣传推广的需求，亟待继续细化生物安全领域，丰富书籍内容和种类形式，统筹编著专业教育教材。

影视作品不仅是娱乐消遣的商品，而且是知识宣传、技能推广的载体。田德桥编著的《生物安全相关电影索引》梳理、筛选、汇总了 1968 年以来与生物安全相关的 200 部电影，电影类型包括突发疫情、动物安全、生物技术等，其中欧美电影较多，亚洲电影较少。近年来，我国也开始拍摄生物安全相关主题的影视作品，有关新冠疫情的作品有《武汉日夜》《中国医生》《英雄之城》，生物安全法律的宣传作品有国家生物安全协调办公室的《中华人民共和国生物安全法》系列宣讲视频，有关国门生物安全的作品有《防线》，援非抗击埃博拉的作品有《埃博拉前线》，这些影视作品给大众以视听体验的同时，也都很好地从不同视角反映、宣传了生物安全。

## 三、培训班、讲座等宣讲实践

生物安全培训是提高员工职业素养、风险意识和专业技能的主要途径，建立健全标准化培训体系至关重要。在理论培训、实践培训、培训前评估、培训后考核、年度再培训等岗前、岗中多环节建立一套全要素覆盖的培训流程，以保证培训效果，尽可能降低生物安全事故发生的概率。在培训时，着重提高实验室人员的生物安全意识，特别强调各岗位的良好工作行为。生物安全意识决定了良好工作行为，没有生物安全意识就没有良好工作行为。生物安全意识在于学习，良好工作行为在于培养。从生物安全意识的树立到良好工作行为习惯的养成是一个长期过程，不仅需要持续地训练以促成良好工作行为，而且需要营造浓厚的文化氛围以坚定生物安全信念（赵焱，2019）。

目前，各单位、机构都举办生物安全培训班，如全国动物病原微生物实验室生物安全培训班，全国高致病性病原微生物运输培训班，民航运输动物病原微生物菌（毒）种、样本及病料培训班，生物安全实验室管理与技术国际培训班。这些培训班从不同专业领域讲授生物安全技能，每年培养大量的生物安全工作人员，在全国范围内起到了引领、带头作用。各实验室正变得更开放，不只关注学术研究、攻坚任务，也借助平台为普通群众、中小学生办起了知识讲座、科普体验及参观活动，使学生获得科学启蒙，使专业知识走向大众。

## 四、生物安全学科专业

新冠疫情的暴发和泛滥凸显了人类面临着重大的生物安全挑战，生物安全在我国已上升到国家安全的高度，因此生物安全学科专业的建设是至关重要的。在学科上，生物安全学是研究各种生物风险因素的发生发展机制与危害评估、防御能力建设与应对措施，促进生命科学与生物技术的和平发展与应用，维护和保障国家利益、安全及国民健康的科学（郑涛，2011）。美国白宫于2015年出版的《美国生物安全与生物安保改革备忘录》已经明确将生物安全设为一门学科，并制定了详细的建设方案和目标（贾晓娟，2016）。目前，我国尚未将生物安全纳入学科建设规划，仅有兰州大学、四川大学、西南大学、青岛农业大学、湖南农业大学等高校开办了生物安全学科专业，主要培养具备生物安全科学的基本理论、知识、技能和技术，并且能从事生物安全、有害生物风险评估及控制、动植物检疫、有害生物检测分析、转基因生物安全评估等教学、科研、生产、管理工作的高级科学技术人才。生物安全是国家安全的重要组成部分，也是各学科的交叉部分，生物安全学科专业还需独立设置，夯实基础理论，构建系统化的知识体系，培养专业人才队伍。

# 主 要 参 考 文 献

边沁，2005. 道德与立法原理导论 [M]. 北京：商务印书馆.

贾晓娟，2016. 我国生物安全文化建设的对策研究 [J]. 中国科学院院刊，31 (4)：445-451.

刘迎辉，黄开胜，江轶，等，2020. 国外一流高校 BSL-2 病毒实验室的生物安全管理——以普林斯顿大学为例 [J]. 实验技术与管理，37 (3)：1-8.

张敏，2017. 美国动物福利观念的演变 [D]. 南京：南京农业大学.

赵焱，2019. 关于高级别生物安全实验室若干管理要素的探讨 [J]. 病毒学报，35 (2)：288-291.

郑涛，2011. 我国生物安全学科建设与能力发展 [J]. 军事医学，35 (11)：801-804.

中国动物疫病预防控制中心，2013. 生物安全选集Ⅹ：动物生物安全 [M]. 北京：中国农业出版社.

中国动物疫病预防控制中心，2019. 生物安全选集ⅩⅢ：畜牧生产及保护——挑战、风险及最优方法 [M]. 北京：中国农业出版社.

中国动物疫病预防控制中心，2020. 生物安全选集ⅩⅡ：生物安全三级/动物生物安全三级实验室设施安全运行的管理问题 [M]. 北京：中国农业出版社.

Brown C，2006. Avian influenza：Virchow's reminder [J]. American Journal of Pathology，168 (1)：6-8.

David L S，1995. Laboratory-associated infections and biosafety [J]. Clinical Microbiology Reviews，8 (3)：389-405.

Gryphon Scientific，2016. Risk and benefit analysis of gain of function research [M]. Maryland：Gryphon Scientific.

Kumar S，2015. Biosafety and biosecurity issues in biotechnology research [J]. Biosafety，4 (1)：e153.

Lea C，2015. Nuclear industry no model for biosafety [J]. Nature (528)：479.

Lonnie J K，2006. Veterinary medicine and public health at CDC [J]. Morbidity and Mortality Weekly Report，55 (sup2)：7-9.

Martin E，2007. Repoets blame animal health lab in foot-and-mouth whodunit [J]. Science，317 (5844)：1486.

Perkins D，Fabregas E，2017. Mitigating insider threats through strengthening organizations' culture of biosafety，biosecurity，and responsible conduct [EB/OL]. http：//sites. nationala-cademies. org/cs/groups/dbassesite/documents/webpage/dbasse _ 177312. pdf.

Schein E H，1985. Organizational culture and leadership [M]. Third Edition. San Francisco：Jossey-Bass Publishers.

Seo-Yong L，Mi-Kyeong K，Kwang-Nyeong L，et al，2016. Application of mouse model for effective evaluation of foot-and-mouth disease vaccine [J] . Vaccine (34)：3731-3737.

Shankar B P，Madhusudhan H S，Harish D B，2009. Human safety in veterinary microbiology laboratory [J] . Veterinary World，2 (3)：113-117.

The Federal Experts Securlty Aavisory Panel Worklng Group，2019. A guide to training and information resources on the culture of biosafety，biosecurity，and responsible conduct in the life sciences ［EB/OL］. https：//www. ebsaweb. eu/l/library/download/urn：uuid：e742bd5d-5546-4045-8b41-8eb569d656e7/culture＿training＿catalogue-final-27march2019. pdf? format＝save＿to＿disk&ext＝. pdf.

Tramacere F，Sardaro A，Arcangeli S，et al，2021. Safety culture to improve accidental events reporting in radiotherapy [J]. Journal of Radiological Protection，41 (4)：1317.

Trevan T，2015. Biological research：rethink biosafety [J]. Nature (527)：155-158.

Weiss S，Yitzhaki S，Shapira S C，2015. Lessons to be learned from recent biosafety incidents in the United States [J] . The Israel Medical Association Journal，17 (5)：269-273.

Wurtz N，Papa A，Hukic M，et al，2016. Survey of laboratory-acquired infections around the world in biosafety level 3 and 4 laboratories [J]. European Journal of Clinical Microbiology and Infectious Diseases (35)：1247-1258.